教育部高职高专计算机类专业教学指导委员会优秀教材
工业和信息化人才培养规划教材

Technical And Vocational Education
高职高专计算机系列

数据库原理与应用
——SQL Server版（项目式）

Principles and Applications of Database(SQL Server)

王德永 张佰慧 吴建梅 ◎ 主编
李永英 ◎ 副主编

人 民 邮 电 出 版 社
北 京

图书在版编目（CIP）数据

数据库原理与应用 : SQL Server版 : 项目式 / 王德永，张佰慧主编. -- 北京 : 人民邮电出版社，2011.5（2017.12重印）
工业和信息化人才培养规划教材. 高职高专计算机系列
ISBN 978-7-115-22784-3

Ⅰ. ①数… Ⅱ. ①王… ②张… Ⅲ. ①关系数据库－数据库管理系统，SQL Server－高等职业教育－教材
Ⅳ. ①TP311.138

中国版本图书馆CIP数据核字(2011)第041462号

内容提要

本书面向工作过程，以“公司管理数据库系统”为具体学习实例，学生通过完成设置的12个项目，可以建立起一个完整的数据库原理及应用的知识体系，逐步具备数据库的需求分析、数据库的设计、数据库的创建、数据库的管理、维护等能力。

本书可作为高职高专院校、软件学院、成人教育学院数据库原理与应用课程的教材，也可作为数据库原理自学教材和参考书。

工业和信息化人才培养规划教材——高职高专计算机系列

数据库原理与应用——SQL Server 版（项目式）

◆ 主　　编　王德永　张佰慧
　副 主 编　吴建梅　李永英
　责任编辑　王　威

◆ 人民邮电出版社出版发行　　北京市丰台区成寿寺路11号
　邮编　100164　　电子邮件　315@ptpress.com.cn
　网址　http://www.ptpress.com.cn
　北京九州迅驰传媒文化有限公司印刷

◆ 开本：787×1092　1/16
　印张：14.5　　　　2011年5月第1版
　字数：369千字　　　2017年12月北京第9次印刷

ISBN 978-7-115-22784-3

定价：28.00元

读者服务热线：(010)81055256　印装质量热线：(010)81055316
反盗版热线：(010)81055315

前 言

数据库技术是当前计算机领域中应用最广泛的技术之一，几乎遍及计算机应用的各个方面，是计算机专业及其他许多专业的必修课。对本科的学生来说，数据库原理中的大部分内容还是容易掌握的。对于高职高专院校、软件学院、成人教育学院的学生来说，由于基础相对薄弱，学习起来较困难。本书是专门针对这些学生的特点而编写的数据库原理类教材。

为了符合高职教育水准及特色的专业课程建设，本着厚基础、重能力、求创新的总体思路，遵循实用、够用的原则，本书在编写时打破以知识传授为主要特征的传统学科课程模式，转变为以工作任务为核心的项目课程模式，按项目课程的理念来整合教材的内容。全书共设计了两个数据库管理系统案例，公司管理系统为教学所用，学生选课管理系统为课后同步练习所用。本书面向工作过程，以“公司管理数据库系统”为具体学习实例，学生通过完成设置的 12 个子项目，可以建立起一个完整的数据库原理及应用的知识体系，逐步具备数据库的需求分析、数据库的设计、数据库的创建、数据库的管理和维护等能力。理论部分以计算机等级考试大纲（二级数据库）为准，把枯燥的数据库理论知识融合到各个项目之中，从而激发学生学习兴趣。

本书由平顶山工业职业技术学院王德永、张佰慧任主编，江西工业职业技术学院吴建梅、平顶山工业职业技术学院李永英任副主编。他们确定教材大纲、规划各章节内容，并完成全书的统稿工作。本书编写分工如下：项目 1、项目 2 由张佰慧编写，项目 7、项目 10 由王德永编写，项目 4、项目 6 由李永英编写，项目 8 由平顶山工业职业技术学院杜暖男编写，项目 12 由江西工业职业技术学院吴建梅编写，项目 3、项目 9 由平顶山工业职业技术学院齐应杰编写，项目 11 由平顶山工业职业技术学院任国玺编写，项目 5 由平顶山工业职业技术学院杨慧编写。

为了方便教师教学，本书附有全套电子课件和数据库源代码，任课教师可到人民邮电出版社教学服务与资源网（www.ptpedu.com.cn）下载使用。

由于时间仓促，加之编者水平有限，书中难免存在错误和不妥之处，敬请广大读者批评指正。

编 者

2011 年元月

前言

目录

项目1

项目准备

【教学目标】

（1）了解公司管理数据库的相关数据。

（2）了解数据管理技术的 3 个阶段。

（3）了解数据库技术以及数据库技术的发展趋势。

【能力目标】

（1）理解数据库系统的组成。

（2）了解数据管理技术的发展经历。

（3）能分析数据库技术发展趋势。

【学习导航】

本项目主要为公司管理数据库系统开发作准备工作，通过引入公司管理数据库实例对数据库系统进行综述，主要介绍数据库系统、数据管理技术以及数据库技术的发展趋势。在图 1-1 中，可以看到本项目在公司管理数据库系统开发中的环节及位置。

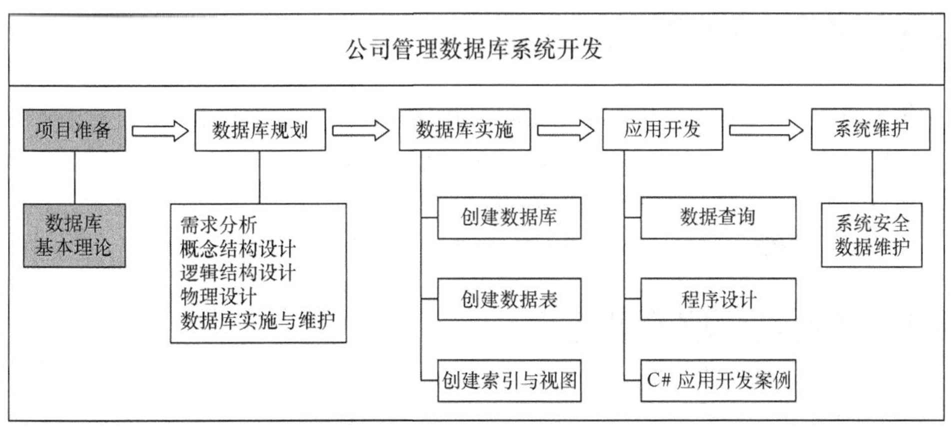

图 1-1　本项目在公司管理数据库系统开发中的环节及位置

【工作任务】

根据公司管理的工作流程，对公司管理数据库系统进行整体分析与规划。

（1）公司管理数据库系统的整体规划及系统所具有的功能。

（2）公司管理数据库系统各个模块的功能。

1.1 公司管理数据库系统实例

1.1.1 公司管理数据库系统功能分析

本书以公司管理数据库系统开发为任务主轴，按照数据库应用系统开发的流程讲解数据库的相关知识、数据库规划与设计的方法。通过综合实践与操作引导读者完成公司管理数据库系统的数据库设计。

公司管理数据库系统应具有以下功能。

（1）客户和产品之间进行产品订购。

（2）增加、删除和修改所提供的产品。

（3）客户增加、删除和修改所需要的产品。

（4）公司交易员（雇员）可以利用客户提出的订货信息和产品信息提出交易建议。

（5）分类统计已订购的产品信息。

1.1.2 公司管理数据库各数据表数据

本书使用的 companyinfo 数据库（公司管理数据库）包含以下 5 个表。

- 产品信息表 Product（产品 ID，产品名，类别 ID，单价，库存量）。
- 订单信息表 P_order（订单 ID，产品 ID，数量，雇员 ID，客户 ID，订货日期）。
- 类别信息表 Category（类别 ID，类别名，说明）。
- 员工信息表 Employee（雇员 ID，姓名，性别，出生年月，雇佣日期，特长，薪水）。
- 客户信息表 Customer（客户 ID，公司名称，联系人姓名，联系方式，地址，邮编）。

1.2 数据管理技术的发展

从数据本身来讲，数据管理是指收集数据、组织数据、存储数据和维护数据等几个方面。随着计算机硬件技术和软件技术的发展，计算机数据管理技术也在不断改进，大致经历了 3 个阶段：人工管理阶段、文件系统阶段和数据库系统阶段。

在讨论数据管理技术之前，先简单介绍一下数据和数据处理的概念。

1.2.1 数据处理的基本概念

1. 数据

数据（Data）是对客观事物及其活动的抽象符号表示，是存储在某一种媒体上可以鉴别的符

号资料。数据的形式可以是数字、文字、图形、图像、声音等，具体如学生档案记录和图书管理情况等。

例如，两名学生的考试成绩分别为85分和59分，这里的85和59就是数据。

2. 信息

信息（Information）是指数据经过加工处理后所获取的有用知识，是以某种数据形式表现的。数据和信息是两个相互联系但又相互区别的概念，数据是信息的具体表现形式，信息是数据的有意义的表现。也有人说信息是事物及其属性标识的集合。

例如，某学生看到自己的考试成绩是85或59分，通过思考他认为成绩及格或不及格，这里及格或不及格就是通过对数据85或59进行处理获取的信息。

3. 数据处理

数据处理（Data Processing）是指对数据进行加工的过程，即将数据转换成信息的过程，是对各种数据进行收集、存储、加工和传播的一系列活动的总和。

例如，编写一个C语言程序，对所输入的学生成绩进行分析判断并输出是否及格。

C源程序如下。

```
main()
{
int chj;
scanf("%d",&chj);
if(chj>=60)
    printf("及格");
else
    printf("不及格");
}
```

运行程序，当输入数据85或59时，通过if语句的判断处理将得到及格或不及格的信息。我们经常应用的Word文字处理、Excel表格处理和Photoshop图像处理等都是对各种数据进行收集、存储、加工的过程，即计算机数据处理。

1.2.2　人工管理阶段

20世纪50年代中期以前，计算机主要用于科学计算，数据量较少，一般不需要长期保存。硬件方面，外部存储器只有卡片、磁带和纸带，还没有磁盘等直接存取的存储设备；软件方面，没有专门管理数据的软件，数据处理方式基本是批处理。此阶段应用程序与数据之间的关系是一一对应的关系，如图1-2所示。

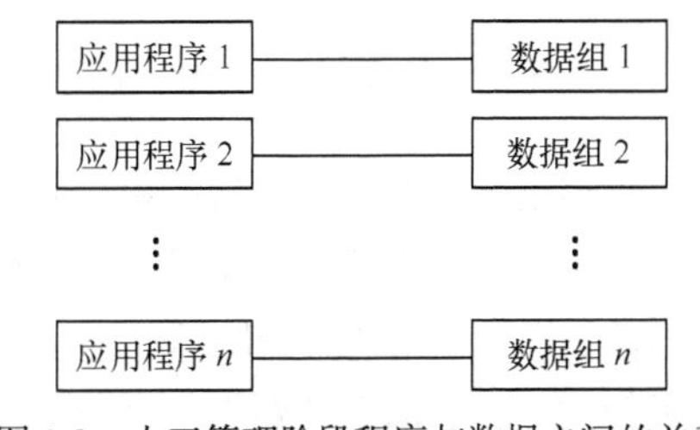

图1-2　人工管理阶段程序与数据之间的关系

这一阶段数据管理的特点如下。

1. 数据面向具体应用，不共享

一组数据只能对应一组应用程序，如果数据的类型、格式或者数据的存取方法、输入/输出方式等改变了，程序必须做相应的修改。这使得数据不能共享，即使两个应用程序涉及某些相同的数据，也必须各自定义，无法互相利用。因此，程序与程序之间存在大量的冗余。

2. 数据不单独保存

由于应用程序与数据之间结合得非常紧密，每处理一批数据，都要特地为这批数据编制相应的应用程序。数据只为本程序所使用，无法被其他应用程序利用。因此，程序的数据均不能单独保存。

3. 没有软件系统对数据进行管理

数据管理任务包括数据存储结构、存取方法、输入/输出方式等。这些完全由程序开发人员全面负责，没有专门的软件加以管理。一旦数据发生改变，就必须修改程序，这就给应用程序开发人员增加了很大的负担。

4. 没有文件的概念

这个阶段只有程序的概念，没有文件的概念。数据的组织方式必须由程序员自行设计。

1.2.3 文件系统阶段

20 世纪 50 年代后期至 60 年代中后期，计算机不仅用于科学计算，还用于信息管理。硬件方面，外存储器有了磁盘、磁鼓等直接存取的存储设备；软件方面，操作系统中已经有了专门管理外存的数据软件，一般称为文件系统。数据处理方式不仅有批处理，还有联机实时处理。此阶段应用程序与数据之间的关系如图 1-3 所示。

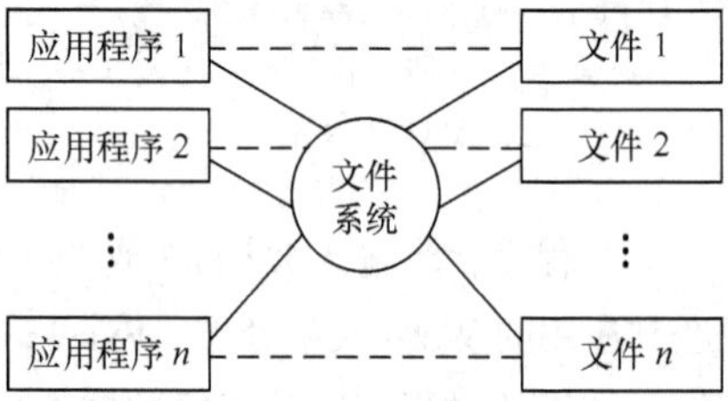

应用程序 1　　文件 1
应用程序 2　　文件 2
文件系统
⋮　　⋮
应用程序 n　　文件 n

图 1-3　文件系统阶段程序与数据之间的关系

1. 文件系统阶段数据管理的特点

（1）程序与数据分开存储，数据以“文件”形式可长期保存在外部存储器上，并可对文件进行多次查询、修改、插入和删除等操作。

（2）有专门的文件系统进行数据管理，程序和数据之间通过文件系统提供的存取方法进行转换。因此程序和数据之间具有一定的独立性，程序只需用文件名访问数据，不必关心数据的物理位置。数据的存取以记录为单位，并出现了多种文件组织形式，如索引文件、随机文件和直接存取文件等。

（3）数据不只对应某个应用程序，可以被重复使用。但程序还是基于特定的物理结构和存取方法，因此数据结构与程序之间的依赖关系仍然存在。

2. 文件系统阶段存在的缺点

虽然这一阶段较人工管理阶段有了很大的改进，但仍显露出很多缺点。

（1）数据冗余度大。文件系统中数据文件结构的设计仍然对应于某个应用程序，也就是说，数据还是面向应用的。即使不同的应用程序所需要的数据有相同部分时，也必须建立各自的文件，而不能共享相同部分的数据。因此，出现大量重复数据，浪费了存储空间。

（2）数据独立性差。文件系统中的数据文件是为某一特定要求设计的，数据与程序相互依赖。

如果改变数据的逻辑结构或文件的组织方式，必须修改相应的应用程序；而应用程序的改变，比如说应用程序的编程语言改变了，也将影响数据文件结构的改变。

因此，文件系统是一个不具有弹性的、无结构的数据集合，即文件之间是独立的，不能反映现实世界事物之间的内在联系。

1.2.4　数据库系统阶段

20 世纪 60 年代后期以来，计算机用于管理的范围越来越广泛，数据量也急剧增加。硬件技术方面，开始出现了大容量、价格低廉的磁盘。软件技术方面，操作系统更加成熟，程序设计语言的功能更加强大。在数据处理方式上，联机实时处理要求更多，另外提出了分布式数据处理方式，用于解决多用户、多应用共享数据的要求。在这样的背景下，数据库技术应运而生，它主要以解决数据的独立性，实现数据的统一管理，达到数据共享的目的，也因此出现了统一管理数据的专门软件系统，即数据库管理系统（Database Management System，DBMS）。这一阶段应用程序与数据之间的关系如图 1-4 所示。

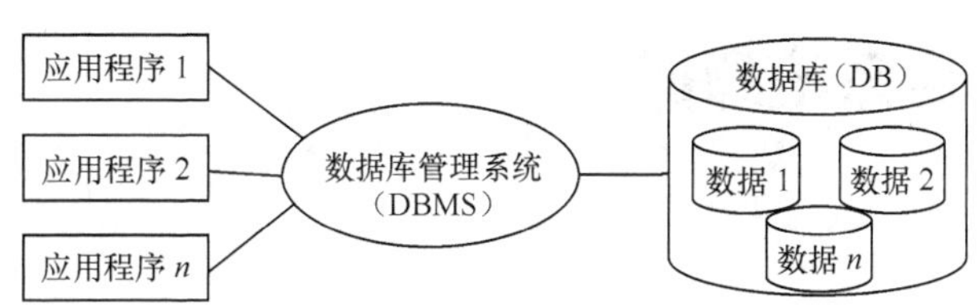

图 1-4　数据库系统阶段程序与数据之间的关系

数据库系统阶段的数据管理具有以下特点。

1. 数据结构化

数据结构化是数据库与文件系统的根本区别，是数据库系统的主要特征之一。传统文件的最简单形式是等长、同格式的记录集合。在文件系统中，相互独立的文件的记录内部是有结构的，类似于属性之间的联系，而记录之间是没有结构的、孤立的。

例如，有 3 个文件，学生（学号，姓名，年龄，性别，出生日期，专业，住址）、课程（课程号，课程名称，授课教师）、成绩（学号，课程号，成绩），要想查找某人选修的全部课程的课程名称和对应成绩，则必须编写一段比较复杂的程序来实现。

数据库系统采用数据模型来表示复杂的数据结构，数据模型不仅表示数据本身的联系，而且表示数据之间的联系。只要定义好数据模型，上述查找可以非常容易地联机实现。

2. 数据的冗余度低、共享性高、易扩充

数据库系统从整体角度看待和描述数据，数据不再面向某个应用而是面向整个系统，因此一个数据可以被多个用户、多个应用共享使用。这样可以大大减少数据冗余，提高共享性，节约存储空间。数据共享还能够避免数据之间的不相容性与不一致性。

由于数据面向整个系统，是有结构的数据，不但可以被多个应用共享使用，而且容易增加新的应用，这就使得数据库系统弹性大、易于扩充，可以适应各种用户的要求。

3. 数据独立性高

数据独立性包括数据的物理独立性和数据的逻辑独立性。物理独立性是指用户的应用程序与存储在磁盘上的数据库中数据是相互独立的。也就是说，数据在磁盘上的数据库中怎样存储是由数据库管理系统负责管理的，应用程序不需要了解，应用程序要处理的只是数据的逻辑结构。这样当数据的物理结构改变时，可以不影响数据的逻辑结构和应用程序，这就保证了数据的物理独立性。

而数据的逻辑独立性是指用户的应用程序与数据库的逻辑结构是相互独立的，即当数据的逻辑结构改变了，应用程序也可以保持不变。

4. 数据由数据库管理系统统一管理和控制

数据库系统的共享是并发的共享，即多个用户可以同时存取数据库中的数据，这个阶段的程序和数据的联系通过数据库管理系统来实现。数据库管理系统必须为用户提供存储、检索、更新数据的手段；实现数据库的并发控制、实现数据库的恢复、保证数据完整性和保障数据安全性控制。

1.3 数据库系统概述

1.3.1 数据库

数据库（Database，DB）是存储在计算机存储设备上，结构化的相关数据集合。它不仅包括描述事物的数据本身，还包括相关事物之间的联系。

人们收集并抽取出一个应用所需要的大量数据之后，应将其保存起来以供进一步加工处理，进一步抽取有用信息。在科学技术飞速发展的今天，人们的视野越来越广，数据量急剧增加。过去人们把数据存放在文件柜里，现在人们借助计算机和数据库技术科学地保存和管理大量复杂的数据，以便能方便而充分地利用这些宝贵的信息资源。例如，可以将单位全部员工的情况存入数据库进行管理，可以将图书馆的馆藏图书和图书借阅情况保存在数据库中，以便于对图书信息的管理。

所以，数据库是长期储存在计算机内、有组织的、可共享的数据集合。数据库中的数据按一定的数据模型组织、描述和储存，具有较小的冗余度、较高的数据独立性和易扩展性，并可为各种用户所共享。

1.3.2 数据库管理系统

数据库管理系统是处理数据访问的软件系统，也就是位于用户与操作系统之间的一层对数据库进行管理的软件。用户必须通过数据库管理系统来统一管理和控制数据库中的数据。一般来说，数据库管理系统的功能主要包括下述内容。

1. 数据定义

DBMS 提供数据定义语言（Data Definition Language，DDL），定义数据库的三级结构，包括

外模式、模式和内模式及相互之间的映像，定义数据的完整性、安全控制等约束。各级模式通过DLL编译成相应的目标模式，并被保存在数据字典中，以便在进行数据操纵和控制时使用。这些定义存于数据字典中，是DBMS存储和管理数据的依据。DBMS根据这些定义，从物理记录导出全局逻辑记录，又从全局逻辑记录导出用户所检索的记录。

2. 数据操纵

DBMS还提供数据操纵语言（Data Manipulation Language，DML），用户可以使用DML操纵数据实现对数据库的基本操作，如存取、检索、插入、删除和修改等。DML有两类，一类DML可以独立交互使用，不依赖于任何程序设计语言，称为自主型或自含型语言。另一类DML必须嵌入宿主语言中使用，称为宿主型 DML。在使用高级语言编写的应用程序中，需要使用宿主型DML访问数据库中的数据。因此，DBMS必须包含编译或解释程序。

3. 数据库的运行管理

所有数据库的操作都要在数据库管理系统的统一管理和控制下进行，以保证事务的正确运行和数据的安全性、完整性。这也是DBMS运行时的核心部分，它包括如下内容。

（1）数据的并发（Concurrency）控制。当多个用户的并发进程同时存取、修改或访问数据库时，可能会发生由于相互干扰而得到错误的结果或使得数据库的完整性遭到破坏的情况，因此必须对多用户的并发操作加以控制和协调。

（2）数据的安全性（Security）保护。数据的安全性保护是指保护数据以防止不合法的使用造成数据的泄密和破坏。因此每个用户只能按规定，对某些数据以某些方式进行使用和处理。

（3）数据的完整性（Integrity）控制。数据的完整性控制是指设计一定的完整性规则以确保数据库中数据的正确性、有效性和相容性。例如，当输入或修改数据时，不符合数据库定义规定的数据系统不予接受。

（4）数据库的恢复（Recovery）。计算机系统的硬件故障、软件故障、操作员的失误以及故意的破坏也会影响数据库中数据的正确性，甚至造成数据库部分或全部数据的丢失。DBMS必须具有将数据库从错误状态恢复到某一已知的正确状态（亦称为完整状态或一致状态）的功能，这就是数据库的恢复功能。

总而言之，数据库是一个通用的综合性的数据集合，它可以供各种用户共享，并且具有最小的冗余度和较高的数据与程序的独立性。

4. 数据字典

数据字典（Data Dictionary，DD）中存放着对实际数据库各级模式所作的定义，也就是对数据库结构的描述。这些数据是数据库系统中有关数据的数据，称为元数据（Metadata）。因此，数据字典本身也可以看成是一个数据库，只不过它是系统数据库。

综上所述，数据库管理系统是在建立、运行和维护时对数据库进行统一控制，以确保多种程序并发地使用数据库，并可以及时、有效地处理数据。

1.3.3 数据库系统

数据库系统是指引进了数据库技术后的计算机系统，它能够有组织地、动态地存储大量数据，提供数据处理和数据共享机制，一般由硬件系统、软件系统、数据库和人员组成。数据库系统的组成结构如图 1-5 所示。

1. 硬件系统

由于数据库系统的数据量很大，加之 DBMS 丰富的功能使得自身的规模也很大，因此整个数据库系统对硬件资源提出了较高的要求，这些要求如下。

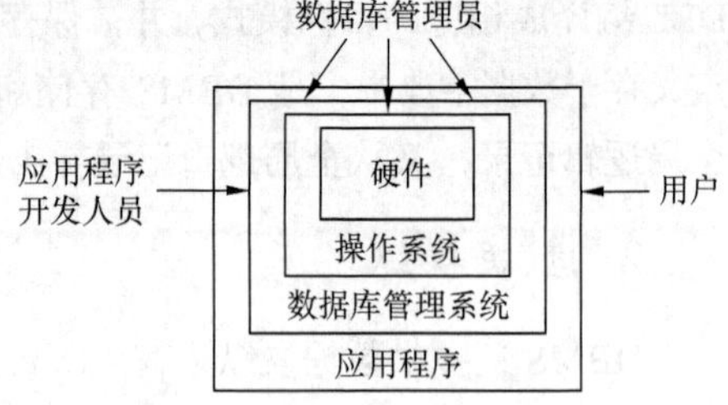

图 1-5 数据库系统组成结构

（1）有足够大的内存，用于存放操作系统、DBMS 的核心模块、数据缓冲区和应用程序。

（2）有足够大的磁盘等直接存取设备存放数据库；有足够数量的存储介质（内部存储设备和外部存储设备），用于数据备份。

（3）有较高的通信能力，以提高数据传送率。

2. 软件系统

数据库系统的软件主要包括数据库管理系统（DBMS）和支持 DBMS 运行的操作系统（Operating System，OS）。数据库管理系统是整个数据库系统的核心，是位于用户与操作系统之间的一层数据管理软件，主要用于数据库的建立、使用和维护，提供对数据库中的数据资源进行统一管理和控制，同时将数据库应用程序和数据库中的数据联系起来。另外，数据库系统的软件还包括具有与数据库接口的高级语言和应用程序开发工具。

一般来说，一种数据库只支持一种或两种操作系统。然而，近几年来，跨平台作业越来越受到人们的重视，许多大型数据库都同时支持几种操作系统，如 Orcale 数据库等。

应用程序开发工具在这里主要是用于开发与数据库相关的应用程序，现在流行的数据库应用程序开发工具有很多种，如本书所介绍的 SQL Server 2005 就是一款优秀的工具，它的功能齐全，并且处理数据的速度较快。

3. 人员

这里的人员主要是指开发、设计、管理和使用数据库的人员，包括数据库管理员、应用程序开发人员和最终用户。

（1）数据库管理员（Database Administrator，DBA）。为保证数据库系统的正常运行，需要有专门人员来负责全面管理和控制数据库系统，承担此任务的人员就称为 DBA。

（2）应用程序开发人员是设计数据库管理系统的人员。他们主要负责根据系统的需求分析，使用某种高级语言编写应用程序。应用程序可以对数据库进行访问、修改和存取等操作，并能够将数据库返回的结果按一定的形式显示给用户。

（3）最终用户是通过计算机终端与系统交互的用户。最终用户可以通过已经开发好的具有友好界面的应用程序访问数据库，还可以使用数据库系统提供的接口进行联机访问数据库。

1.4 数据库技术新发展

数据库技术是信息系统的一个核心技术。是一种计算机辅助管理数据的方法，它研究如何组织和存储数据，如何高效地获取和处理数据。是通过研究数据库的结构、存储、设计、管理以及应用的基本理论和实现方法，并利用这些理论来实现对数据库中的数据进行处理、分析和理解的技术，即数据库技术是研究、管理和应用数据库的一门软件科学。

数据库技术是现代信息科学与技术的重要组成部分，是计算机数据处理与信息管理系统的核心。数据库技术研究和解决了计算机信息处理过程中大量数据有效地组织和存储的问题，在数据库系统中减少数据存储冗余、实现数据共享、保障数据安全以及高效地检索和处理数据。

目前，数据库系统已经应用到医学诊断、计算机辅助设计、计算机辅助工程、图书馆管理、天气预报、交通预订、旅馆预订等许多领域。数据库系统的发展主要是为满足共享信息用户的需求，随着在线信息的增加，以及越来越多的用户希望访问在线信息，今后还会开发出更多的面向应用的数据库系统。

1.4.1 数据库技术发展历史

数据模型是数据库技术的核心和基础，因此，对数据库系统发展阶段的划分应该以数据模型的发展演变作为主要依据和标志。按照数据模型的发展演变过程，数据库技术从开始到现在短短的 30 年中，主要经历了 3 个发展阶段：第一代是网状和层次数据库系统，第二代是关系数据库系统，第三代是以面向对象数据模型为主要特征的数据库系统。数据库技术与网络通信技术、人工智能技术、面向对象程序设计技术、并行计算技术等相互渗透、有机结合，成为当代数据库技术发展的重要特征。

1. 第一代数据库系统

第一代数据库系统是 20 世纪 70 年代研制的层次和网状数据库系统。层次数据库系统的典型代表是 1969 年 IBM 公司研制出的层次模型的数据库管理系统 IMS。60 年代末 70 年代初，美国数据库系统语言协会（Conference on Data System Language，CODASYL）下属的数据库任务组（Data Base Task Group，DBTG）提出了若干报告，被称为 DBTG 报告。DBTG 报告确定并建立了网状数据库系统的许多概念、方法和技术，是网状数据库的典型代表。在 DBTG 思想和方法的指引下，数据库系统的实现技术不断成熟，开发了许多商品化的数据库系统，它们都是基于层次模型和网状模型的。

可以说，层次数据库是数据库系统的先驱，而网状数据库则是数据库概念、方法、技术的奠基者。

2. 第二代数据库系统

第二代数据库系统是关系数据库系统。1970 年，IBM 公司的 San Jose 研究试验室的研究员 Edgar F. Codd 发表了题为《大型共享数据库数据的关系模型》的论文，提出了关系数据模型，开创了关系数据库方法和关系数据库理论，为关系数据库技术奠定了理论基础。Edgar F. Codd 于 1981 年被授予 ACM 图灵奖，以表彰他在关系数据库研究方面的杰出贡献。

20 世纪 70 年代是关系数据库理论研究和原型开发的时代，其中以 IBM 公司的 San Jose 研究试验室开发的 System R 和 Berkeley 大学研制的 Ingres 为典型代表。大量的理论成果和实践经验终于使关系数据库从实验室走向了社会，因此，人们把 70 年代称为数据库时代。80 年代，几乎所有新开发的系统均是关系型的，其中涌现出了许多性能优良的商品化关系数据库管理系统，如

DB2、Ingres、Oracle、Informix、Sybase 等。这些商用数据库系统的应用使数据库技术日益广泛地应用到企业管理、情报检索、辅助决策等方面，成为实现和优化信息系统的基本技术。

3．第三代数据库系统

从 80 年代以来,数据库技术在商业上的巨大成功刺激了其他领域对数据库技术需求的迅速增长。这些新的领域为数据库应用开辟了新的天地，并在应用中提出了一些新的数据管理的需求，推动了数据库技术的研究与发展。

1990 年，高级 DBMS 功能委员会发表了《第三代数据库系统宣言》，提出了第三代数据库管理系统应具有的 3 个基本特征：应支持数据管理、对象管理和知识管理，必须保持或继承第二代数据库系统的技术，必须对其他系统开放。

1.4.2 数据库技术发展的趋势

从 20 世纪 60 年代末期到现在，数据库技术已经发展了 40 多年。在这 40 多年的历程中，人们在数据库技术的理论研究和系统开发上都取得了辉煌的成就，而且已经开始对新一代数据库系统的深入研究。数据库系统已经成为现代计算机系统的重要组成部分。

1．面向对象的关系数据库技术

针对关系数据库技术现有的局限性，理论界现在主要有以下 3 种观点。

面向对象的数据库技术将成为下一代数据库技术发展的主流。部分学者认为现有的关系型数据库无法描述现实世界的实体，而面向对象的数据模型由于吸收了已经成熟的面向对象程序设计方法学的核心概念和基本思想，使得它符合人类认识世界的一般方法，更适合描述现实世界。甚至有人预言，数据库的未来将是面向对象的时代。

关系数据库几乎是当前数据库系统的标准，关系语言与常规语言一起几乎可完成任意的数据库操作，但其简洁的建模能力、有限的数据类型、程序设计中数据结构的制约等却成为关系型数据库发挥作用的瓶颈。面向对象方法起源于程序设计语言，它本身就是以现实世界的实体对象为基本元素来描述复杂的客观世界，但功能不如数据库灵活。因此部分学者认为将面向对象的建模能力和关系数据库的功能进行有机结合而进行研究是数据库技术的一个发展方向。

面向对象数据库的优点是能够表示复杂的数据模型，但由于没有统一的数据模式和形式化理论，因此缺少严格的数据逻辑基础。而演绎数据库虽有坚强的数学逻辑基础，但只能处理平面数据类型。因此，部分学者将两者结合，提出了一种新的数据库技术——演绎面向对象数据库，并指出这一技术有可能成为下一代数据库技术发展的主流。

2．非结构化数据库

非结构化数据库是部分研究者针对关系数据库模型过于简单，不便表达复杂的嵌套需要，以及支持数据类型有限等局限，从数据模型入手而提出的全面基于 Internet 应用的新型数据库理论。他们认为这种数据库的最大区别就在于它突破了关系数据库结构定义不易改变和数据定长的限制，支持重复字段、子字段以及变长字段并实现了对变长数据和重复字段进行处理和数据项的变长存储管理，在处理连续信息（包括全文信息）和非结构信息

（重复数据和变长数据）中有着传统关系型数据库所无法比拟的优势。但研究者认为此种数据库技术并不会完全取代现在流行的关系数据库，而是它们的有益补充。

3. 数据库技术与多学科技术的有机结合

有学者指出：数据库与学科技术的结合将会建立一系列新数据库，如分布式数据库、并行数据库、知识库、多媒体数据库等，这将是数据库技术重要的发展方向。其中，许多研究者都将多媒体数据库作为研究的重点，并认为多媒体技术和可视化技术引入多媒体数据库将是未来数据库技术发展的热点和难点。

4. 数据仓库和电子商务

部分学者在对各个数据库厂商的发展方向和应用需求的不断扩展的现状进行分析的基础上，提出，数据库技术及市场在向数据仓库和电子商务两个方向不断发展的观点。他们指出：近年来，许多行业如电信、金融、税务等逐步认识到数据仓库技术对于企业宏观发展所带来的巨大经济效益，纷纷建立起数据仓库系统。在我国提供大型数据仓库解决方案的厂商主要有 Oracle、IBM、Sybase、CA 及 Informix 等，已经建设成功并已收回投资的项目主要有招商银行系统和国信证券系统等。目前，国内外学者对数据仓库的研究正在继续深入。与此同时，一些学者将数据库技术及市场发展的视角瞄准电子商务领域，他们认为：现在的信息系统逐渐要求按照以客户为中心的方式建立应用框架，因此势必要求数据库应用更加广泛地接触客户，而 Internet 给了我们一个非常便捷的连接途径，通过 Internet 可以实现所谓的 One One Marketing 和 One One business，进而实现 E business。因此，电子商务将成为未来数据库技术发展的另一方向。

5. 面向专门应用领域的数据库技术

许多研究者从实践的角度对数据库技术进行研究，提出了适合应用领域的数据库技术，如工程数据库、统计数据库、科学数据库、空间数据库、地理数据库等。这类数据库在原理上也没有多大的变化，但它们却与一定的应用相结合，从而加强了系统对有关应用的支撑能力，尤其表现在数据模型、语言、查询方面。部分研究者认为，随着研究工作的继续深入和数据库技术在实践工作中的应用，数据库技术将会更多朝着专门应用领域发展。

6. 数据挖掘、知识发现与数据仓库

随着计算机网络技术及 Internet 应用的日趋普及，势必要求数据库系统的应用平台向 Web 平台迁移，最终达到全球数据信息共享的目的。如何实现数据库平台与 Web 平台的无缝对接，即对 Web 数据库技术的研究已成为近期研究的热点。国内外学者对数据仓库技术以及与之相关的数据挖掘和知识发现进行了大量的研究和论述。从数据库中发现知识（KDD，知识发现）的核心技术就是数据挖掘（DM）。数据挖掘是目前发展极为迅速的一个研究领域，它综合了机器学习、统计分析和数据库技术，为数据库中数据的决策型使用提供服务。如何扩充数据库系统的功能，使之包括数据挖掘能力，是当前数据库界的一个热点，具体来说，就是研究简单的查询原语和新一代查询优化技术。实际上，数据仓库技术所要研究和解决的问题就是从 OLAP 系统、异构分散的外部数据源、脱机的历史业务数据中获取数据，处理后为数据分析和管理决策提供应用服务。部分研究者认为要推动数据仓库技术的发展就需要将数据挖掘和数据仓库协同起来工作。他们认为：

一方面，数据仓库技术可以迎合和简化数据挖掘过程中的重要步骤，提高数据挖掘的效率和能力，确保数据挖掘中数据来源的广泛性和完整性。另一方面，数据挖掘技术已经成为数据仓库应用中极为重要和相对独立的方面和工具。目前，国内对数据仓库、数据挖掘等数据库技术的研究正在紧锣密鼓地进行，该技术的发展无疑将会推动新一轮的数据库技术的发展。

1.5 实训

1.5.1 实训目的

（1）能通过需求分析了解系统的功能。

（2）能对系统各个模块进行功能分析。

（3）会画出系统总体功能模块图。

（4）培养适应岗位需要，独立分析问题、解决问题的基本能力，以及团队合作精神。

1.5.2 实训要求

（1）通过需求分析正确规划出系统的功能模块。

（2）要求具有一定的项目分析能力、任务分解能力、组织实施能力。

（3）要求具有一定的查阅教材、各类相关资料及工具书的能力，进而养成自我学习的习惯。

1.5.3 实训内容与步骤

请根据本校对学生选课系统的要求，对学生选课系统的需求情况进行调研。

（1）学生选课系统的整体规划及功能模块组成。

（2）分析学生选课系统的各个功能模块。

（3）画出学生选课系统的总体功能模块图。

（4）整理出学生选课系统的基础数据。

小结

本项目首先简单介绍了公司管理数据库系统实例，本书以公司管理数据库系统开发为任务主轴；同时描述了数据管理技术的 3 个发展阶段，阐述了数据库系统阶段的主要特点；细致地讲解了数据库、数据库管理系统和数据库系统 3 个基本概念；最后介绍了数据库技术发展趋势。本项目是后续项目的基础，为学好数据库建立了理论框架。

项目2

公司管理数据库系统的规划设计

【教学目标】

（1）理解数据库的基本概念。

（2）理解数据库组织数据的模型。

（3）掌握关系型数据库的有关基本概念。

（4）理解范式理论。

【能力目标】

（1）能够对实际应用系统进行项目需求分析。

（2）能够根据项目需求分析进行数据库的概念模型设计。

（3）能够将 E-R 模型转换为关系模型。

（4）能够利用范式理论对数据表进行优化设计。

（5）通过项目需求分析，培养与客户沟通的能力。

【学习导航】

本项目介绍数据库的开发流程，即数据库的设计规则和设计步骤。在图 2-1 中，可

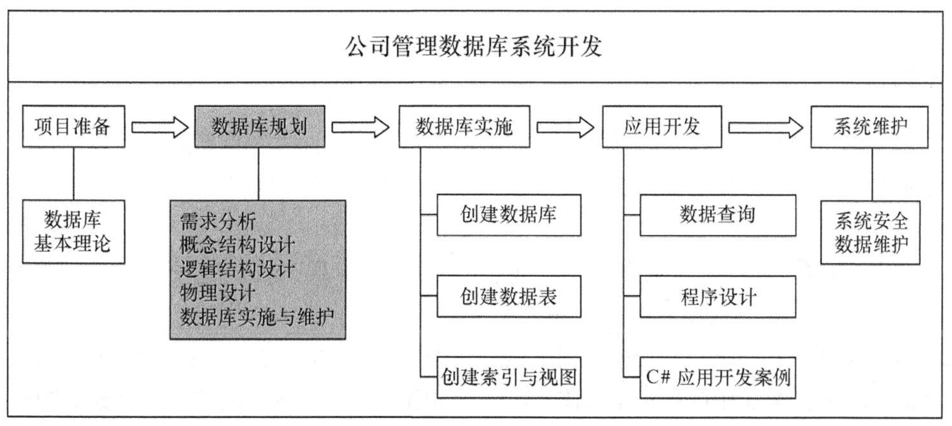

图 2-1　本项目在公司管理数据库系统开发中的环节及位置

以看到本项目在公司管理数据库系统开发中的环节及位置。

【工作任务】

根据公司管理系统的工作流程，设计一个满足该公司管理的数据库。按照数据库设计的思想及基本步骤对公司管理数据库进行如下设计。

（1）公司管理数据库的需求分析。

（2）公司管理数据库的概念结构设计。

（3）公司管理数据库的逻辑设计。

（4）公司管理数据库的物理设计。

2.1 理论知识准备

2.1.1 概念模型

数据库是相关数据的集合，它不仅反映数据本身的内容，而且要反映数据之间的联系。在数据库中，用数据模型这个工具来抽象、表示、处理现实世界中的数据和信息，以便计算机能够处理这些对象。因此，数据模型就是对现实世界数据的模拟。了解数据模型的基本概念是学习数据库的基础。

根据数据模型应用目的的不同，可以将数据模型分为两类：概念模型（也称信息模式）和数据模型。前者是从用户的角度来对数据和信息建模，这类模型主要用在数据库的设计阶段，与具体的数据库管理系统无关。后者是从计算机系统的角度对数据建模，它与所使用的数据管理系统的种类有关，主要用于 DBMS 的实现。

1. 实体

实体是客观存在且相互区别的事物及事物之间的联系，例如，在数据库概念结构设计时有客户实体、订单实体、雇员实体和产品实体。

2. 属性

属性是指实体所具有的某种特性。属性用来描述一个实体，例如，产品实体有产品 ID、产品名等各种属性。

3. 联系

现实世界的事物间总是存在这样或那样的联系，这种联系必然要在信息世界中得到反映。

这些联系在信息世界中反映为实体内部以及实体与实体之间的联系。两个实体之间的联系有 3 种情况。

（1）一对一联系：如果对于实体 A 中的每一个实体，实体 B 中至多有一个实体与其发生联系，反之亦然，则称实体 A 与实体 B 是一对一联系，记作 1:1。

（2）一对多联系：如果对于实体 A 中的每一个实体，实体 B 中有 n（n>0）个实体与之发生联系；反之，对于实体 B 中的每一个实体，实体 A 中至多有一个实体与之发生联系，则称实体 A 与实体 B 是一对多联系，记作 1:n。这是最常见的一种联系。

如图 2-2 所示，产品实体与类别实体使用类别 ID 进行联系，每个类别都拥有多件产品，而每件产品只属于一个类别。因此，类别实体中的一个实体对应产品实体中的多个实体，产品实体中的一个实体只对应类别实体中的一个实体。所以，这两个实体之间构成一对多联系。

（3）多对多联系：如果对于实体 A 中的每一个实体，实体 B 中有 n（$n \geqslant 0$）个实体与之发生联系；反之，对于实体 B 中的每一个实体，实体 A 中有 m（$m \geqslant 0$）个实体与之发生联系，则称实体 A 与实体 B 是多对多联系，记作 m:n。

如图 2-3 所示，如果公司中的每一个雇员并不是只负责一个订单，而每个订单也不是只能由一个订单负责人，那么在订单实体和雇员实体之间就会建立多对多联系。在大多数情况下，可以将这种联系转换为多个一对多联系。

4. E-R 方法

E-R 方法是一种用来在数据库设计过程中表示数据库系统结构的方法，又被称为 EAR 方法或 EAR 模型。它的主导思想是使用实体（Entity）、实体的属性（Attribution）、实体之间的关系（Relationship）来表示数据库系统的结构。

在 E-R 模型图中，用方框表示实体，用菱形表示联系，用椭圆形表示属性。例如，可以将一名雇员作为一个实体表示，如图 2-4 所示。

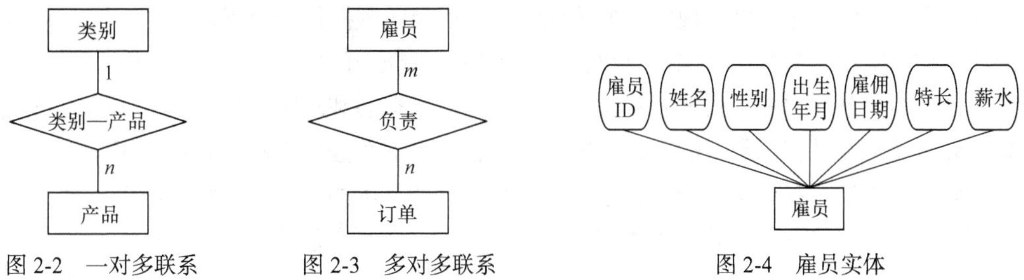

图 2-2　一对多联系　　图 2-3　多对多联系　　图 2-4　雇员实体

另外，还可以使用 E-R 模型图来表示实体之间的关系。例如，可以使用如图 2-5 所示的 E-R 模型图来表示雇员实体和订单实体之间的关系。

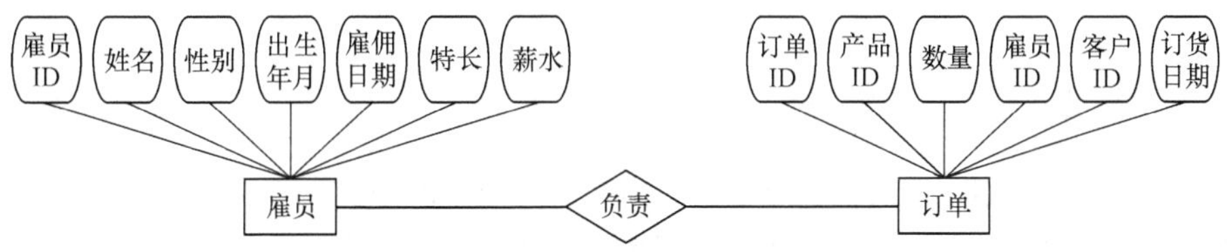

图 2-5　雇员实体和订单实体之间的联系

在完成了 E-R 模型图以后，就可以将模型图转换为真正的数据表结构了。在 E-R 模型图向数据表的转换过程中，首先需要将实体转换为一个独立的数据表，然后将实体的属性转换为数据表中的字段，最后根据实体之间的关系建立数据表之间的关联。例如，图 2-5 中的 E-R 模型图可以转换为如图 2-6 所示的数据表结构。

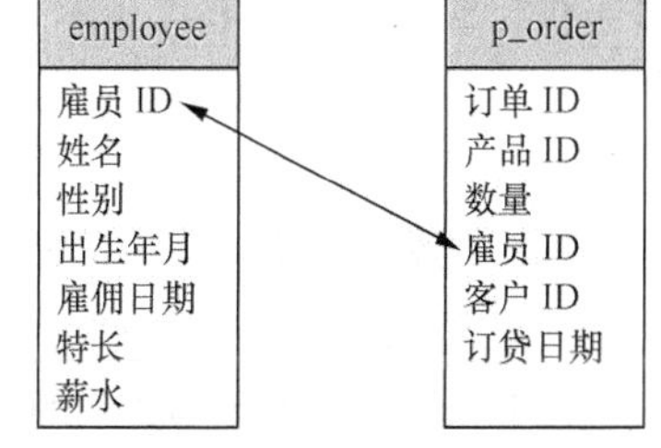

图 2-6　转换后的数据表结构

当然，许多有经验的数据库开发者已经完全不必经过设计 E-R 模型图、将 E-R 模型图转换为数据表结构的过程就可以设计出准确可靠的数据库结构了。

但在刚刚开始设计数据库的阶段，还希望读者按照这种过程来进行。

2.1.2 数据模型

1. 数据模型的三要素

现实世界中的客观事物经过概念模型的抽象和描述，最终要转换为计算机所能识别的数据模型。数据模型与具体的 DBMS 相关，可以说它是概念模型的数据化，是现实世界的计算机模拟。数据模型通常有一组严格定义的语法，人们可以使用它来定义、操纵数据库中的数据。数据模型的组成要素包括数据结构、数据操作和数据的完整性约束。

（1）数据结构。数据结构是对数据静态特征的描述。数据的静态特征包括数据的基本结构、数据间的联系和对数据取值范围的约束。所以说，数据结构是所研究对象类型的集合。例如，在前面所讲的公司管理系统中，产品表中的产品 ID 和订单表中的产品 ID 是有联系的，即订单表中的产品 ID 必须在产品表中产品 ID 的取值范围内。

（2）数据操作。数据操作是指对数据动态特征的描述，包括对数据进行的操作及相关操作规则。数据库的操作主要有检索和更新（包括插入、删除、修改）两大类。数据模型要定义这些操作的确切含义、操作符号、操作规则（如优先级别）以及实现操作的语言。

因此，数据操作完全可以看成是对数据库中各种对象操作的集合。

（3）数据的完整性约束。数据的完整性约束是对数据静态和动态特征的限定，是用来描述数据模型中数据及其联系应该具有的制约和依存规则，以保证数据的正确、有效和相容。

数据模型应该反映和规定符合本数据模型必须遵守的基本的通用的完整性约束条件。例如，在关系模型中，任何关系必须满足实体完整性和参照完整性两个条件。

另外，数据模型还应该提供定义完整性约束条件的机制，用以反映特定的数据必须遵守特定的语义约束条件。例如，学生信息中必须要求学生性别只能是男或女。

数据模型的这 3 个要素完整地描述了一个数据模型，数据模型不同，描述和实现方法亦不同。

2. 层次模型

数据库的类型是根据数据模型划分的。目前常用的数据模型主要有层次模型、网状模型、关系模型和面向对象模型。其中，层次模型、网状模型是非关系模型。

层次模型用树形结构来表示各类实体以及实体间的联系。以实体作为节点，树是由节点和连线组成的。每个节点表示一个记录类型，记录（类型）之间的联系用节点之间的连线（有向边）表示。通常把表示 1 的节点放在上面，称为父节点；把表示多的节点放在下面，称为子节点。

在数据库中定义满足下面两个条件的数据模型为层次模型。

（1）有且只有一个节点没有父节点，这个节点称为根节点。

（2）根以外的其他节点有且只有一个父节点。

由此可见，层次模型描述的是 $1{:}n$ 的实体联系，即一个父节点可以有一个或多个子节点。图 2-7 所示为一个层次模型。

3. 网状模型

在现实世界中，事物之间的联系更多的是非层次关系的，用层次模型表示非树形结构是很不直接的，网状模型则可以克服这一点。

与层次模型一样，网状模型中每个节点表示一个记录类型（实体），每个记录类型可包含若干个字段（实体的属性），节点间的连线表示记录类型（实体）之间一对多的父子联系。与层次模型不同，网状模型中的任意节点间都可以有联系。

在数据库中，把满足以下两个条件的数据模型称为网状模型。

（1）允许一个以上的节点无父节点。

（2）一个节点可以有多于一个的父节点。

由此可见，网状模型可以描述实体间多对多的联系。图 2-8 所示为一个网状模型。

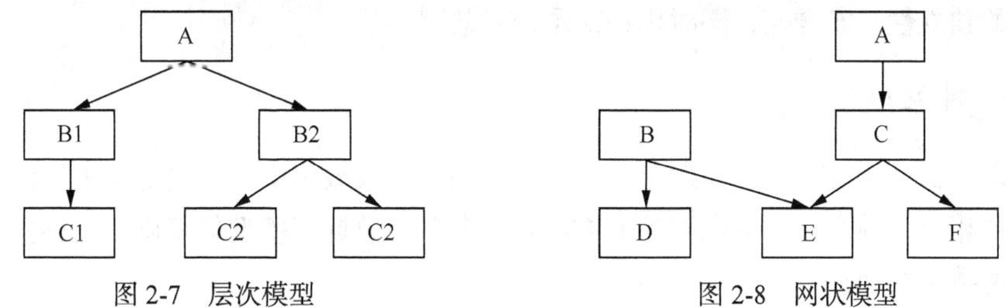

图 2-7　层次模型　　图 2-8　网状模型

网状模型是一种比层次模型更具普遍性的结构，它去掉了层次模型的两个限制，允许多个节点没有父节点，允许节点有多个父节点，此外它还允许两个节点之间有多种联系（称为复合联系）。因此，网状模型可以更直接地用于描述现实世界，而层次模型实际上是网状模型的一个特例。

4. 关系模型

关系模型是目前应用最广泛，也是最重要的一种数据模型。关系数据库就是采用关系模型作为数据的组织形式的。

关系模型是 1970 年在 E. F. Codd 发表的题为《大型共享数据库数据的关系模型》的论文中首次提出的，并开创了数据库关系方法和关系数据理论的研究，进而创建了关系数据库系统（Relational Database System，RDBS）。更重要的是 RDBS 提供了结构化查询语言（Strctured Query Language，SQL），它是在关系数据库中定义和操纵数据的标准语言。SQL 大大增强了数据库的查询功能，是 RDBS 普遍应用的直接原因。

（1）数据结构。关系模型中基本的数据结构是二维表。每个实体可以看成一个二维表，它存放实体本身的数据，实体间的联系也用二维表来表达。在关系模型中，每个二维表称为一个关系，并且有一个名称，称为关系名。表 2-1 所示为一个二维表的结构。

表 2-1　　二维表

产品 ID	产　品　名	类别 ID	单价（元）	库存量（件）
1	牛奶	1	2.30	200
2	冰激凌	1	1.50	400
3	果冻	1	3.00	300
4	打印纸	2	40.00	100
5	墨盒	2	200.00	150

（2）数据操纵与完整性约束。关系模型的数据操纵主要有查询、插入、删除和更新。进行插入、删除、更新操作时要满足关系模型的完整性约束条件。

关系模型的完整性约束包括实体完整性、参照完整性和用户定义完整性。关于数据完整性请参见 2.1.4。

（3）存储结构。关系模型中，实体及实体间的联系都用二维表来表示。在数据库的物理组织中，二维表以文件形式存储。

（4）优点。关系数据模型的主要优点如下。

① 具有严格的数据理论基础，关系数据模型是建立在严格的数据概念基础上的。

② 概念单一，不管是实体本身还是实体之间的联系都用关系（表）来表示，这些关系必须是规范化的，使得数据结构非常清晰、简单。

③ 在用户的眼中，无论是原始数据还是结果都是二维表，不用考虑数据的存储路径。因此，提高了数据的独立性、安全性，同时也提高了开发效率。

5. 面向对象模型

面向对象数据库系统支持面向对象数据模型。面向对象数据库是面向对象数据库技术和面向对象程序设计相结合的产物，面向对象的方法是面向对象数据库模型的基础，这种数据模型能够适应更复杂的数据处理技术。

面向对象模型中的核心概念是对象（Object）和类（Class）。

（1）对象和类。对象类似于 E-R 模型中的实体，但更为复杂。每个对象不仅有数据特征，还有状态（State）特征和行为（Behavior）特征，并把它们封装在一起。比如，学号、姓名、年龄、专业等可以看做学生的数据特征，学生是否毕业看成状态特征，学生是否选修了课程可以看做学生的行为特征。因此，对象应该具有三要素：唯一的标识符用来识别对象；用特征或属性用来描述对象；有一组操作用来决定对象对应的行为。

根据对象的定义，我们可以看出有很多客观存在的对象具有相似的特性。比如，学生是一个客观存在的对象，那么无论是男学生还是女学生都应该具有学生的特征，只不过可以通过相应的属性值加以区分。

我们把具有相同数据特征和行为特征的所有对象称为类。由此可以看出，对象是类的一个实例。类是一个描述，对象是具体描述的值。

每个类都由两部分组成，其一是对象类型，也称对象的状态；其二是对这个对象进行的操作方法，称为对象的行为。对象的状态是描述该对象属性值的集合，对象的行为是对该对象操作的集合。

例如，学生赵强是一个学生类的对象。

对象名：赵强

对象的属性（状态）：未婚

学号：07304703203

性别：男

专业：信息工程系

出生日期：1988-04-25

对象的操作（行为）：选修课程，参加考试

该学生类中所有像赵强这样的学生对象，都具有相同的数据状态和行为。

（2）面向对象模型的优缺点。由于面向对象模型中不仅包括描述对象状态的属性集，而且包括类的方法及类层次，具有更加丰富的表达能力。因此，面向对象的数据库比层次、网状、关系数据库使用上更加方便，它能够支持这些模型所不能处理的复杂的应用。

面向对象模型不但能够支持存储复杂的应用程序，而且还能够支持存储较大的数据结构。由于面向对象模型可以直接引用对象，因此，使用对象可以处理复杂的数据集。当然，面向对象模型也有它的缺点，比如，由于模型复杂，系统实现起来难度大。

2.1.3　数据库系统模型

在数据库系统中，通常按数据结构的类型来命名数据模型。数据库系统模型是指数据库中数据的存储结构。

1. 层次型数据库

层次型数据库使用结构模型作为自己的存储结构。这是一种树形结构，它由节点和连线组成，其中节点表示实体，连线表示实体之间的关系。在这种存储结构中，数据将根据需要分门别类地存储在不同的层次之下。

2. 网络型数据库

网络型数据库使用网络模型作为自己的存储结构。在这种存储结构中，数据记录组成网络中的节点，而记录和记录之间的关联组成节点之间的连线，从而构成了一个复杂的网状结构。

3. 关系型数据库

关系型数据库使用的存储结构是多个二维表格。表中的一行称为一条记录或元组，用来描述一个对象的信息；表中的一列称为一个字段或属性，用来描述对象的一个属性。

使用这种模型的数据库的优点是结构简单、格式唯一、理论基础严格，而且数据表之间是相对独立的，它们可以在不影响其他数据表的情况下进行数据的增加、修改和删除。在进行查询时，还可以根据各数据表之间的关联性，从多个数据表中查询抽取相关的信息。

关系型数据库是目前最为流行的数据库，关系型数据库管理系统很多，如 SQL Server、Oracle、Sybase、Informix、Dbase、DB2 等。在以后的叙述中，我们提及的数据库均指关系型数据库。

2.1.4　关系数据库的基本理论

基于关系模型的关系数据库是目前各类数据库中最重要、最流行的数据库，也是目前使用最广泛的数据库管理系统。20 世纪 70 年代后期开发的数据库管理系统产品几乎都是关系数据库。关系模型是关系数据库的基础，因此在这一节中将继续讨论关系数据的一些基本理论。

1. 关系的定义

在 2.1.2 中已经介绍过，关系模型的数据结构是用二维表的形式来表示实体及实体之间联系的

数据模型。关系模型的数据结构是由行和列组成的二维表。任意两行互不相同，列值是不可分的数据项，行和列的次序任意。

从用户角度来看，关系的逻辑结构是一个二维表，在磁盘上以文件形式存储。表 2-1 就是一个代表产品信息的关系。在表示关系的二维表中，每个关系都有一个关系名。不是所有二维表都是关系，因此二维表必须满足以下几个条件。

（1）表中每一项都必须是不可再分的最小数据项，这也是对关系的最基本限定。例如，表 2-2 就不是一个关系，因为表中“学时数”不是最小的数据项。要想使其成为一个关系，只需要把“学时数”这个数据项分解为“理论时数”和“实践时数”两项即可，新关系如表 2-3 所示。

表 2-2　　非关系表

课 程 号	课 程 名 称	学 时 数	
		理　论	实　践
C101	数据库原理	50	40
C102	计算机网络技术	40	30
C103	程序设计	50	50
C104	VB.net	30	20

表 2-3　　关系表

课 程 号	课 程 名 称	理 论 学 时	实 践 学 时
C101	数据库原理	50	40
C102	计算机网络技术	40	30
C103	程序设计	50	50
C104	VB.net	30	20

关系模型要求关系必须是规范化的，即要求关系必须满足一定的规范条件，这些规范条件中最基本的一条就是，关系的每一个分量必须是一个不可分的数据项，也就是说，不允许表中还有表。

（2）表中不能出现数据完全相同的两行。

（3）表中同一列的数据类型是相同的，也就是说，列中所有分量是同类型的数据，来自同一值域。如果把每一列称为一个属性，则每一列的列名或属性名不应该相同。

（4）表中各行或各列的次序可以任意交换，不改变关系的实际意义。例如，把学生关系中的“性别”和“年龄”两列交换次序，并不影响这个表要表达的意义。

2. 关系模型的常用术语

（1）关系（Relation）：一个关系通常对应于一张表，如表 2-1 所示。

（2）元组（Tuple）：二维表中的一行即为一个元组（记录），如表 2-1 所示的产品关系中，元组如下。

- 牛奶　　1　2.30　　200
- 冰激凌　1　1.50　　400
- 打印纸　2　40.00　 100

- 墨盒　　2　200.00　150

（3）属性（Attribute）：二维表中的一列即为一个属性，给每一个属性起一个名称即属性名。例如，表2-1有5列，对应5个属性（产品ID，产品名，类别ID，单价，库存量）。

（4）域（Domain）：属性的取值范围称为该属性的域。属性的域是由属性的性质及要表达的意义确定的，如商品的单价只能取大于零的数。

（5）主关键字或主码（Key）：表中的某个属性或几个属性组合称为关键字，它可以唯一确定一个元组，如产品关系中的产品ID，可以唯一确定一种产品，因此产品ID称为这个关系的关键字。

（6）外关键字、外键或外码（Foreign Key）：一个关系中的属性或属性组不是本关系的主码，而是另一关系的主码，则称该属性或属性组是该关系的外主关键字。

（7）关系模式（Relation Schema）：对关系的描述称为关系模式，它描述的是二维表的结构。

关系模式一般表示为

关系名（属性1，属性2，…，属性 n）

例如，上面的关系可描述为

产品（产品ID，产品名，类别ID，单价，库存量）

在关系模型中，实体以及实体间的联系都是用关系来表示的。例如，学生、课程、选课之间的多对多联系在关系模型中可以表示如下。

学生（学号，姓名，年龄，性别，专业）

课程（课号，课程名，课时数）

选修（学号，课程号，成绩）

3. 关系的完整性

数据完整性是指数据库中数据的一致性和正确性。数据库是否具备完整性涉及数据是否正确、可信和一致。关系模型的完整性包括实体完整性、域完整性、参照完整性和用户定义的完整性。

（1）实体完整性（Entity Integrity）：实体完整性的目的是确保数据库中所有实体的唯一性，也就是不应使用完全相同的数据记录。可以通过设定主键（Primary Key）、唯一键（Unique Key）、唯一索引（Unique Index）和标识列（Identity Column）等多种方法来实现实体完整性，其中最常用的是使用主键。例如，如果在employee表中已经存在雇员ID为“1002”的记录，那么，再试图添加一个雇员ID为“1002”的记录时，SQL Server将拒绝向数据表中添加该记录。

（2）域完整性（Domain Integrity）：域完整性是要求数据表中的数据位于某一个特定的允许范围内。可以使用默认值（Default）、核查（Check）、外键（Foreign Key）、数据类型（Data Type）和规则（Rule）等多种方法来实现域完整性。例如，如果限制“性别”字段的数据值可以是“男”或“女”，那么，输入的其他数值将被SQL Server拒绝。

（3）参照完整性（Referential Integrity）：参照完整性是用来维护相关数据表之间数据一致性的手段，通过实现参照完整性，可以避免因一个数据表的记录改变而造成另一个数据表内的数据变成无效的值。可用来实现参照完整性的方法包括外键、核查、触发器（Trigger）和存储过程（Stored Procedure）。例如，在employee表和p_order表中，如果要删除employee表中的一条记录，而同时在P_order表中存在需要参考该记录的记录集，那么该删除操作将会失败，这样就避免了P_order

表中的数据失去关联。

（4）用户定义完整性：这种数据完整性由用户根据实际应用中的需要自行定义。可以用来实现用户定义完整性的方法有规则、触发器、存储过程和数据表创建时可以使用的所有约束（Constraint）。例如，在 employee 表和 p_order 表中，如果某雇员负责的订单数超过 5 个，那么该雇员的“薪水”应大于 5000。

通过使用这些强制的完整性定义，数据库管理系统将提供更加可靠的数据，同时避免在多个用户同时操作数据库时可能发生的数据不一致。

4. 专门的关系运算

专门的关系运算包括选择、投影、连接等。

（1）选择运算（Selection）。选择运算是从指定的关系中，选取其中满足条件的若干个元组，组成新的关系。选择的结果是原关系的一个子集，且关系的模型不变。

选择运算表示为

$$\sigma_F(R) = \{r \mid r \in R \wedge F(r) = '真'\}$$

其中，σ 代表选择运算符，R 是指定的关系名，r 是元组，F 是指定的条件，它是一个逻辑表达式，取逻辑值“真”或“假”。

假设公司管理数据库中，员工关系 employee 如表 2-4 所示。

表 2-4　　employee 关系

雇员 ID	姓　名	性　别	薪水（元）	奖金（元）
0001	张红	女	3 000	600
0002	李平	男	4 000	800
0003	黎明	男	3 500	600
0004	孙晨	女	3 400	700
0005	刘丽	女	4 000	800

例如，查询性别为“女”的雇员信息：

$$\sigma_{sex='女'}(employee)$$

结果如表 2-5 所示。选择运算实际从关系 R 中选取表达式 F 为真的元组，也就是从关系的水平方向（行）进行运算，取子集。

表 2-5　　选择结果示意

雇员 ID	姓　名	性　别	薪水（元）	奖金（元）
0001	张红	女	3 000	600
0004	孙晨	女	3 400	700
0005	刘丽	女	4 000	800

（2）投影运算。投影运算是从指定的关系中，按给定的条件选取若干个属性列，从而构成一个新的关系。选择运算表示为

$$\Pi_A(R) = \{r[A] r \in R\}$$

其中，Π 是投影运算符，A 为 R 的属性列或属性组，r[A]表示 r 元组中相应于属性（组）A

的分量。

例如，查询 employee 关系中雇员的姓名、性别和薪水：

$$\Pi_{姓名,性别,薪水}(\text{employee})$$

结果如表 2-6 所示。投影运算是从关系垂直方向（列）进行的运算，因此，投影之后属性减少了，剩下的元组可能出现重复，投影运算同时会取消这些重复的元组。这样，新关系和原关系不是同类关系。

表 2-6　　投影结果示意

姓　　名	性　　别	薪水（元）
张红	女	3 000
李平	男	4 000
黎明	男	3 500
孙晨	女	3 400
刘丽	女	4 000

实际上，投影的操作首先根据指定的属性（组），形成可能有重复行的新表，然后删除重复行。投影运算的操作除了涉及行外，还有可能涉及列。

（3）连接运算（Join）。选择和投影运算都属于单目运算，它们的操作对象只是一个关系。连接运算是双目运算，需要两个关系作为操作对象。

① 等值连接。等值连接运算是选取若干个指定关系中满足条件的元组，从左至右进行连接，从而构成一个新关系的运算。

等值连接表示为：$R \bowtie S=\{t_r \wedge t_s | t_r \in R \wedge t_s \in S \wedge t_r[A]\ \theta\ A\theta B$

其中，A 和 B 分别是关系 R 和 S 上可比的属性组。θ 是算术运算符，当 θ 为“=”时，称为等值连接；当 θ 为“<”时，称为小于连接；当 θ 为“>”时，称为大于连接。连接运算是从两个关系 R 和 S 的笛卡儿积中选取满足连接条件的那些元组。

例如，设关系 R 和 S 分别有 m 和 n 个元组，R 与 S 的连接过程要访问 $m \times n$ 个元组。先从 R 关系中的第一个元组开始，依次与 S 关系的各元组比较，符合条件的两元组首尾相连纳入新关系，一轮共进行 n 次比较；再用 R 关系的第二个元组对 S 关系的各元组扫描，符合条件的两元组首尾相连再纳入新关系。以此类推，直到 R 中所有元组被扫描完毕，则关系 R 共需进行 m 轮扫描。如果 m=500，n=50，则 R、S 的连接过程需要进行 25 000 次存取。

由此可见，查询时应考虑优化，以便提高查询效率。如果有可能，应当首先进行选择运算，使关系中元组个数尽量少，然后能投影的先投影，使关系中属性个数较少，最后再进行连接。

② 自然连接。自然连接是去掉重复属性的等值连接。它属于连接运算的一个特例，是最常用的连接运算，在关系运算中起着重要作用。它要求两个关系中进行比较的分量必须是相同的属性组。

自然接连表示为：$R \bowtie S=\{t_r \wedge t_s | t_r \in R \wedge t_s \in S \wedge t_r[A]\ \theta t_s[B]\}$

自然连接与等值连接的区别如下。

- 自然连接要求连接两个关系的分量必须有共同的属性名，等值连接则不要求。

- 自然连接要求删除重复的属性，等值连接不要求。

自然连接与等值连接都是把满足条件的两个关系连接在一起形成一个范围更大的关系，生成的新关系中包含满足条件的所有元组。

2.1.5 范式理论

关系数据库范式理论是在数据库设计过程中将要依据的准则，数据库结构必须要满足这些准则，才能确保数据的准确性和可靠性。这些准则被称为规范化形式，即范式。在数据库设计过程中，对数据库进行检查和修改并使它符合范式的过程叫做规范化。

范式按照规范化的级别分为 5 种：第一范式（1NF）、第二范式（2NF）、第三范式（3NF）、第四范式（4NF）和第五范式（5NF）。在实际的数据库设计过程中，通常需要用到的是前三类范式。

1. 第一范式

第一范式要求每一个数据项都不能拆分成两个或两个以上的数据项。例如，教师（编号，姓名，性别，职称职务）并不满足第一范式，因为“职称职务”属性可以再分解为职称、职务两个字段。

2. 第二范式

如果一个数据表已经满足第一范式，而且该数据表中的任何一个非主键字段的数值都依赖于该数据表的主键字段，那么该数据表满足第二范式，即 2NF。例如，在 p_order 表（见表 2-7）中，数据表的主键是订单 ID。其中，“产品名”字段完全依赖于“产品 ID”字段，而不是取决于订单 ID。因此，该表所示的 p_order 表不满足第二范式。但该数据表中的其他字段都完全依赖于该表的主键字段“订单 ID”。因此，可以将该数据表中的“产品名”字段去掉，以满足第二范式，如表 2-8 所示。

表 2-7　不满足第二范式的 p_order 表

订单 ID	产品 ID	产品名	数量（件）	雇员 ID	客户 ID	订货日期
27	269	毛巾	10 000	1	17	12/05/2006
28	156	脸盆	5 000	2	18	15/05/2006

表 2-8　满足第二范式的 p_order 表

订单 ID	产品 ID	数量（件）	雇员 ID	客户 ID	订货日期
27	269	10 000	1	17	12/05/2006
28	156	5 000	02	18	15/05/2006

3. 第三范式

如果一个数据表已经满足第二范式，而且该数据表中的任何两个非主键字段的数值之间不存在函数依赖关系，那么该数据表满足第三范式，即 3NF。如果在 employee 表中，“奖金”

字段的数值是“薪水”字段数值的 20%，那么，这两个字段之间存在着函数关系。故表 2-9 所示的 employee 表不满足第三范式。可以将“奖金”字段从该表中删除，以满足第三范式，如表 2-10 所示。

表 2-9　　不满足第三范式的 employee 表

雇员 ID	姓　名	性　别	薪水（元）	奖金（元）
0001	张三	男	3 000	600
0002	李四	男	4 000	800

表 2-10　　满足第三范式的 employee 表

雇员 ID	姓　名	性　别	薪水（元）
0001	张三	男	3 000
0002	李四	男	4 000

实际上，第三范式就是要求不要在数据库中存储可以通过简单计算得出的数据。这样不但可以节省存储空间，而且在拥有函数依赖的一方发生变动时，避免修改成倍数据的麻烦，同时也避免了在这种修改过程中可能造成的人的错误。

通过对表的规范化过程可以看出，数据表规范化的程度越高，数据冗余就越小，同时造成人为错误的可能性就越小；反之，规范化的程度越低，在查询检索时需要做的关系等工作就越多，数据库在操作过程中需要访问的数据表以及之间的关系也就越多。因此，在数据库设计的规范化过程中，要根据数据库需求的实际情况，选择一个折衷的规范化程度。

2.2 公司管理系统的数据库设计

数据库设计是数据库应用系统开发的关键环节。数据库设计是指对于一个给定的应用环境，构造出数据库模式，建立数据库及其应用系统，从而有效地存储数据，满足各种用户的信息处理需求。数据库设计的目标是在 DBMS 的支持下，按照数据库设计规范化的要求和用户需求，规划、设计一个结构良好、使用方便、效率较高的数据库应用系统。

大型数据库的设计和开发是一项庞大的工程，其开发周期较长，必须把软件工程的原理和方法应用到数据库设计中来。因此按照规范化的数据库设计过程，数据库的设计一般分为 6 步：需求分析、概念结构设计、逻辑结构设计、物理设计、数据库实施、运行及维护。

2.2.1 需求分析

进行数据库软件开发，首先要了解与分析用户需求。需求分析是整个数据库设计过程的基础，需求分析做得是否准确与充分将决定数据库应用系统的开发速度与质量。

在需求分析阶段，将对需要存储的数据进行收集和整理，并组织建立完整的数据集。可以使用多种方法进行数据的收集，如相关人员调查、历史数据查阅、观摩实际的运作流程以及转换各种实用表单等。公司管理数据库系统通过观摩实际的运作流程进行需求分析，从而得出该公司销售的实际运作过程，如图 2-9 所示。

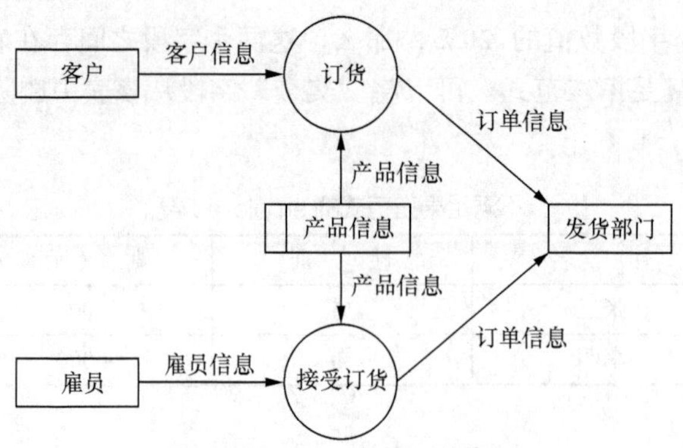

图 2-9　公司销售的数据流程

2.2.2 概念结构设计

概念结构设计是整个数据库系统设计的关键。它通过对用户需求进行综合、归纳和抽象，确定实体、属性及它们之间的联系，形成一个独立于具体 DBMS 并反映用户需求的概念模型。实际上，概念结构设计就是将系统需求分析阶段得到的用户需求抽象为信息结构的过程，一般可以利用 E-R 图来描述概念结构。E-R 图是数据库概念结构设计最常用的工具之一。

在需求分析的基础上，用 E-R 模型表示数据及其相互间的联系，产生反映用户信息需求的数据模型。概念设计的目的是准确地描述应用领域的信息模式，支持用户的各种应用，概念设计的成果是绘制出公司管理数据库系统的 E-R 图。

通过对公司管理数据库的概念设计，获得以下两方面的成果。

（1）公司管理数据库需要表述的信息有以下几种。

- 产品信息
- 客户信息
- 雇员信息
- 订单信息

（2）公司管理数据库系统的 E-R 模型，如图 2-10 所示。

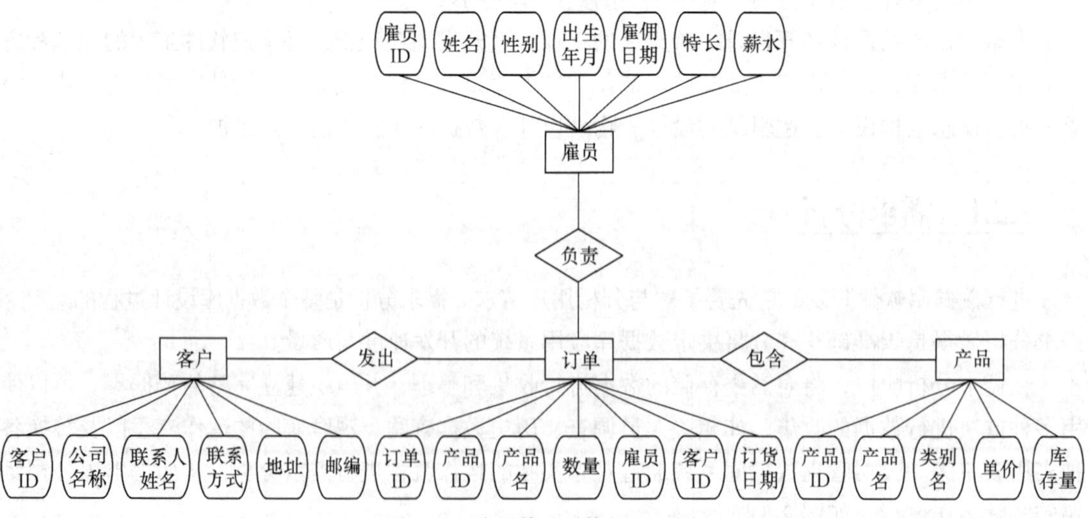

图 2-10　公司管理系统的 E-R 图

2.2.3　逻辑结构设计

逻辑结构设计的任务就是将概念结构设计阶段所产生的E-R模型转换为具体的DBMS所支持的数据模型，并对该数据模型进行优化。逻辑模型是可被DBMS处理的数据库逻辑结构，它包括数据项、记录及记录间的联系、安全性和数据一致性的约束等。

1. 转换数据表

利用E-R图到关系模式转换的有关知识，将图2-10所示的公司管理数据库系统的E-R图转换为系统的数据表，如图2-11所示。

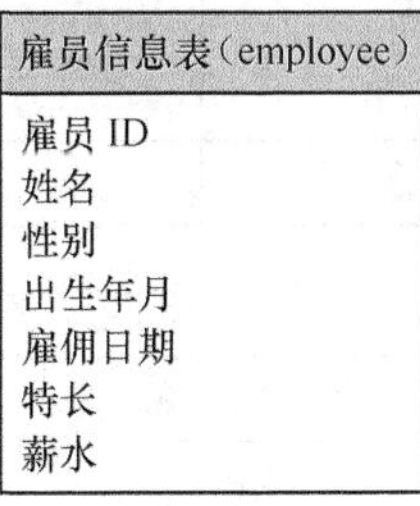

图2-11　将E-R图转换为系统的数据表

逻辑模式的规范化和性能优化

由E-R图转换的数据库逻辑模型还只是逻辑模式的雏形，要成为逻辑模式，还需要进行以下几个方面的处理。

（1）对数据库的性能、存储空间等进行优化。

下面是对数据库性能、存储空间优化的一些措施。

- 提高数据库性能的措施：减小连接运算和关系运算的大小和数据量等。
- 节省存储空间的措施：减小每个属性所占的空间、采用假属性减少重复数据所占存储空间。

通过分析公司管理数据库逻辑模式（见图2-11）中的产品信息表（product），来说明优化的原因和措施。该表的结构如表2-11所示。

表2-11　产品信息表（product）1

产品ID	产　品　名	单价（元）	类　别　名	库存量（件）
1	牛奶	2.30	饮料	200
2	冰激凌	1.50	饮料	400
3	果冻	3.00	饮料	300
4	打印纸	40.00	计算机耗材	100
5	墨盒	200.00	计算机耗材	150

从表2-11可以看出，当产品信息表（product）中包含产品“类别名”信息时，每一个产品都要存储相应的“类别名”，如表2-11中的前3条记录均属于“饮料”类。这使得“饮料”重复存储，造成了数据冗余。

另一方面，上述结构的产品信息表（product）还容易出现修改异常。例如，我们可能修改了一条记录的信息，但另一条记录中的相同信息却没有修改。所以，需要重新设计产品信息表（product）。

遵循在表设计过程中，单值信息和多值信息尽量不放在一个表中的基本原则，可以将表 2-11 中的产品信息表（product）分解为产品信息表（product）和类别信息表（category），其结构如表 2-12 和表 2-13 所示。

表 2-12　　产品信息表（product）2

产品 ID	产　品　名	类别 ID	单价（元）	库存量（件）
1	牛奶	1	2.30	200
2	冰激凌	1	1.50	400
3	果冻	1	3.00	300
4	打印纸	2	40.00	100
5	墨盒	2	200.00	150

表 2-13　　类别信息表（category）

类别 ID	类　别　名	说　　明
1	饮料	软饮料、咖啡、茶、啤酒和淡啤酒
2	计算机耗材	打印纸等
3	日用品	牙刷等
4	谷类/麦片	面包、饼干、生面团和谷物
5	肉/家禽	精制肉
6	特制品	干果和豆乳
7	海鲜	海菜和鱼

可以看到，通过优化后的产品信息不仅避免了数据的冗余，而且不会因修改产生异常。对图 2-11 进行修改后的公司管理数据库系统的逻辑模式如图 2-12 所示。

客户信息表（customer）	订单信息表（p_order）	雇员信息表（employee）	产品信息表（product）	类别信息表（category）
客户 ID 公司名称 联系人姓名 联系方式 地址 邮编	订单 ID 产品 ID 产品名 数量 雇员 ID 客户 ID 订货日期	雇员 ID 姓名 性别 出生年月 雇佣日期 特长 薪水	产品 ID 产品名 类别 ID 单价 库存量	类别 ID 类别名 说明

图 2-12　修改产品信息表（product）后的逻辑模式

（2）数据库逻辑模型的规范化。关系数据库范式理论是数据库设计的理论指南和基础，是数据库设计过程中要依据的准则，数据库结构只有满足这些准则，才能确保数据的准确性和可靠性。这些准则被称为规范化形式，即范式。

根据范式理论，可以发现 p_order 表中的“产品名”字段不取决于“订单 ID”，而是取决于“产品 ID”，这不符合第二范式，所以应该把它去掉。这样，根据范式理论，公司管理数据库的数据表应该如图 2-13 所示。

客户信息表（customer）
客户 ID
公司名称
联系人姓名
联系方式
地址
邮编

订单信息表（p_order）
订单 ID
产品 ID
数量
雇员 ID
客户 ID
订货日期

雇员信息表（employee）
雇员 ID
姓名
性别
出生年月
雇佣日期
特长
薪水

产品信息表（product）
产品 ID
产品名
类别 ID
单价
库存量

类别信息表（category）
类别 ID
类别名
说明

图 2-13　规范化后的公司管理数据库逻辑模式

2. 确定数据表和表中的字段

根据所给出的实体得到公司销售的数据表结构，需要为这些字段添加一些简单的描述，包括每个字段的数据类型，以其限制等。

下面是对以上 5 个数据表进行的简单定义。

（1）Customer 表：用来存储有关客户的信息，其结构如表 2-14 所示。

表 2-14　Customer 表

字 段 名 称	数 据 类 型	预 计 长 度	特 殊 限 制
客户 ID	int	默认	唯一，且不可为空
公司名称	char	30	
联系人姓名	char	8	
联系方式	char	12	
地址	char	30	
邮编	char	6	

（2）P_order 表：用来存储有关订单的信息，其结构如表 2-15 所示。

表 2-15　P_order 表

字 段 名 称	数 据 类 型	预 计 长 度	特 殊 限 制
订单 ID	int	默认	唯一，且不可为空
产品 ID	int	默认	
数量	int	默认	
雇员 ID	int	默认	
客户 ID	int	默认	
订货日期	datetime	默认	

（3）Employee 表：用来存储有关雇员的信息，其结构如表 2-16 所示。

表 2-16　Employee 表

字 段 名 称	数 据 类 型	预 计 长 度	特 殊 限 制
雇员 ID	int	默认	唯一，且不可为空
姓名	char	8	
性别	char	2	
出生年月	datetime	默认	

续表

字段名称	数据类型	预计长度	特殊限制
雇佣日期	datetime	默认	
特长	char	20	
薪水	money	默认	

（4）Product 表：用来存储有关产品的信息，其结构如表 2-17 所示。

表 2-17 Product 表

字段名称	数据类型	预计长度	特殊限制
产品 ID	int	默认	唯一，且不可为空
产品名	char	10	
类别 ID	int	默认	
单价	money	默认	
库存量	int	默认	

（5）Category 表：用来存储有关产品类别的信息，其结构如表 2-18 所示。

表 2-18 Category 表

字段名称	数据类型	预计长度	特殊限制
类别 ID	int	默认	唯一，且不可为空
类别名	char	默认	
说明	char	16	

3. 建立约束

（1）建立主键约束，以唯一标识数据表的各条记录。

用主键来标识记录。在公司管理数据库中，“雇员 ID”是 employee 表的主键，“客户 ID”是 customer 表的主键，“产品 ID”是 product 表的主键，“类别 ID”是 category 表的主键，“订单 ID”是 p_order 表的主键。

（2）建立数据表之间的关联，并根据建立的关联，实现表之间的参照完整性。

通过前面实体关系的转换，我们建立了数据表之间的关联，如图 2-14 所示。

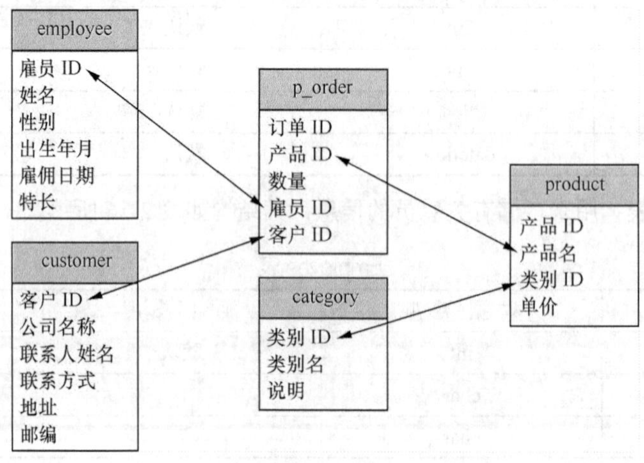

图 2-14 公司管理数据库中表间的关联

根据表间关联，建立参照完整性，即完整的公司管理数据库系统的逻辑模式，如图 2-15 所示。其中“雇员 ID”是 employee 表的主键，同时也是 p_order 表的外键；“客户 ID”是 customer 表的主键，同时也是 p_order 表的外键；“产品 ID”是 product 表的主键，同时也是 p_order 表的外键；“类别 ID”是 category 表的主键，同时也是 product 表的外键。

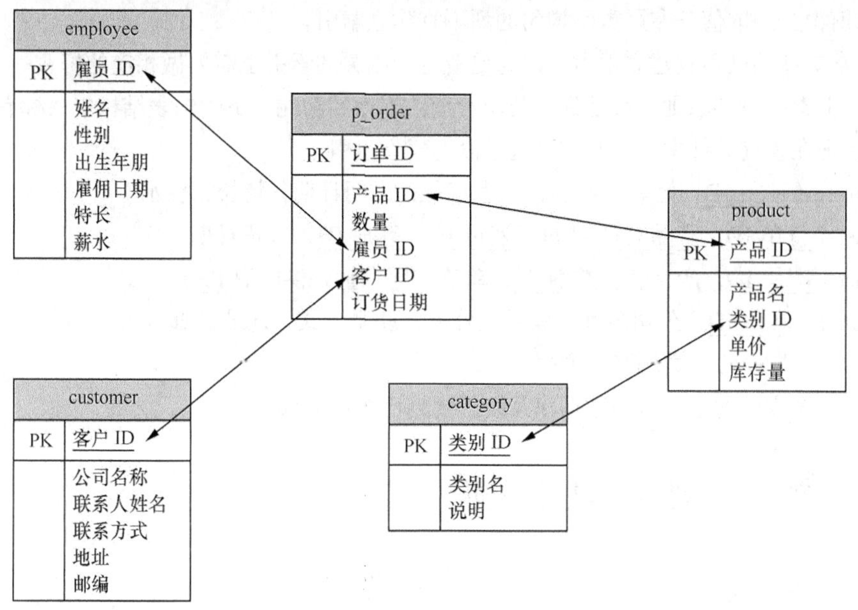

图 2-15　完整的公司管理数据库系统的逻辑模式

（3）对表中一些字段建立检查约束。例如，“性别”字段值应为“男”或“女”，添加约束“check[性别 in（‘男’，‘女’）]”，订货日期应在系统日期之前，添加约束“check[订货日期<date()]”。

2.2.4　物理设计

数据库物理设计的任务是选择合适的存储结构和存储路径。物理设计的目标通常包括两个方面：其一是提高数据库的性能，以满足用户应用的需要；其二是有效地利用存储空间。一般在物理设计阶段，设计人员主要需要考虑以下内容。

1. 存储结构设计

为了提高系统的性能，在实际设计时应根据具体情况将数据的易变部分与稳定部分、热点数据和非热点数据分开存放。热点数据最好分散存放在不同的磁盘组上，以均衡各个磁盘组的负荷，充分发挥各个磁盘组并行操作的优势，同时保证关键数据的快速访问，缓解系统的性能瓶颈。物理存储结构设计的目的是确定如何在磁盘上存储关系、索引等数据库文件，使空间利用率最大而数据操作的开销最小。

2. 存取方法设计

存取方法设计的目的是使事务能快速存取数据库中的数据，存取最常用的方法是使用索引。在设计存取方法时要确定需在哪些列上建立组合索引，哪些索引需设计为唯一索引，以及哪些索引需设计为聚集索引。在创建索引时主要应考虑以下内容。

- 唯一索引保证索引列中的数据是唯一的，不包含重复值。

- 复合索引指定多个列为关键字。当两个或多个列最适合作为搜索关键字时，则可以考虑创建复合索引。
- 如果一个或多个列在连接操作中经常出现，则可以考虑在该列上创建索引。
- 在经常出现查询条件的列上可以创建索引。
- 取值很少或取值分布严重不均匀的列不宜建立索引。
- 经常更新的列不宜建立索引，因为更新时，相关的索引也需要做相应的修改。

依据以上索引设计原则，考虑到本公司管理数据库的功能，下面的表结构中，标有下划线的字段经常出现在查询条件中，需要在这些字段上建立索引。

Employee（<u>雇员 ID</u>，姓名，性别，出生年月，雇佣日期，特长，薪水）

P_order（<u>订单 ID</u>，<u>产品 ID</u>，数量，<u>雇员 ID</u>，<u>客户 ID</u>，订货日期）

Product（<u>产品 ID</u>，产品名，<u>类别 ID</u>，单价，库存量，<u>供应商 ID</u>）

Customer（<u>客户 ID</u>，公司名称，联系人姓名，联系方式，地址，邮编）

Category（<u>类别 ID</u>，类别名，说明）

至此，一个完整的公司管理数据库系统的规划已全部完成。

2.2.5 数据库实施、运行与维护

1. 数据库实施

数据库实施是指根据逻辑结构设计和物理设计的结果，在计算机上建立起实际的数据库结构，装入数据、进行测试和试运行的过程。数据库实施主要包括以下步骤。

（1）建立实际的数据库结构。

（2）装入试验数据并对应用程序进行测试，以确认其功能和性能是否满足设计要求并检查其空间的占用情况。

（3）数据库加载实际数据进行试运行。

2. 数据库运行与维护

数据库试运行的结果符合设计目标后，数据库就可以真正投入运行了。数据库投入运行标志着开发任务的基本完成和维护工作的开始，但这并不意味着设计过程的结束。由于应用环境在不断变化，数据库运行过程中物理存储也会不断变化，对数据库设计进行评价、调整、修改等维护工作是一个长期的过程，也是设计工作的继续和扩展。

2.3 实训

2.3.1 实训目的

（1）会将现实世界的事物和特性抽象为信息世界的实体与关系。

（2）会使用实体关系图（E-R 图）描述实体、属性和实体间的关系。

（3）会将 E-R 图转换为关系模型，并根据开发需要，将关系模型规范化到一定的程度。

2.3.2　实训要求

（1）正确理解数据库设计的基本流程。

（2）正确理解数据库数据的模型。

（3）正确合理地规划出公司管理数据库系统。

2.3.3　实训内容与步骤

请为某一学校的学生选课系统规划设计数据库，具体操作步骤如下。

（1）通过需求分析了解学校的选修课程设置，从而得出需要存储的数据信息和操作需求。

（2）通过数据库概念设计得出系统数据的 E-R 模型图。

（3）通过数据库的逻辑结构设计，将逻辑结构设计得出的 E-R 模型图转换为构成学生选课数据库的数据表；根据范式理论对其进行性能优化，然后为各数据表中的字段设置参数和说明。

（4）确定学生选课系统数据库中数据表之间的联系。

（5）根据数据库系统的功能，初步确定各表中需要创建索引的字段。

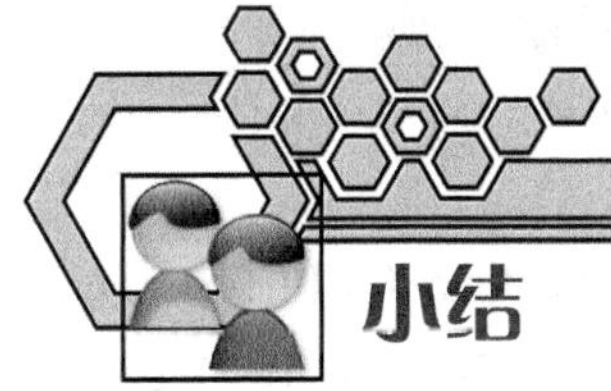

小结

数据库设计是根据给定的应用环境，构造出规范的数据库模型，建立数据库及其应用系统，有效地存储数据，满足用户信息处理的要求。本项目以公司管理数据库系统为例，介绍了数据库设计过程以及与数据库设计有关的数据库基本概念。

项目3 数据库的创建与管理

【教学目标】

（1）会用 Management Studio 和 T-SQL 语句创建数据库和数据库事物日志。

（2）会设置和修改数据库的属性。

【能力目标】

（1）能够使用 Management Studio 和 T-SQL 语句创建公司管理数据库。

（2）能够使用 Management Studio 和 T-SQL 语句查看、修改和删除数据库。

（3）对数据库的物理空间进行合理设置，培养良好的软件职业素养。

【学习导航】

本项目介绍数据库的创建与管理，即使用 SQL Server Management Studio 和 T-SQL 语句两种方法进行数据库的创建、修改和删除。在图 3-1 中，可以看到本项目在公司管理数据库系统开发中的环节及位置。

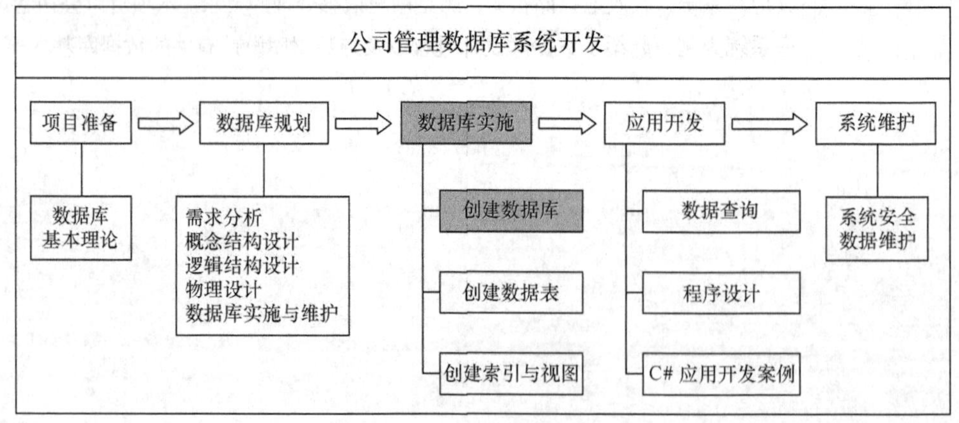

图 3-1　本项目在公司管理数据库系统开发中的环节及位置

【工作任务】

根据数据库规划阶段的设计对数据库进行物理设计，即为了进一步完成公司管理数据库系统的开发，需要创建公司管理数据库以存放数据和事务日志信息，并对数据库进行一系列的管理。

3.1 理论知识准备

3.1.1 SQL Server 2005 简介

SQL Server 2005 是一个全面的数据库平台，它使用集成的商业智能（BI）工具提供了企业级的数据库管理。SQL Server 2005 数据库引擎为关系型数据库和结构化数据提供了更加安全可靠的存储功能。

1. SQL Server 2005 数据库技术

SQL Server 2005 包含的技术如表 3-1 所示。

表 3-1　　SQL Server 2005 技术

技　术	说　明
SQL Server 数据库引擎	数据库引擎是用于存储、处理和保护数据的核心服务。利用数据库引擎可控制访问权限并快速处理事物，从而满足要求极高而且需要处理大量数据的企业应用需要。数据库引擎在保持高可用性方面也提供了有力的支持
SQL Server Analysis Services	为商业职能应用程序提供了联机分析处理（OLAP）和数据挖掘功能
SQL Server Integration Services	为企业数据转换和数据集成提供解决方案，利用它可以从不同的源提取、转换以及合并数据，并将其移至单个或多个目标上
SQL Server 复制	实现数据库之间的数据和数据库对象的复制和分发，在数据库之间进行同步，以保持其一致性
SQL Server Reporting Service	基于服务器的新型报表平台，可以通过基于 Web 的连接查看和管理报表
SQL Server Notification Service	用于开发和部署可生成并发送通知的应用程序
SQL Server Service Broker	用于生成可靠、可伸缩且安全的数据库应用程序的技术，对队列提供了本机支持
全文搜索	提供对 SQL Server 表中基于纯字符的数据进行全文查询
SQL Server 工具和实用程序	提供设计、开发、部署和管理所需的工具

2. SQL Server Management Studio 简介

SQL Server Management Studio 是面向数据库管理员和开发人员的设计和管理工具。它综合了以前版本中企业管理器、查询分析器的功能，可以对 SQL Server 2005 Reporting Services、SQL Server 2005 Integration Services、SQL Server 2005 Notification Services、SQL Server 2005 Mobile Edition、复制以及 Microsoft SQL server 早期版本进行管理，这些都可以在同一界面下进行。

利用 SQL Server Management Studio，可以编写和执行查询、管理数据库对象、监视系统活动等。同时，它还集成了管理 SQL Server 代理和维护计划的工具，帮助数据库管理员完成日常维护和操作任务。

SQL Server Management Studio 将管理和设计集于一身，极大地提高了数据库管理员的工作效率。

3. SQL Server Management Studio 的启动及环境介绍

（1）启动 SQL Server Management Studio 的具体步骤如下。

① 在 Windows 操作系统下单击“开始”按钮，选择“所有程序”→“Microsoft SQL Server”→“SQL Server Management Studio”选项，启动 SQL Server Management Studio。

② 显示如图 3-2 所示的“连接到服务器”对话框。服务器类型选择“数据库引擎”，在“服务器名称”中输入或者从下拉列表框中选择已安装的数据库服务器引擎。

图 3-2 “连接到服务器”对话框

服务器名称格式之一为“机器名\实例名”，这里为本地主机，可以直接输入“.\SQL2005”，用户可以根据自己的机器环境输入正确的服务器名称。

③ 在“身份验证”下拉列表框中选择“Windows 身份验证”选项，然后单击“连接”按钮。

④ 打开“Micro soft SQL Server Management Studio”窗口，如图 3-3 所示。在默认情形下，屏幕左窗格为对象资源管理器，右窗格为“摘要”窗口。

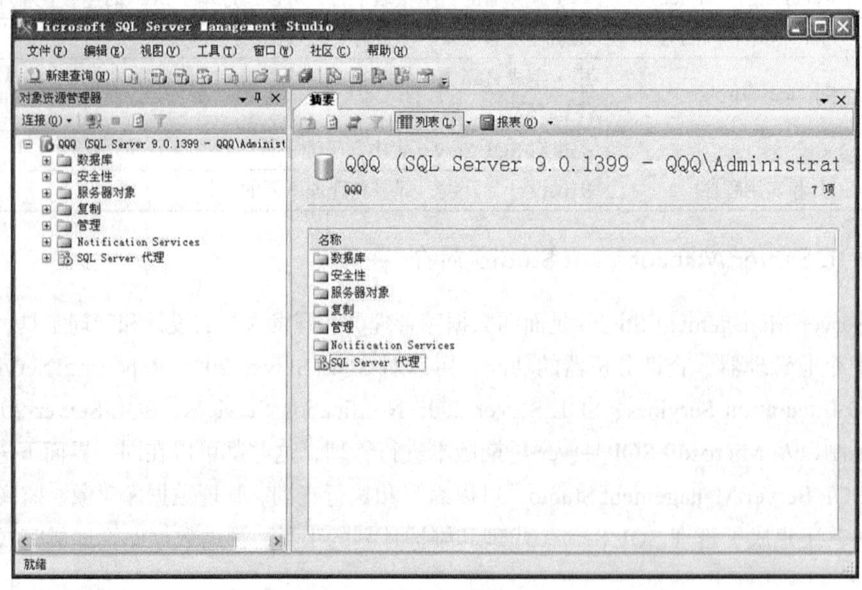

图 3-3 “Microsoft SQL Server Management Studio”窗口

（2）SQL Server Management Studio 环境介绍。

① 关闭“摘要”窗口。单击“摘要”窗口右上角的“×”按钮，即关闭“摘要”窗口。

② 还原“摘要”窗口。在“视图”菜单上，选择“摘要”选项，即还原“摘要”窗口。

③ 自动隐藏对象资源管理器。单击对象资源管理器标题栏上的“图钉”按钮，如图 3-4 所示，可以将对象资源管理器最小化到屏幕的左侧。

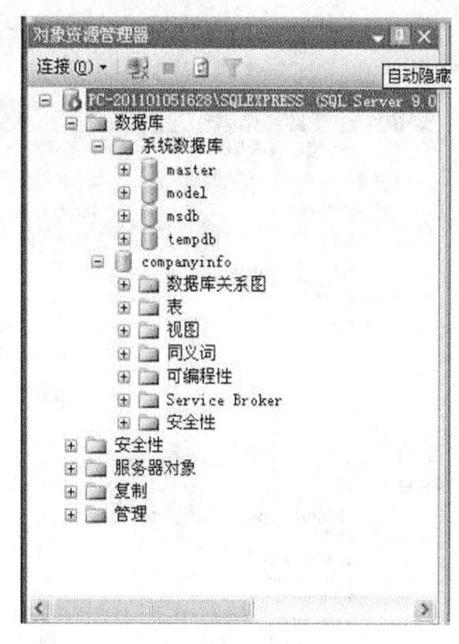

图 3-4　自动隐藏对象资源管理器

将鼠标指针移动到屏幕最左边的对象资源管理器标题栏上，或者直接在“视图”菜单中选择“对象资源管理器”选项，可以重新打开对象资源管理器，再次单击“图钉”按钮，对象资源管理器将停留在打开的位置。

④ 重置“SQL Server Management Studio”窗口的布局。如果“SQL Server Management Studio”窗口的布局比较乱，在不特别熟悉环境的情况下，可按如下步骤进行操作。

第一步：在“窗口”菜单上选择“重置窗口布局”选项，如图 3-5 所示。

图 3-5　重置“SQL Server Management Studio”窗口布局

第二步：显示 SQL Server Management Studio 还原确认对话框，如图 3-6 所示，单击“是”按钮，可以将“Microsoft SQL Server Management Studio”窗口还原到默认的窗口布局。

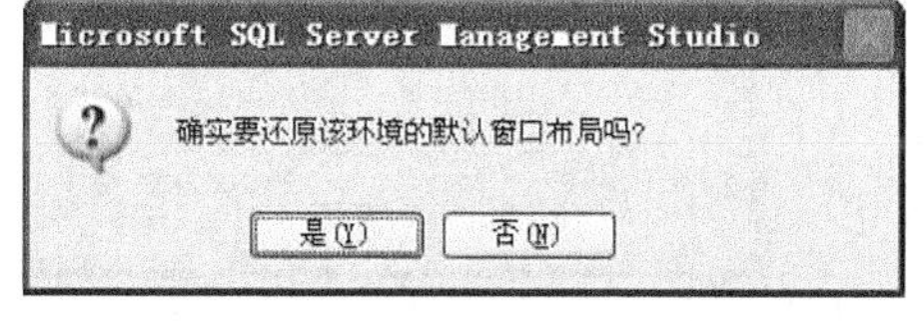

图 3-6　SQL Server Management Studio 还原确认对话框

（3）使用“查询分析器”窗口。在“查询分析器”中可以对 T-SQL 程序进行编辑、编译、执行和保存。

① 单击系统工具栏上的“新建查询”按钮，打开“查询分析器”窗口，如图 3-7 所示。

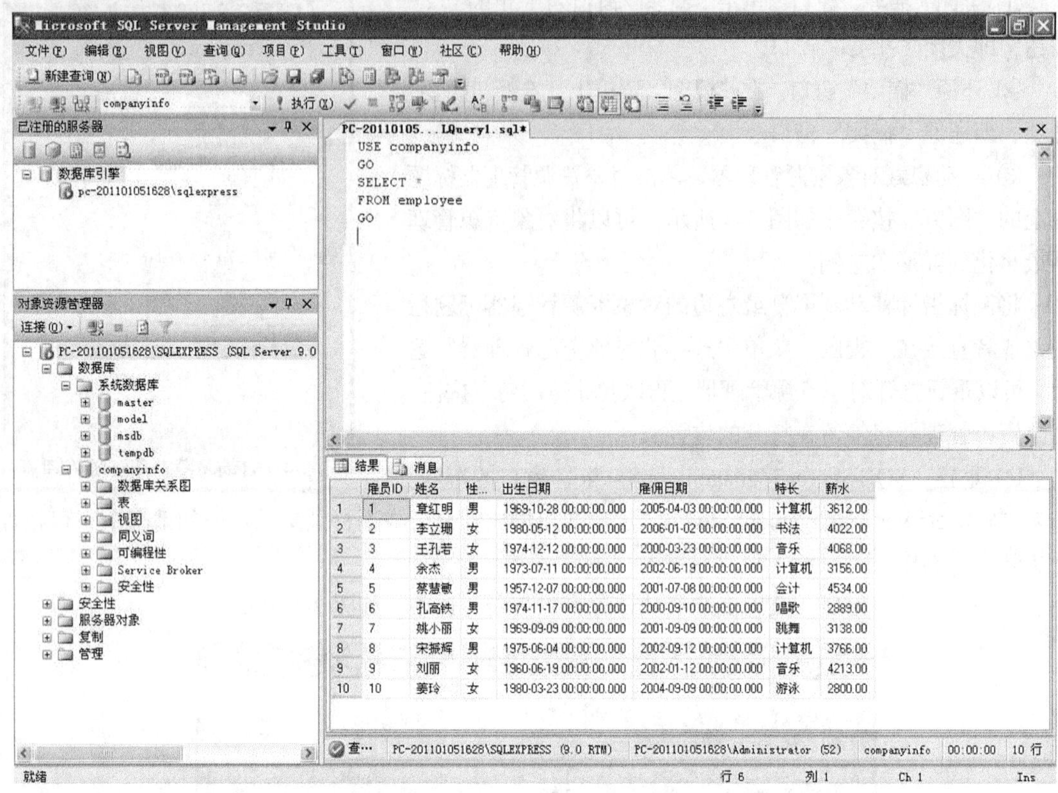

图 3-7 Management Studio 的“查询分析器”窗口

② “查询分析器”窗口上面的区域是 T-SQL 的编辑区，下面的区域是 T-SQL 的执行结果（执行后出现），同时，还弹出了“SQL 编辑器”工具栏。

③ “查询分析器”窗口的工具栏上有“执行”、“分析”、“显示估计的执行计划”、“增加缩进”、“减少缩进”等按钮，如图 3-8 所示。

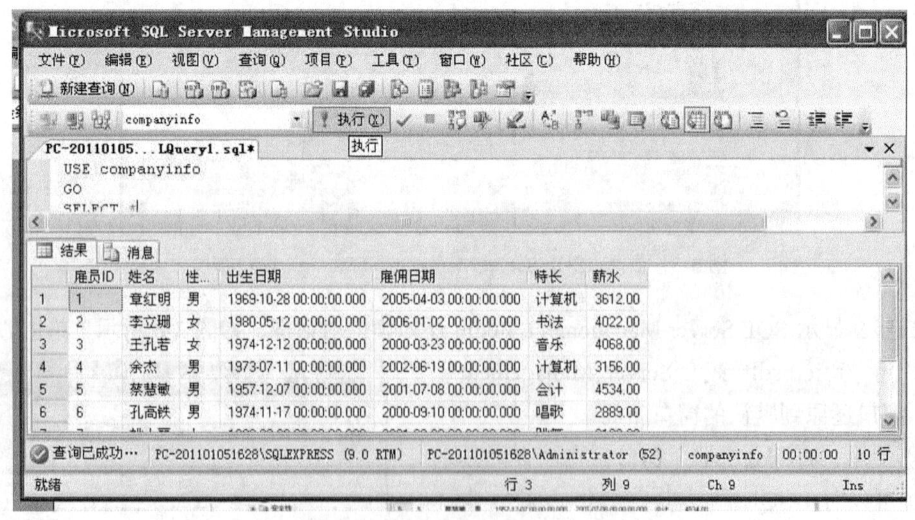

图 3-8 “查询分析器”窗口的工具栏

3.1.2　数据库文件与文件组

1. 数据库文件

在 SQL Server 2005 中，使用一组操作系统文件来映射数据库。数据库中的所有数据和对象都存在于下列操作系统文件中。

（1）主要数据文件。主要数据库文件包含数据库的启动信息，并用于存储数据。每个数据库都有一个主要数据文件。主要数据文件的扩展名为.mdf。

（2）次数据文件。次数据文件也称辅助数据文件，也用来存储数据，它含有不能置于主要数据文件中的所有数据。如果主要数据文件可以包含数据库中的所有数据，那么数据库就不需要次要数据文件了。如果数据库很大，主要数据文件的容量超过了系统的限制，就需要设置一个或多个次要数据文件，并将它们存储在不同的磁盘上。次数据文件的扩展名为.ndf。

（3）事务日志文件。事务日志文件包含用于恢复数据库的日志信息。每个数据库都必须至少有一个事务日志文件。事物日志文件的扩展名为.ldf。

一般情况下，一个简单的数据库可以只有一个主要数据文件和一个事务日志文件。如果数据库很大，可以使用一个主要数据文件和多个次要数据文件，数据库内的数据和对象分布到这些主要和次要文件中；另外，可以设置多个事务日志文件来包含事务日志信息。

2. 文件组

为了便于分配和管理，SQL Server 2005 允许将多个文件（不同的磁盘）归纳为同一组，并赋予此组一个名称。文件组分为主文件组和用户文件组。主文件组包含系统表和主数据文件，是默认的数据文件组。

3.1.3　数据库组成

1. 数据库对象

SQL Server 2005 中的数据库相当于一个容器，容器内装有表等数据库对象。在数据库中还包含数据库关系图，以及使用 T-SQL 编程代码创建的视图、存储过程、函数等对象。

表用于存储一组特定的结构化数据。表由行和列组成，行用于存储实体的实例，列用于存储属性的具体取值。

如图 3-9 所示，在表中还包含其他数据库对象，如列、键、约束、触发器、索引等。键、约束用于保证数据的完整性，索引用于快速搜索所需要的信息。

存储在数据库中的数据通常与具体应用有关。例如，COMPANYINFO 数据库由包含公司管理系统所需的数据信息组成。

2. 系统数据库

SQL Server 中包含两种类型的数据库：系统数据库和用户数据库。系统数据库存储有关 SQL

Server 的信息，SQL Server 使用系统数据库来管理系统。用户数据库由用户建立，SQL Server 可以包含一个或多个用户数据库。

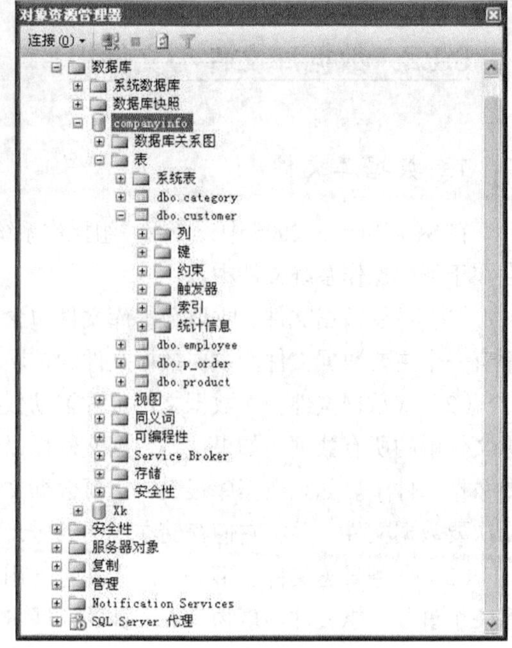

图 3-9　数据库的组成

（1）master 数据库。master（控制）数据库是 SQL Server 2005 中的总控数据库，它是最重要的系统数据库，记录系统中所有系统级的信息。它对其他的数据库实施管理和控制，同时该数据库还保存了用于 SQL Server 管理的许多系统级信息。master 数据库记录所有的登录账户和系统配置，它始终有一个可用的最新 master 数据库备份。

如果在计算机上安装了一个 SQL Server 系统，那么系统首先会建立一个 master 数据库来记录系统的有关登录账户、系统配置、数据库文件等初始化信息；如果用户在这个 SQL Server 系统中建立了一个用户数据库，系统马上将用户数据库的有关用户管理、文件配置、数据库属性等信息写入 master 数据库。系统正是根据 master 数据库中的信息来管理系统和其他数据库。因此，如果 master 数据库信息被破坏，整个 SQL Server 系统将受到影响，用户数据库将不能使用。

（2）model 数据库。model（模板）数据库为用户新创建的数据库提供模板和原型，它包括了用户数据库中应该包含的所有系统表的结构。当用户创建数据库时，系统会自动把 model 数据库中的内容复制到新建的用户数据库中。

（3）msdb 数据库。msdb 数据库供 SQL Server 代理程序调度警报作业以及记录操作时使用。当很多用户同时使用一个数据库时，经常会出现由于多个用户对同一个数据的修改而造成数据不一致的现象，或是用户对某些数据和对象的非法操作等。为了防止上述现象的发生，SQL Server 中有一套代理程序能按照系统管理员的设定，来监控上述现象的发生，及时向系统管理员发出警报。这样，当代理程序调度警报作业，记录操作时，系统要用到或实时产生许多相关信息，这些信息一般存储在 msdb 数据库中。

（4）tempdb 数据库。使用 SQL Server 系统时，经常会产生一些临时表、临时数据库对象等，系统要提供一个空间来存储这些临时对象，tempdb 数据库保存所有的临时表和临时存储过程。tempdb 数据库是全局资源，所有连接到系统的用户的临时表和存储过程都被存储在该数据库中。

tempdb 数据库有一个特性，即它是临时的，tempdb 数据库在 SQL Server 每次启动时都被重新创建，因此该数据库在系统启动时总是空的，上一次的临时数据库都被清除掉了。临时表和存储过程在连接断开时自动清除，而且当系统关闭后将没有任何连接处于活动状态，因此，tempdb 数据库中没有任何内容会从 SQL Server 的一个启动工作保存到另一个启动工作之中。

默认情况下，在 SQL Server 运行时，tempdb 数据库会根据需要自动增长。不过，与其他数据库不同，每次启动数据库引擎时，它会重置初始大小。

此外，SQL Server 2005 还提供了两个示例数据库：pubs 和 northwind。其中，pubs 数据库记录了一个虚构的出版公司的数据信息，而 northwind 数据库则保存了一个虚构的贸易公司的数据

信息。master、model、msdb、tempdb、pubs、northwind 这 4 个系统数据库和 2 个示例数据库都是在系统安装时生成的。

3.1.4　T-SQL 语句概述

SQL 是一种用于存取、查询数据以及管理数据库的数据查询和编程语言。1992 年 ISO 和 IEC 共同发布了称为 SQL-92 的 SQL 国际标准。ANSI 在美国发布了相应的 ANSI SQL-92 标准。ANSI SQL-92 有时也称为 ANSI SQL。

尽管不同的关系数据库使用各种略有不同的 SQL 版本，但多数都执行 ANSI SQL 标准。

将 ANSI SQL-92 的扩展集称为 Transact-SQL，简写为 T-SQL，它增强了标准的 SQL。在标准 SQL 的基础上扩充了许多新的功能。包括 DDL、DML、存储过程、系统表、函数、数据类型和流控制语句。

SQL Server 2005 扩展并增强了 T-SQL 的语法以支持新增功能和特性。

T-SQL 的语法结构类似于英语，易学易用，书写格式比较随意。例如，显示产品信息表 product 的所有信息，可写成如下 SQL 语句。

```
SELECT * FROM  PRODUCT
```

也可写成：

```
SELECT *
FROM  PRODUCT
```

尽管 SQL 语句书写不拘一格，但为了使书写的 SQL 语句规范、易读，并符合企业书写规范和习惯，本书采用后一种书写风格，即每一个子句都要单独写一行。

SQL 本身不是独立的程序设计语言，不能使用它进行用户界面的设计，因此通常将 SQL 语言嵌入程序设计语言中使用。本节主要以创建数据库的 T-SQL 语句为例，简单介绍 T-SQL 语句的使用规则。

使用 T-SQL 创建数据库的基本语法格式如下。

```
CREATE DATABASE database_name
[ON[PRIMARY][<filespec>][,…n][,<filegroup>[,…n]]
[LOG ON{<filespec>[,…n]}]]
[COLLATE collation_name]
<filespec>::={[
NAME=logical_file_name,
FILENAME='os_file_name'
[,SIZE=size[KB|MB|GB|TB]]
[,MAXSIZE={max_size[KB|MB|GB|TB]|UNLIMITED}]
[,FILEGROWTH=growth_increment[KB|MB|GB|TB]|%]])[,…n]}
<filegroup>::={
FILEGROUP filegroup_name[DEFAULT]<filespec>[,…n]}
```

各参数说明如下。

Database_name：新数据库的名称。

ON：指定显式定义用来存储数据库数据部分的磁盘文件（数据文件）。当后面是以逗号分隔的，用以定义主文件组的数据文件的<filespec>项列表时，需要使用 ON。

PRIMARY：指定关联的<filespec>列表定义主文件。在主文件组成的<filespec>项中指定的第一个文件将成为主文件。一个数据库只能有一个主文件。如果没有指定 PRIMARY，那么 CREATE

DATABASE 语句中列出的第一个文件将成为主文件。

LOG ON：指定显式定义用来存储数据库日志的磁盘文件（日志文件）。LOG ON 后跟以逗号分隔的用以定义日志文件的<filespec>项列表。如果没有指定 LOG ON，将自动创建一个日志文件，其大小为该数据库的所有数据文件大小总和的 25%或 512KB，取两者之中的较大者。

COLLATE collation_name：指定数据库的默认排序规则。排序规则名称既可以是 Windows 排序规则名称，也可以是 SQL 排序规则名称。如果没有指定排序规则，则将 SQL Server 实例的默认排序规则分配给数据库的排序规则。

FOR ATTACH：指定通过附加一组现有的操作系统文件来创建数据库。必须有一个指定主文件的<filespec>项。

<filespec>：控制文件属性。

NAME=login_file_name：指定文件的逻辑名称。指定 FILENAME 时，需要使用 NAME，除非指定 FOR ATTACH 子句之一。

SIZE=size：指定文件的大小。如果没有为主文件提供 size，则数据库引擎将使用 model 数据库中主文件的大小。如果指定了辅助数据文件或日志文件，但未指定该文件的 size，则数据库引擎将以 1MB 作为该文件的大小。为主文件指定的大小至少应与 model 数据库的主文件大小相同。可以使用千字节（KB）、兆字节（MB）、吉字节（GB）或太字节（TB）为单位，默认为 MB。指定一个整数，不包含小数位。

MAXSIZE=max_size：指定文件可增大到的最大大小。可以使用 KB、MB、GB 和 TB 为单位。默认为 MB。指定一个整数，不包含小数。如果未指定 max_size，则文件将一直增大，直至磁盘已满。

UNLIMITED：指定文件将增长到磁盘已满。

FILEGROWTH=growth_increment：指定文件的自动增量。该值可以 MB、KB、GB、TB 或百分比（%）为单位指定。如果未在数字后面指定 MB、KB 或%，则默认值为 MB。如果指定%。则增量大小为发生增长时文件大小的指定百分比。指定的大小舍入为最接近的 64KB 的倍数。

3.2 创建公司管理数据库

在一个 SQL Server 系统中，有多种方法可以创建用户数据库，一种是使用 SQL Server Management Studio 的对象资源管理器建立数据库，此方法直观简单，以图形化的方式完成数据库的创建和数据库属性的设置；另一种是在 SQL Server Management Studio 查询分析器中使用 T-SQL 命令创建数据库，此方法使用 T-SQL 命令创建数据库和设置数据库属性，它还可以把创建数据库的脚本保存下来，在其他计算机上运行以创建相同的数据库。此外，利用系统提供的创建数据库向导也可以创建数据库。

创建用户数据库之前，必须先确定数据库的名称、数据库所有者、初始大小、数据库文件增长方式、数据库文件的最大允许增长方式，以及用于存储数据库的文件路径和属性等。

下面分别介绍这两种创建数据库的方法。

3.2.1 使用 Management Studio 创建数据库和事务日志

例 3.1 创建一个公司管理数据库 companyinfo，将物理文件保存在 C:\目录下，主数据文件

名为 companyinfo_data1.mdf，事物日志文件名为 companyinfo_log.ldf。

使用 Management Studio 创建数据库和事物日志的具体步骤如下。

（1）在 SQL Server Management Studio 窗口中，展开 SQL Server 服务器，用鼠标右键单击“数据库”选项，在弹出的快捷菜单中选择“新建数据库”命令，如图 3-10 所示。

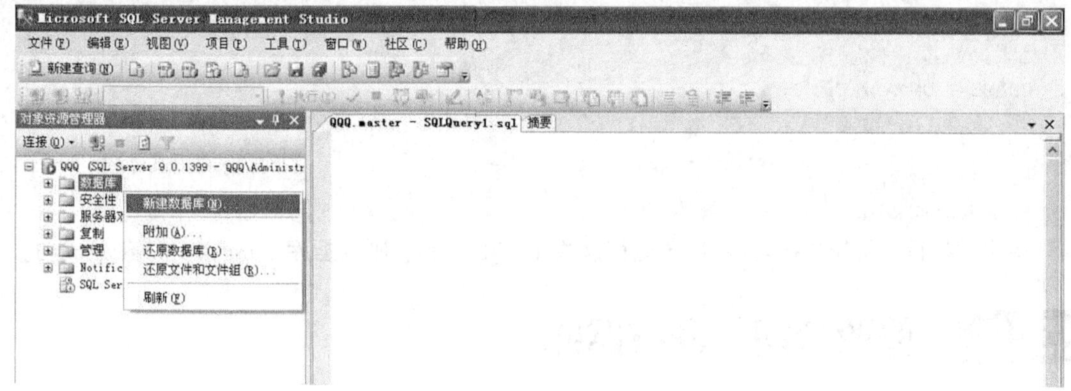

图 3-10　新建数据库

（2）系统弹出“新建数据库”窗口，在“数据库名称”文本框中输入创建的数据库名称“companyinfo”，如图 3-11 所示。

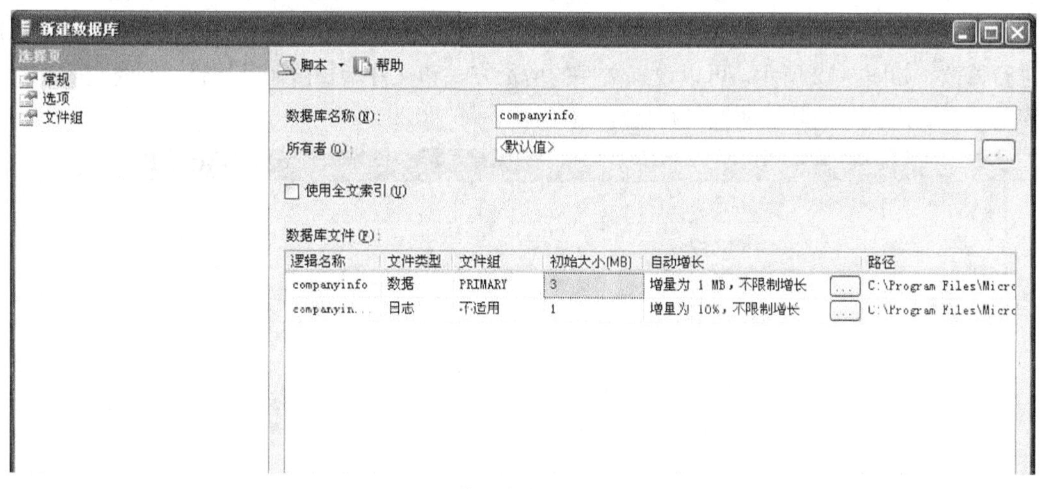

图 3-11　输入数据库名称“companyinfo”

系统会以数据库名称作为前缀创建主数据库文件和事物日志文件，如 companyinfo 和 companyinfo_log。主数据库文件和事务日志文件的初始大小与 model 系统数据库指定的默认大小相同。

（3）单击“确定”按钮完成创建。

3.2.2　使用 T-SQL 语句创建数据库和事务日志

例 3.2　使用 CREATE　DATABASE 命令创建一个公司管理数据库 companyinfo，数据文件和日志文件保存在 C:\目录下。

在 Microsoft SQL Server Manager 窗口中单击“新建查询”按钮，在右侧新出现的查询分析器中输入以下代码。

```
CREATE  DATABASE  COMPANYINFO
ON
(NAME= COMPANYINFO_DATA,
FILENAME='C:\Program Files\Microsoft SQL Server\MSSQL.1\MSSQL\DATA\ COMPANYINFO.MDF',
SIZE=4,
MAXSIZE=10,
FILEGROWTH=10%)
LOG ON
(NAME= COMPANYINFO_LOG,
FILENAME='C:\Program Files\Microsoft SQL Server\MSSQL.1\MSSQL\DATA\ COMPANYINFO.LDF',
SIZE=1,
MAXSIZE=6,
FILEGROWTH=1)
```

单击“执行”按钮或按功能键 F5 运行这些 T-SQL 代码，则数据库 companyinfo 创建成功。

3.3 修改公司管理数据库

3.3.1 使用 Management Studio 修改数据库的属性

（1）选中“companyinfo”数据库鼠标右键单击，在弹出的快捷菜单中选择“属性”命令，打开“文件”选项卡。用户可以选中“数据库文件”中的“初始大小”选项，对数据文件的默认属性进行修改，如图 3-12 所示。可以设置文件的增长方式和文件增长限制等属性，同时也可以对数据库的事务日志文件的默认属性进行修改。

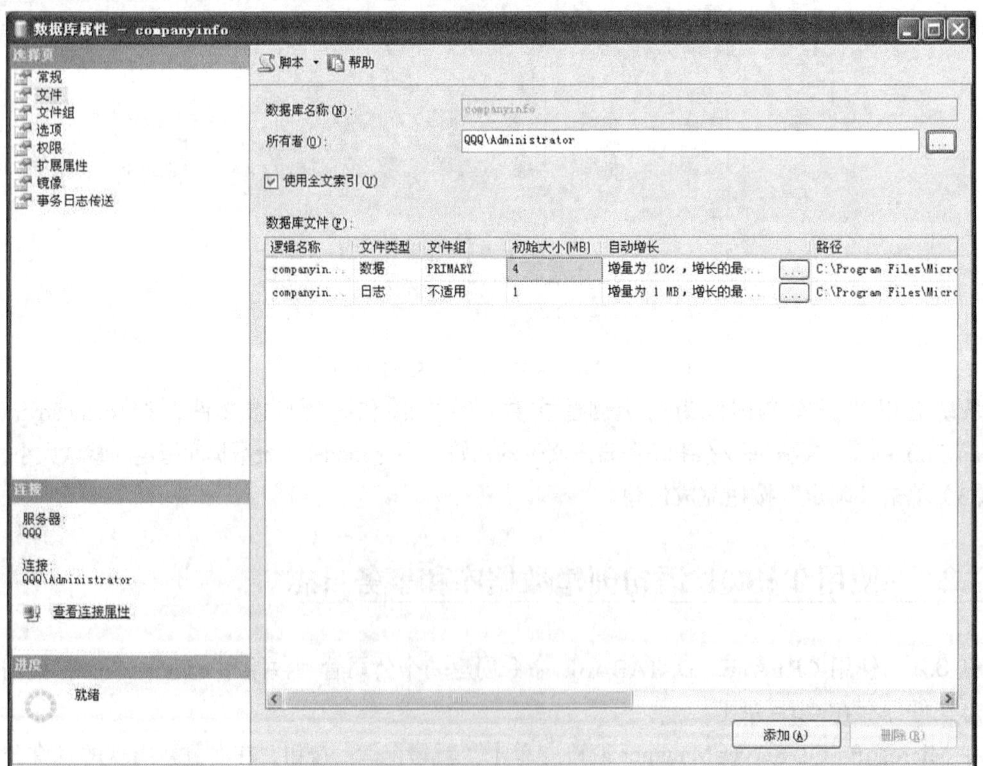

图 3-12 修改属性

对文件增长设置如图 3-13 所示，其中文件有两种自动增长方式。

- 按百分比（P），指定每次增长的百分比。
- 按 MB（M），指定每次增长的兆字节数。

在“最大文件大小”选项区域中，如果选中“不限制文件增长”单选按钮，那么数据文件的容量可以无限地增大；如果选中“限制文件增长”单选按钮，那么可以将数据文件限制在某一特定的数量范围内。

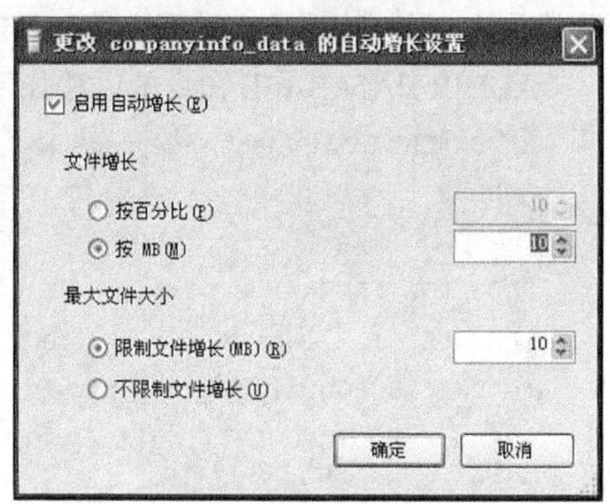

图 3-13 文件增长方式设置

（2）在“选项”选项卡中可以设置数据库的一些选项，如图 3-14 所示，在各属性的下拉列表框中可以做出选择。

图 3-14 查看和修改数据库选项

（3）在“文件组”选项卡中可以设置数据库文件所属的文件组，单击“添加”可以增加自定义名称的文件组。

3.3.2 使用 T-SQL 语句修改数据库的属性

对于已创建的数据库，可以使用 ALTER DATABASE 命令扩充数据库和事务日志的容量，也

可以通过为数据库增加次数据文件和日志文件的方式扩充容量。

ALTER DATABASE 命令的语法如下。

```
ALTER DATABASE database_name            /*修改已创建的数据库*/
{ADD FILE <filespec>[,…,n][TO FILEGROUP filegroup_name]
                                        /*在指定的文件上增加数据文件*/
|ADD LOG FILE<filespec>[,…,n]           /*在数据库中增加日志文件*/
|REMOVE FILE logical_file_name          /*删除指定的日志文件，需要文件为空*/
|ADD FILEGROUP filegroup_name           /*创建文件组，名称为 filegroup_name*/
|REMOVE FILEGROUP filegroup_name        /*删除文件组，名称为 filegroup_name*/
|MODIFY FILE <filespec>                 /*给出要修改的数据库逻辑文件名*/
|MODIFY NAME =new_dbname                /*给出修改后的逻辑文件名*/
|MODIFY FILEGROUP filegroup_name{filegroup_property|name_filegroup_
Name}
}                                       /*修改指定文件组的属性，或者修改文件组名*/
(NAME=logical_file_name                 /*给出要修改的物理文件名*/
[,NEWNAME=new_logical_name]             /*修改后的逻辑文件名*/
[,FILENAME=os_file_name]                /*给出要修改的物理文件名*/
[, SIZE=size]                           /*修改后的文件容量，必须大于原来的容量*/
[,MAXSIZE={max_size|UNLIMITED}]         /*文件的最大容量*/
[,FILEGROWTH=growth_increment])         /*文件增长量*/
```

说明：文件组的属性有以下 3 种。

（1）只读 READONLY：指定文件组为只读，不允许更新其中的对象。主文件组不能设置为只读。只有具有排它数据库访问权限的用户才能将文件组标记为只读。

（2）读写 READWRITE：允许修改文件组中的对象。只有具有排它数据库访问权限的用户才能将文件组标记为读/写。

（3）默认 DEFAULT：将给出的文件组指定为数据库的默认文件组。只能有一个数据库文件组是默认的。CREATE DATABASE 语句将主文件组设置为默认文件组。如果在 CREATE TABLE、ALTER TABLE 或者 CREATE INDEX 语句中没有指定文件组，则将表及索引创建在默认文件组中。

例 3.3 给已经创建的 COMPANYINFO 数据库增加一个数据文件。

```
ALTER DATABASE COMPANYINFO
ADD FILE                            /*添加文件*/
(NAME=COMPANYINFO_sub_data2,        /*指定文件的逻辑名称*/
FILENAME='C:\Program Files\Microsoft SQL Server\MSSQL.1\MSSQL\Data\COMPANYINFO.ndf',
/*指定文件名*/
SIZE=10,                            /*指定文件的大小*/
MAXSIZE=25,                         /*指定最大的文件大小*/
FILEGROWTH=5)                       /*指定文件增长的增量*/
```

例 3.4 将公司管理数据库的数据文件 COMPANYINFO.mdf 的容量扩充到 15MB，事务日志文件 COMPANYINFO_log.ldf 的容量扩充到 16MB。

在“查询分析器”窗口中执行如下 SQL 语句。

```
USE MASTER
GO
```

```
ALTER DATABASE COMPANYINFO
MODIFY FILE(NAME=COMPANYINFO,
SIZE=15MB)
GO
ALTER DATABASE COMPANYINFO
MODIFY FILE(NAME=COMPANYINFO_LOG,
SIZE=16MB)
GO
```

例 3.5　为 COMPANYINFO 数据库增加一个 4MB 的次数据文件 COMPANYINFO2，次数据文件扩展名为.ndf。

在“查询分析器”窗口中执行如下 SQL 语句。

```
USE MASTER
GO
ALTER DATABASE COMPANYINFO
ADD FILE
(NAME=COMPANYINFO2,
FILENAME='C:\Program Files\Microsoft SQL Server\MSSQL.1\MSSQL\Data\COMPANYINFO2.NDF',
/*指定文件名*/
SIZE=4MB,
MAXSIZE=10MB,
FILEGROWTH=1MB)
GO
```

例 3.6　为 COMPANYINFO 数据库增加一个 5MB 容量的日志文件 COMPANYINFOLOG。

在“查询分析器”窗口中执行如下 SQL 语句。

```
ALTER  DATABASE COMPANYINGO
ADD LOG FILE
(NAME=COMPANYINFOLOG,
FILENAME='C:\Program Files\Microsoft SQL Server\MSSQL.1\MSSQL\Data\COMPANYINFOLOG.LDF',
/*指定文件名*/
SIZE=5MB,
MAXSIZE-10MB,
FILEGROWTH=1MB)
GO
```

例 3.7　为 COMPANYINFO 数据库创建一个名称为 MyGroup 的文件组。

在“查询分析器”窗口中执行如下 SQL 语句。

```
USE COMPANYINFO
GO
ALTER DATABASE COMPANYINFO
ADD FILEGROUP MyGroup
GO
```

3.4 删除公司管理数据库

3.4.1 使用 Management Studio 删除公司管理数据库

在对象资源管理器中展开“数据库”节点，选中要删除的公司管理数据库 COMPANYINFO，

用鼠标右键单击，在弹出的快捷菜单中选择“删除”命令，就可以删除选中的公司管理数据库，如图 3-15 所示。

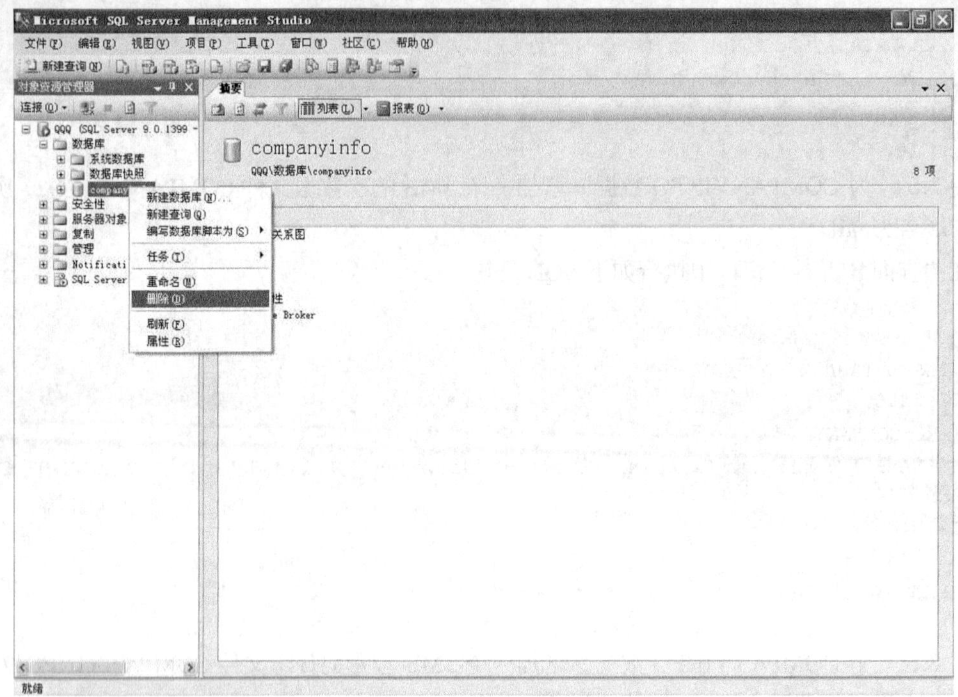

图 3-15　选择“删除”命令

3.4.2　使用 T-SQL 语句删除公司管理数据库

使用 T-SQL 语句删除公司管理数据库的语法如下。

```
DROP DATABASE {database_name}
```

例 3.8　删除 COMPANYINFO 数据库。

```
DROP DATABASE COMPANYINFO
```

当公司管理数据库处于以下 3 种情况之一时，不能删除。

（1）当有用户使用此公司管理数据库时。

（2）当公司管理数据库正在被恢复时。

（3）当公司管理数据库正在参与复制时。

3.5　实训

3.5.1　实训目的

使用对象资源管理器和 T-SQL 语句两种方法进行数据库的创建、修改与删除。

3.5.2　实训要求

（1）了解数据库的作用。

（2）学会使用对象资源管理器创建用户数据库。

（3）学会使用查询分析器创建用户数据库。

（4）会压缩和扩充数据库。

（5）会查看和修改数据库选项。

（6）会重命名数据库和删除数据库。

3.5.3　实训步骤

（1）用对象资源管理器和查询分析器创建一个数据库。数据库名称为“Xk”，主数据文件的逻辑名称为“Xk_data”，操作系统文件的名称为“d:\Xk_mdf”，大小为30MB，最大为60MB，以15%的速度增长。数据库的日志文件的逻辑名称为“Xk_log”，操作系统文件的名称为“d：\Xk_ldf”，大小为3MB，最大为15MB，以1MB的速度增长。

① 直接鼠标右键单击数据库方式。选择“开始”→“所有程序”→“Microsoft SQL Server”→“SQL Server Management Studio”命令，进入“对象资源管理器”窗口，鼠标右键单击数据库，在弹出的快捷菜单中选择“新建数据库”命令。

② 使用T-SQL命令创建。

（2）分别使用对象资源管理器和查询分析器将数据库“Xk”的初始分配空间大小扩充到45MB。

（3）分别使用对象资源管理器和查询分析器将数据库“Xk”的空间压缩至最小容量。

（4）分别使用对象资源管理器和查询分析器删除“选课”数据库。

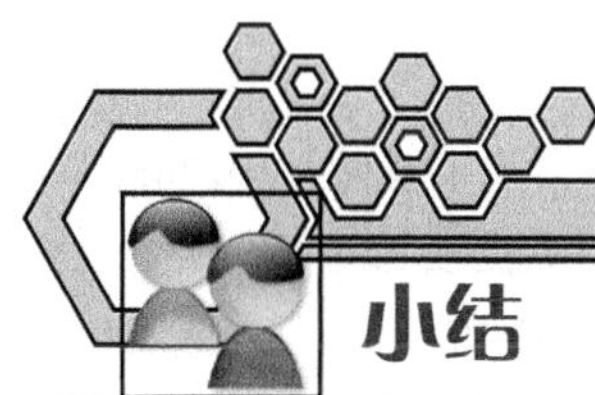

小结

数据库是SQL Server 2005最基本的操作对象之一，数据库的创建、修改、删除等操作是SQL Server 2005最基本的操作，是进行数据库管理与开发的基础。本项目以公司管理数据库的创建与管理为例介绍了数据库的创建与管理。

项目4

公司管理数据库中表的创建与管理

【教学目标】

（1）理解数据表的基本概念。

（2）理解数据完整性的相关概念。

（3）掌握数据表的创建、约束和默认操作。

【能力目标】

（1）能够使用对象资源管理器和 T-SQL 语句创建公司管理数据库的相关数据表。

（2）能够对已有的表进行修改、查看、重命名和删除操作。

（3）能够正确设置约束和默认值，以保证数据完整性。

（4）能够正确录入、更新和删除数据。

【学习导航】

数据表是 SQL Server 2005 最基本的操作对象，作为数据库管理与开发的基础，用户除了要掌握数据表的创建、查看、修改、删除等基本操作外，还要掌握对数据表的约束、默认和规则的使用。在图 4-1 中，可以看到本项目在公司管理数据库系统开发中的环节及位置。

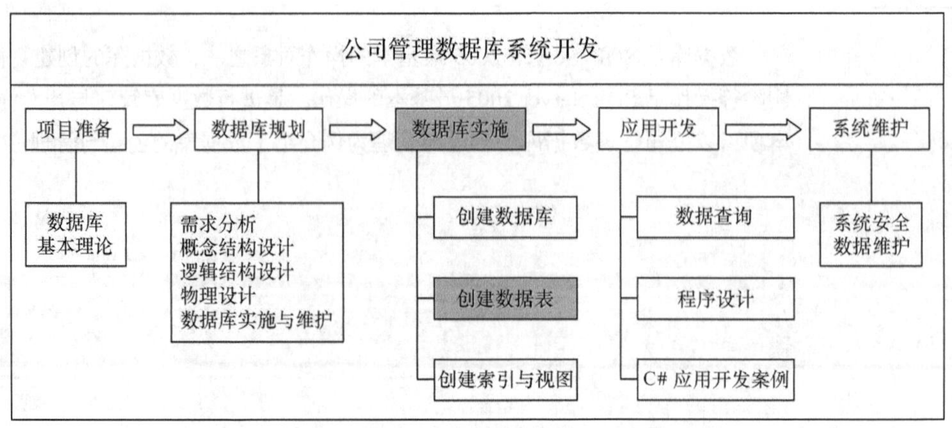

图 4-1　本项目在公司管理数据库系统开发中的环节及位置

【工作任务】

根据公司管理的工作要求，以及项目 2 中数据库的设计，对 companyinfo 数据库完成如下操作。

（1）创建 companyinfo 数据库中相关的数据表，如类别表、产品表、雇员表、客户表、订单表。

（2）对已创建的表进行结构的修改、重命名、删除等操作。

（3）对表建立约束，以保证数据的完整性和一致性。

（4）建立数据表之间的关联，并根据建立的关联，实现表之间的参照完整性。

（5）正确录入各表数据。

4.1 创建公司管理数据库系统的数据表

4.1.1 理论知识准备

1. 数据表

数据表是数据库的基本单位，它被定义为列的集合，数据在表中按照行和列的格式组织排列。每一行代表一条唯一的记录，每一列代表记录中的一个域。例如，图 4-2 所示为一个包含产品信息的数据表，表中每一行数据代表一条产品信息，每一列则分别表示产品的各种详细资料，如产品名、类别 ID、单价、库存量等。

	产品 ID	产品名	类别 ID	单价	库存量
▸	1	牛奶	1	2.3000	200
	2	冰激凌	1	1.5000	400
	3	果冻	1	3.0000	300
	4	打印机	2	40.0000	100
	5	墨盒	2	200.0000	150
	6	鼠标	2	50.0000	150
	7	键盘	2	60.0000	120
	8	优盘	2	120.0000	200

图 4-2　产品信息表（product）

在 SQL Server 中，每个数据库最多可存储 20 亿个数据表，每个数据表可以有 1 024 列，每行最多可以存储 8 060 字节。在 SQL Server 中有两种表：系统表和用户表，系统表是为维护数据库而创建的表，任何用户都不能直接修改系统表，否则可能会导致数据库无法使用。用户表是数据库用户根据自己的需要创建的表。

2. SQL Server 所支持的数据类型

在 SQL Server 的数据表中，列的数据类型既可以是系统提供的数据类型，也可以是用户自定义的数据类型。SQL Server 2005 提供了一系列系统定义的数据类型，如表 4-1 所示。

表 4-1　　SQL Server 2005 支持的数据类型

分　类	数据类型定义符
整数型	bigint、int、smallint、tinyint
逻辑数值型	bit
小数数据类型	decimal、numeric
货币型	money、smallmoney
近似数值型	float、real
字符型	char、varchar、text
Unicode 字符型	nchar、nvarchar、ntext
二进制数据类型	binary、varbinary、image
日期时间类型	datetime、smalldatetime
其他数据类型	cursor、sal_variant、table、timestamp、unigueidentifier

3. 数据类型说明

（1）空值。数据列在定义后，还需要确定该列是否允许空值（NULL）。空值意味着未知、不可用或将在以后添加数据。

若表中某一列允许为空值，当向表中插入数据行时，可不给出该列的具体值，若表中某一列不允许为空值，当向表中插入数据行时，必须给出该列的具体值。

空值既不同于零（0）也不同于空格字符，0 表示一个有效数据，空格则是一个有效的字符，而空值只是一个概念，表示目前尚不明确这个值是什么。另外，空值也不同于长度为 0 的字符串。

允许空值的列需要更多的存储空间，而且空值可能会导致其他性能问题或存储问题，也可能会使查询和更新变得更复杂，所以应该尽量不允许使用空值。

（2）整数型。整数型包括以下几种数据类型。

bignit 数据类型：大整数型，长度为 8 字节，可以存储 -2^{63}（−9223372036854775808）～$2^{63}-1$（−9223372036854775807）范围内的数字。

int 数据类型：整数型，长度为 4 字节，其存储范围为 -2^{31}（−2147483648）～$2^{31}-1$（2147483647）。

smallint 数据类型：短整数型，长度为 2 字节，其存储范围为 -2^{15}（−32768）～$2^{15}-1$（32767）。

tinyint 数据类型：微短整数型，长度为 1 字节，只能存储 0～255 范围内的数字。

（3）小数数据类型（精确数据类型）。在声明小数数据类型时，可以定义数据的精度和小数位。声明格式如下。

```
decimal[(p[,s])] 或 numeric[(p[,s])]
```

其中，各参数含义如下。

p（精度）：指定小数点左边和右边一共可以存储的十进制数字的最大个数。精度必须是从 1 到最大精度之间的值。最大精度为 38。使用最大精度时，有效值的范围为+1～−1。

s（小数位数）：指定小数点右边可以存储的十进制数字的最大个数。小数位数必须是 0～p 的值。默认小数位数是 0，因而 0≤s≤p。

（4）近似数值型。近似数值数据类型不能精确记录数据的精度，它们所保留的精度由二进制数字系统的精度决定。SQL Server 提供了以下两种近似数值数据类型。

Float[（n）]：−1.79E + 308～−2.23E−308、0 以及 2.23E−308～1.79E + 308 之间的浮点数字类

型。n 用于存储 float 数值尾数的位数，以科学记数法表示，同时指示其精度和存储大小。n 必须为 1～53 的值，默认值为 53，它同精度和存储长度的关系如表 4-2 所示。

表 4-2　　n 与精度和存储长度的关系

n	精　度	存储字节长度
1～24	7 位数	4 字节
25～53	15 位数	8 字节

real 数据类型：−3.40E + 38～−1.18E−38、0 以及 1.18E−38～3.40E + 38 之间的浮点数字类型。存储大小为 4 字节。

（5）字符型。在 SQL Server 中，字符数据使用 char、varchar 和 text 数据类型存储。当列中各项的字符长度可变时可用 varchar 类型，但任何项的长度都不能超过 8KB。当列中各项为同一固定长度时使用 char 类型（最大为 8KB）。text 数据类型的列可用于存储大于 8KB 的 ASCII 字符。

另外，若要在 SQL Server 中存储国际化字符数据，则使用 nchar、nvarchar 和 ntext 数据类型。支持多语言的网络站点应考虑使用 Unicode 的 nchar 和 nvarchar 数据类型，以尽量减少字符转换问题。如果希望列中的数据值大小接近，或者列中的数据值大小显著不同，则可以考虑使用 char 和 varchar 数据类型。

char、varchar 和 text 这 3 种类型的定义方式如下。

char[（n）]：长度为 n 字节的固定长度且非 Unicode 的字符数据。n 必须是 1～8 000 之间的数值。存储大小为 n 字节。

varchar[（n）]：长度为 n 字节的可变长度且非 Unicode 的字符数据。n 必须是介于 1～8 000 之间的数值。存储大小为输入数据的字节的实际长度，而不是 n 字节。所输入的数据字符长度可以为 0。

text 数据类型：用来声明变长的字符数据。在定义过程中，不需要指定字符的长度。最大长度为 $2^{31}-1$（2147483647）字符。当服务器的当前代码页使用双字节字符时，存储量仍是 2 147 483 647 字节。存储大小可能小于 2 147 483 647 字节（取决于字符串）。SQL Server 会根据数据的长度自动分配空间。

（6）逻辑数值型。SQL Server 支持逻辑数据类型 bit，它可以存储整型数据 1、0 或 NULL。如果输入 0 以外的其他值时，SQL Server 均将它们当作 1 看待。

（7）二进制数据类型。二进制数据由十六进制数表示。在 SQL Server 2005 中，二进制数据使用 binary、varbinary 和 image 数据类型存储。

binary 数据类型：在每行中都是固定的长度（最大为 8KB）。

varbinary 数据类型：在每行中所包含的十六进制数字的个数可以不同（最大为 8KB）。

image 数据类型：可以用来存储超过 8KB 的可变长度的二进制数据，如 Word 文档、Excel 电子表格、位图图像、图形交换格式（GIF）文件和联合图像专家组（JPEG）文件。

上述 3 种二进制数据类型的声明格式如下。

binary[(n)]：固定长度的 n 字节二进制数据。n 必须是 1～8 000 之间的数值。存储空间为 n+4 字节。

varbinary[(n)]：n 字节变长二进制数据。n 必须是 1～8 000 之间的数值。存储空间为实际输入数据长度+4 字节，而不是 n 字节。输入的数据长度可能为 0 字节。

image：可变长度二进制数据，其存储空间为 $0\sim2^{31}-1$（2 147 483 647）字节。

（8）其他数据类型。在 SQL Server 2005 中，还提供了其他几种数据类型。

cursor：游标数据类型，用于创建游标变量或者定义存储过程的输出函数。它是唯一一种不能赋值给表的列（字段）的基本数据类型。

sql_variant：该数据类型可以存储除了 text、ntext、timestamp 和自己本身以外的其他所有类型的变量。

table：它可以暂时存储应用程序的结果，以便以后用到。

timestamp：时间戳数据类型，它可以反映数据库中数据修改的相对顺序。

uniqueidentifier：全局唯一标识符（Globally Unique Identification，GUID）。它是一个 16 字节长的二进制数据类型，是 SQL Server 根据计算机网络适配器地址和主机 CPU 时钟产生的唯一号码而生成的全局唯一标识符代码。唯一标识符代码可以通过调用 NEWID 函数或者其他 SQL Server 应用程序编程接口来获得。

4. 用户自定义数据类型

用户自定义数据类型是基于 SQL Server 系统提供的数据类型。当多个表的列中要存储同样类型的数据，且想确保这些列具有完全相同的数据类型、长度和是否为空值时，可使用用户自定义数据类型。

创建用户自定义数据类型必须提供名称、新数据类型所依据的系统数据类型以及是否允许为空值（如果未定义，系统将依据数据库或连接的 ANSI Null 默认设置进行指派）。

例 4.1 分别使用“对象资源管理器”和 T-SQL 语句在 companyinfo 数据库中创建一个名为 employtime，基于 datetime 数据类型，该列不允许为空值的用户自定义数据类型。

（1）使用对象资源管理器创建用户自定义数据类型。

① 在对象资源管理器中依次展开 companyinfo 数据库→“可编程性”→“类型”选项，用鼠标右键单击“用户定义数据类型”选项，在弹出的快捷菜单中选择“用户自定义数据类型”→“新建用户定义数据类型”命令，如图 4-3 所示。

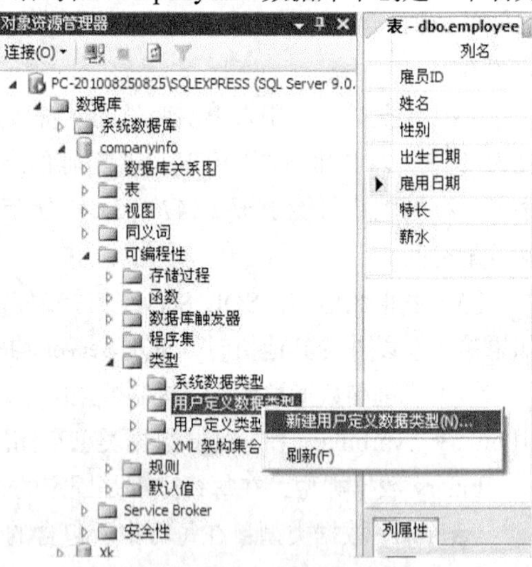

图 4-3 新建用户定义数据类型

② 在弹出的“新建用户定义数据类型”窗口中，输入新建数据类型的名称 employtime；在“数据类型”下拉列表框中选择“datatime”选项；在“存储”文本框中可以更改此数据类型的数据长度；如果允许此数据类型接受空值，可选中“允许空值”复选框，这里不选中；在“绑定”选项区域中的“规则”和“默认值”下拉列表框中可选择一个规则或默认值，这里不选，如图 4-4 所示。

③ 单击“确定”按钮，即可完成创建用户自定义数据类型，在对象资源管理器中就可以看到刚创建的 employtime 数据类型已存在系统中。

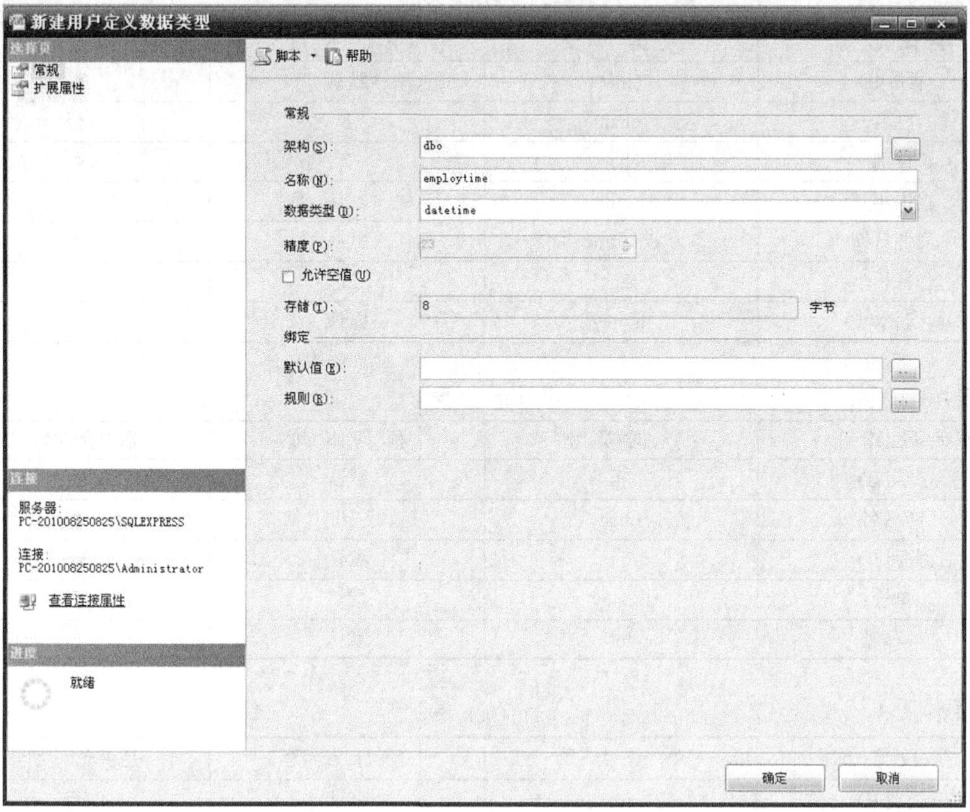

图 4-4　用户自定义的数据类型属性

（2）在 T-SQL 中用系统存储过程 SP_ADDTYPE 创建用户自定义数据类型。在 SQL Server Management Studio 的查询分析器中运行如下命令。

```
USE companyinfo
GO
EXEC SP_ADDTYPE employtime,datetime,'not null'
GO
```

例 4.2　删除用户自定义数据类型 employtime。

（1）在对象资源管理器中删除。在对象资源管理器中依次展开 companyinfo 数据库→“可编程性”→“类型”选项，用鼠标右键单击“用户定义数据类型”选项，在弹出的快捷菜单中选择“删除”命令即可。

（2）使用 T-SQL 语句删除。在 SQL Server Management Studio 的查询分析器中运行如下命令。

```
USE companyinfo
GO
EXEC SP_DROPTYPE 'employtime'
GO
```

4.1.2　利用 Management Studio 创建数据表

根据公司管理数据库的需求分析，在 companyinfo 数据库中创建 5 个表，各个表的结构分别如表 4-3、表 4-4、表 4-5、表 4-6、表 4-7 所示。

表 4-3　　Employee 表

字段名称	数据类型	预计长度	是否允许为空
雇员 ID	int	默认	否
姓名	char	8	否
性别	char	2	否
出生年月	datetime	默认	
雇佣日期	datetime	默认	否
特长	char	20	
薪水	money	默认	

表 4-4　　Product 表

字段名称	数据类型	预计长度	是否允许为空
产品 ID	int	默认	否
产品名	char	10	否
类别 ID	int	默认	否
单价	money	默认	否
库存量	int	默认	否

表 4-5　　Category 表

字段名称	数据类型	预计长度	是否允许为空
类别 ID	int	默认	否
类别名	char	默认	否
说明	char	16	

表 4-6　　Customer 表

字段名称	数据类型	预计长度	是否允许为空
客户 ID	int	默认	否
公司名称	char	30	否
联系人姓名	char	8	否
联系方式	char	12	
地址	char	30	
邮编	char	6	

表 4-7　　P_order 表

字段名称	数据类型	预计长度	是否允许为空
订单 ID	int	默认	否
产品 ID	int	默认	否
数量	int	默认	否
雇员 ID	int	默认	否
客户 ID	int	默认	否
订货日期	Datetime	默认	否

例 4.3　在对象资源管理器中创建数据表 product。

在对象资源管理器中，展开“companyinfo”数据库选项，用鼠标右键单击“表”选项，在弹出的快捷菜单中选择“新建表”命令，如图 4-5 所示。

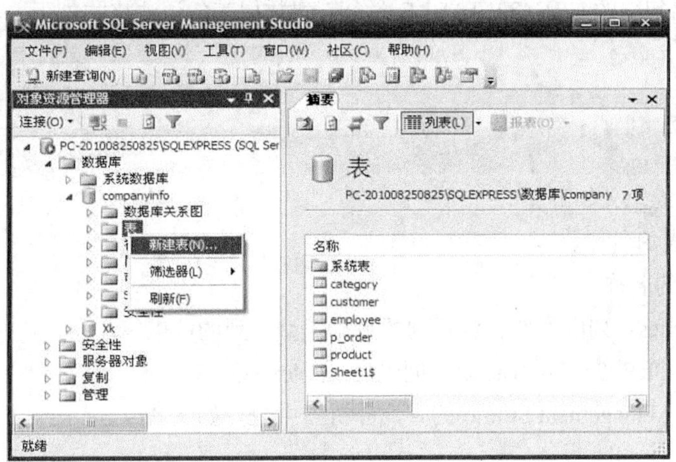

图 4-5　新建表

在弹出的表设计面板中分别输入各列的名称、数据类型、长度、是否允许为空等属性，如图 4-6 所示。

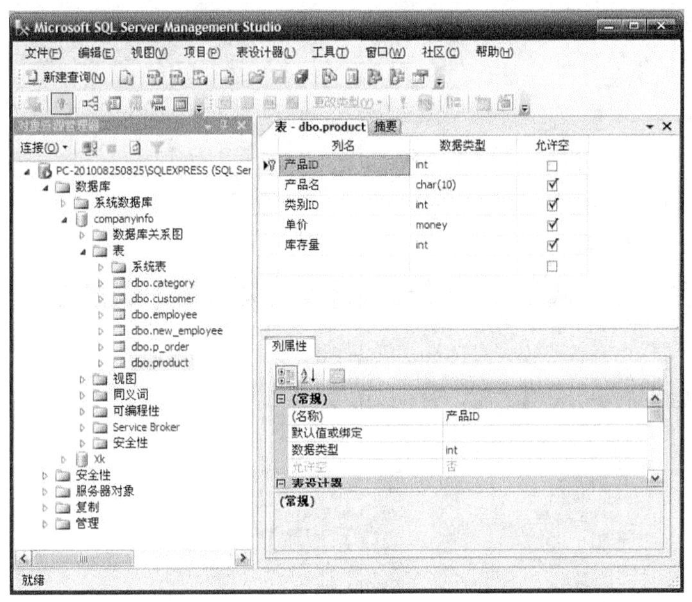

图 4-6　属性修改

图 4-7　输入表名称

输入完各列属性，单击“保存”按钮，弹出“选择名称”对话框，如图 4-7 所示。在“输入表名称”文本框中输入表的名称“product”，单击“确定”按钮，表创建完成。

其余各表的创建过程与创建表 employee 相同，不再赘述。

4.1.3 利用 T-SQL 语句创建数据表

使用 T-SQL 语句中的 CREATE TABLE 命令创建数据表的语法格式如下。

```
CREATE TABLE table_name
(
col_name column_properties[,…]
)
```

其中，各参数的含义如下。

table_name：表的名称。

col_name：列的名称。

column_properties：列的属性，包括列的数据类型、列的约束等。

例 4.4 利用 CREATE TABLE 命令创建表 employee。

在 SQL Server Management Studio 的查询分析器中运行如下命令。

```
USE companyinfo
GO
CREATE TABLE employee
( 雇员ID int  NOT NULL,
 姓名 CHAR (8) NOT NULL,
性别 char (2) NOT NULL,
出生日期 datetime,
雇用日期 datetime NOT NULL,
特长 char (20),
薪水 money
)
```

运行结果如图 4-8 所示。

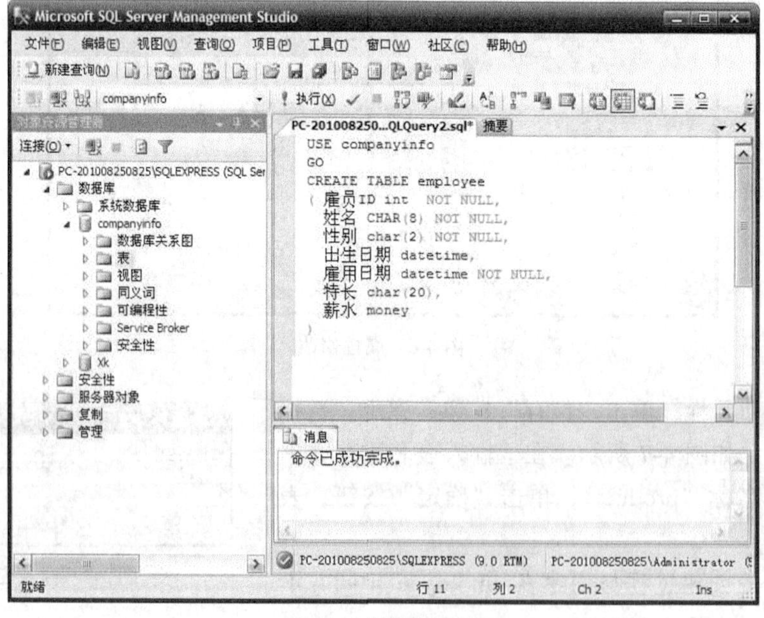

图 4-8 创建数据表

4.2 修改公司管理数据库系统的数据表

数据表创建之后，在使用过程中可能需要对原先定义的表进行修改，包括重命名表和修改表结构，对表结构的修改包括增加列、删除列、修改已有列的属性等。

4.2.1 利用 Management Studio 修改数据表结构

1. 增加列

例 4.5　在 companyinfo 数据库的 customer 表中增加一列“备注”。

在对象资源管理器中依次展开“companyinfo”数据库→“表”选项，用鼠标右键单击 customer 表，在弹出的快捷菜单中这样“修改”命令，可以显示表的结构，如图 4-9 所示。

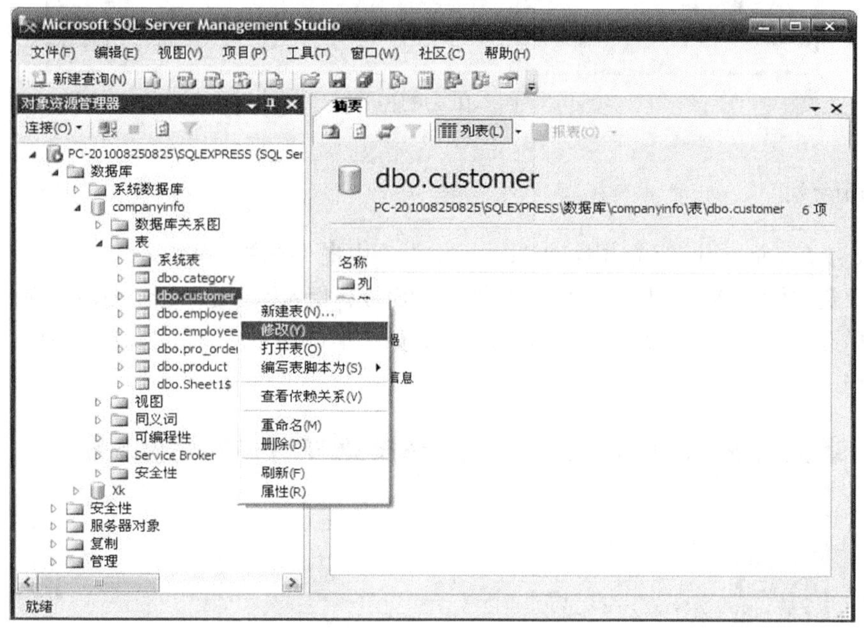

图 4-9　修改表结构

在打开的表的“设计”面板中单击第一个空白行，输入列名“备注”，数据类型为 char（50），并选中“允许空”复选框，如图 4-10 所示。

2. 修改已有列的属性

和增加列相似，修改已有列的属性的操作过程为：在对象资源管理器中打开表设计面板，可以对已有列的列名、数据类型、长度以及是否允许为空等属性进行修改。修改完毕后，单击“保存”按钮，以保存修改的表结构。

注意

在表中已有数据后，不要轻易修改表结构，特别是修改列的数据类型，以免产生错误。

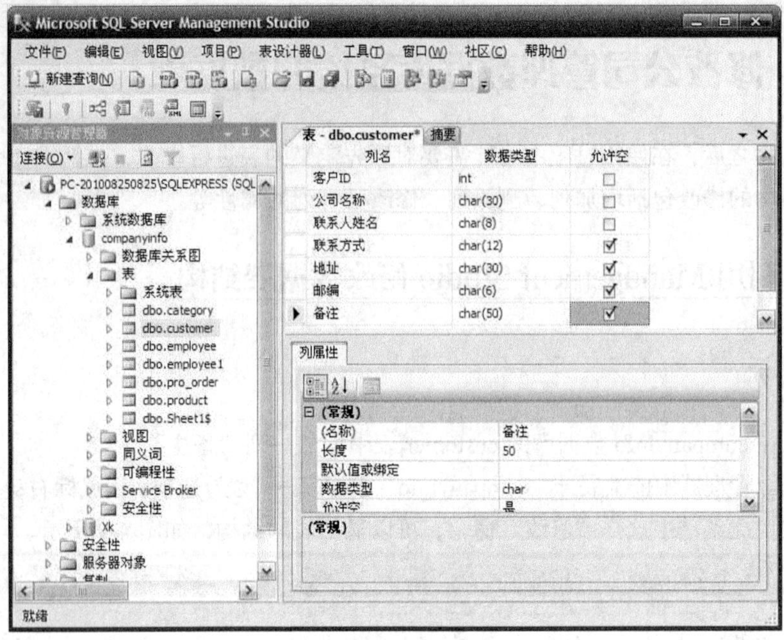

图 4-10　增加一列

3. 删除列

例 4.6　在 companyinfo 数据库的“customer”表中将“备注”列删除。

在对象资源管理器中打开“customer”表设计面板，用鼠标右键单击“备注”列，在弹出的快捷菜单中选择“删除列”命令，该列即被删除，如图 4-11 所示。单击“保存”按钮，以保存修改的表结构。

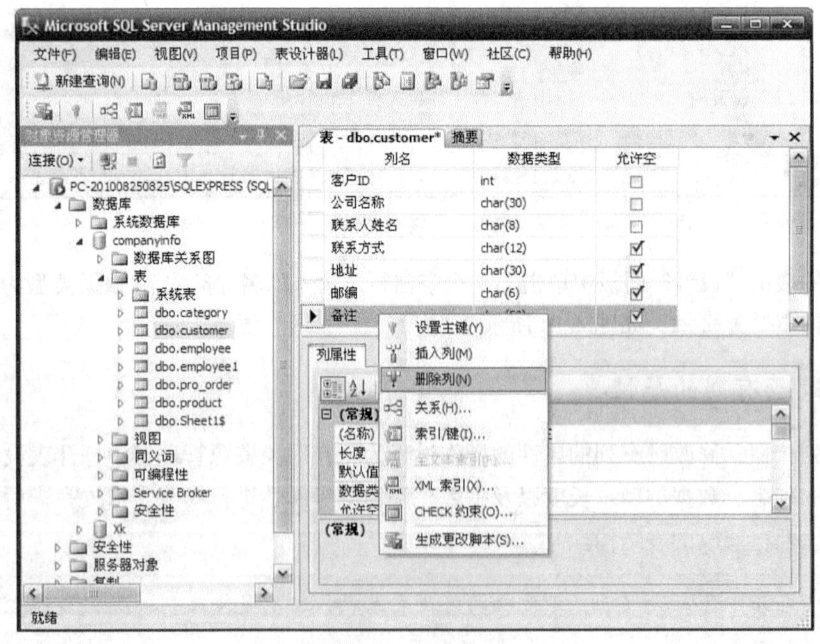

图 4-11　删除一列

SQL Server 中被删除的列不能再恢复，所以删除列时要慎重考虑。

4.2.2　利用 T-SQL 语句修改数据表

使用 ALTER TABLE 语句能够完成上述在 Management Studio 中进行的修改表结构的操作。

例 4.7　使用 ALTER TABLE 命令在 customer 表中增加一列“备注”，数据类型为 char（50），允许为空值。

在 SQL Server Management Studio 的查询分析器中运行如下命令。

```
USE companyinfo
GO
ALTER TABLE customer
ADD 备注 char（50） null
GO
```

例 4.8　使用 ALTER TABLE 命令将 customer 表中“联系方式”列的长度改为 20。

在 SQL Server Management Studio 的查询分析器中运行如下命令。

```
USE companyinfo
GO
ALTER TABLE customer
ALTER COLUMN 联系方式 char（20）
```

例 4.9　删除 customer 表中的“备注”列。

在 SQL Server Management Studio 的查询分析器中运行如下命令。

```
USE companyinfo
GO
ALTER TABLE customer
DROP COLUMN 备注
```

4.2.3　重新命名表

1. 使用 Management Studio 重新命名表

例 4.10　在对象资源管理器中将 companyinfo 数据库中的表 p_order 重新命名为 pro_order。

在对象资源管理器中，依次展开“companyinfo”数据库→“表”选项，用鼠标右键单击 p_order 表，在弹出的快捷菜单中选择“重命名”命令，如图 4-12 所示。在原表上输入新表的名称“pro_order”，按【Enter】键即可，如图 4-13 所示。

2. 使用 T-SQL 语句重新命名表

例 4.11　使用 T-SQL 语句将表 pro_order 重新命名为 p_order。

在 SQL Server Management Studio 的查询分析器中运行如下命令。

```
USE companyinfo
GO
EXEC SP_RENAME 'pro_order',' p_order'
GO
```

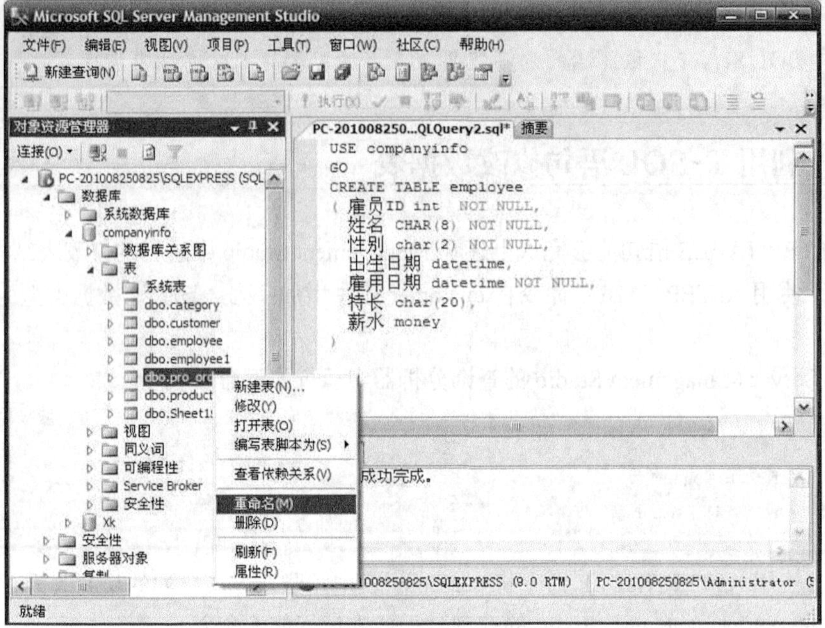

图 4-12　重命名数据表

图 4-13　数据表重命名值

4.3　删除公司管理数据库系统的数据表

4.3.1　利用 Management Studio 删除数据表

例 4.12　在对象资源管理器中删除 companyinfo 数据库中的 categor 表。

在对象资源管理器中依次展开"companyinfo"数据库→"表"选项，用鼠标右键单击 categor 表，在弹出的快捷菜单中选择"删除"命令，如图 4-14 所示。

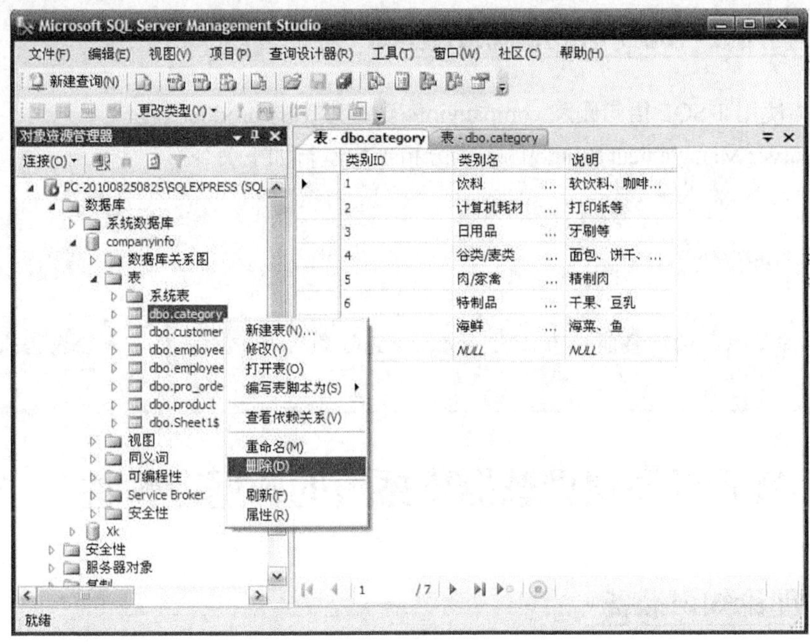

图 4-14　删除表

在弹出的“删除对象”窗口中显示了 categor 表的相关信息，及相关的依赖关系，如图 4-15 所示。单击“确定”按钮，即可成功删除表。

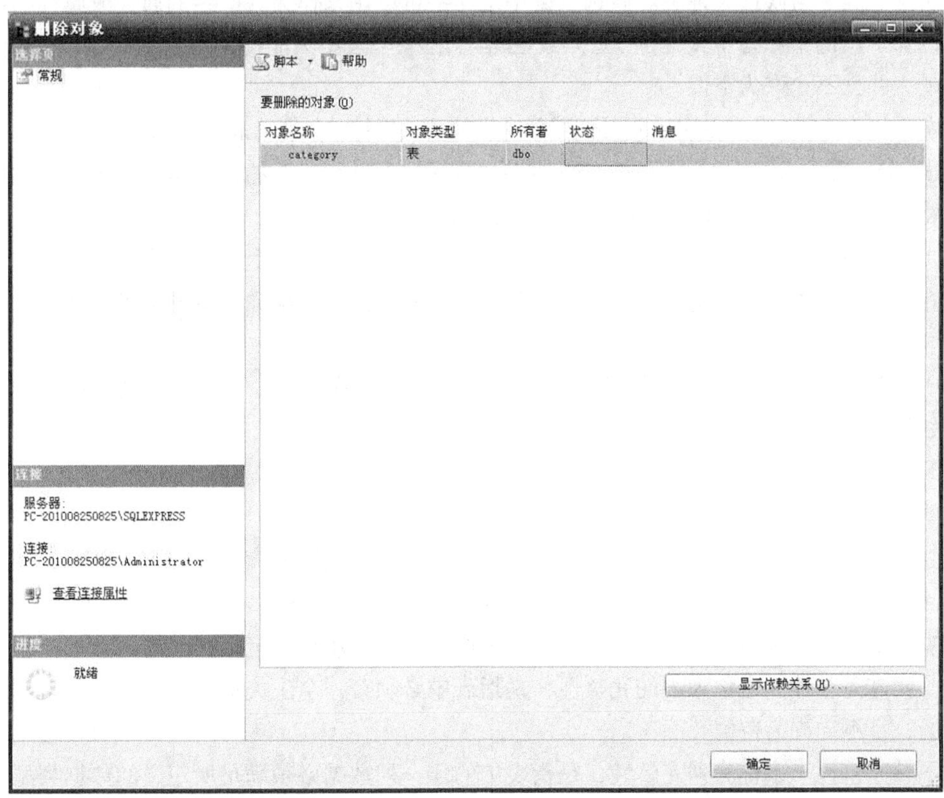

图 4-15　删除对象窗口

4.3.2　利用 T-SQL 语句删除数据表

例 4.13　使用 T-SQL 语句删除 companyinfo 数据库中的 product 表。

在 SQL Server Management Studio 的查询分析器中运行如下命令。

```
USE companyinfo
GO
DROP TABLE product
GO
```

为了后面的项目能正常使用 companyinfo 数据库中的数据，删除数据表后应原样恢复。

4.4　实现公司管理数据库系统的数据完整性

4.4.1　理论知识准备

1. 关键字

关键字是用来唯一标识表中每一行的属性或属性的组合，也可以称其为关键码、码或键。

（1）主关键字与候选关键字。候选关键字是那些可以用来作为关键字的属性或属性的组合。将选中的那个关键字称为主关键字（主码或主键）。在一个表中只能指定一个主键字，它的值必须是唯一的，并且不允许为空值。

（2）公共关键字。公共关键字就是连接两个表的公共属性，如在 companyinfo 数据库中，product 表（见表 4-4）和 category 表（见表 4-5）是通过类别 ID 进行联系的，它是两个表的公共属性，因此可将其称为 product 表和 category 表的公共关键字。

（3）外关键字。外关键字也称为外键或外码，由一个表中的一个属性或多个属性组成，同时该属性在另一个表中是主关键字，它是公共关键字。使用外关键字和主关键字可以建立起表与表之间的联系。

（4）主表与从表。主关键字所在的表被称为主表（也叫做父表），外关键字所在的表称为从表（也叫做子表）。

2. 数据的完整性

数据的完整性指的是数据的正确性和一致性，它是为防止数据库中存在不符合语义规定的数据和防止因错误信息的输入输出造成无效操作或错误信息而提出的。

数据完整性分为实体完整性、域完整性、引用完整性和用户自定义完整性。

（1）实体完整性。也称为表的完整性，是指表中必须有一个主关键字，用来唯一地标识表中的每一行，且不允许为空值。

（2）域完整性。也称为列完整性，是指表中的任一列数据必须满足所定义的数据类型，且其值必须在有效的范围之内。

（3）引用完整性。也称为参照完整性，是对表与表之间的联系而言的。在输入或删除记录时，引用完整性保持表之间已定义的关系，确保键值在所有表中一致。

（4）用户自定义完整性。用户自定义完整性体现了实际运用中的业务规则，如在公司管理数据库系统的员工信息表中，每个员工的编号前必须是所在部门名称的首字母组合。用户定义的完整性可以通过前面 3 种完整性的实施得到维护。

SQL Server 2005 提供了多种方法来保证数据的完整性，包括数据类型、外键、约束、规则、触发器等。

（5）保证参照完整性的规则。

① 对从表进行 INSERT 操作时，要保证外关键字的值在主表中存在。

② 对从表的外关键字进行 UPDATE 操作时，要保证修改后的外键值在主表中存在。

③ 对主表的主关键字进行 UPDATE 操作时，要注意从表中是否存在该主关键字，如果有，则禁止所做的修改或级联修改所有从表中与之相应的外关键字的值。

④ 对主表的主关键字进行 DELETE 操作时，要注意从表中是否存在该主关键字，如果有，则禁止所做的删除或级联删除所有从表中与之相应的外关键字的值。

3. 约束

约束是在创建表时，可以对某一列或多个列的组合设置限制条件，让 SQL Server 帮助检查该列的输入值是否符合要求。当用户从客户端传送数据到 SQL Server 服务器，系统也会检查数据是否符合要求，如果不符合要求将拒绝接受。

SQL Server 中有 5 种约束类型，分别是主键（PRIMARY KEY）约束、外键（FOREIGN KEY）约束、默认（DEFAULT）约束、检查（CHECK）约束、唯一（UNIQUE）约束。

约束作为表的一部分，可以在创建表的同时创建约束，也可以在建立表之后追加定义或删除定义。在一个表中可以定义多个约束，甚至可以在一个列上定义多个约束。

4. 默认值

默认值是一种数据库对象，作用与 DEFAULT 约束类似，可以在数据库中事先定义好，需要时将其绑定到表中的一列或多列上，还可应用于用户自定义的数据类型。当向表中输入数据行时，系统自动为没有指定数据的列提供事先定义的默认值。使用默认值可以大大减小输入数据的工作量。

5. 规则

规则是保证数据完整性的方法之一。它的作用是在向表中插入数据时，指定该列接受数据值的范围，规则与默认值一样，在数据库中可实现一次创建、重复应用。

4.4.2　主键约束

主键约束确保了主键值的唯一性。一个表中只能有一个主键约束，主键约束中的列值不允许为空值。在项目开发中常常将代码列，如职工号、类别号等定义为主键约束，主键约束可以定义在单列上也可以定义在多列上，如果主键约束定义在多列上，则一列中的值允许重复，但主键约束定义中的所有列的组合值必须是唯一的。

1. 利用 Management Studio 创建主键约束

例 4.14 使用 Management Studio 为 customer 表创建主键约束。

（1）在对象资源管理器中依次展开“companyinfo”数据库→“表”选项。

（2）用鼠标右键单击 customer 表，在弹出的快捷菜单中选择“修改”选项。

（3）在表设计面板中将光标定位在“客户 ID”行。

（4）单击工具栏上的“设置主键”按钮或用鼠标右键单击该行，在弹出的快捷菜单中选择“设置主键”选项，如图 4-16 所示。

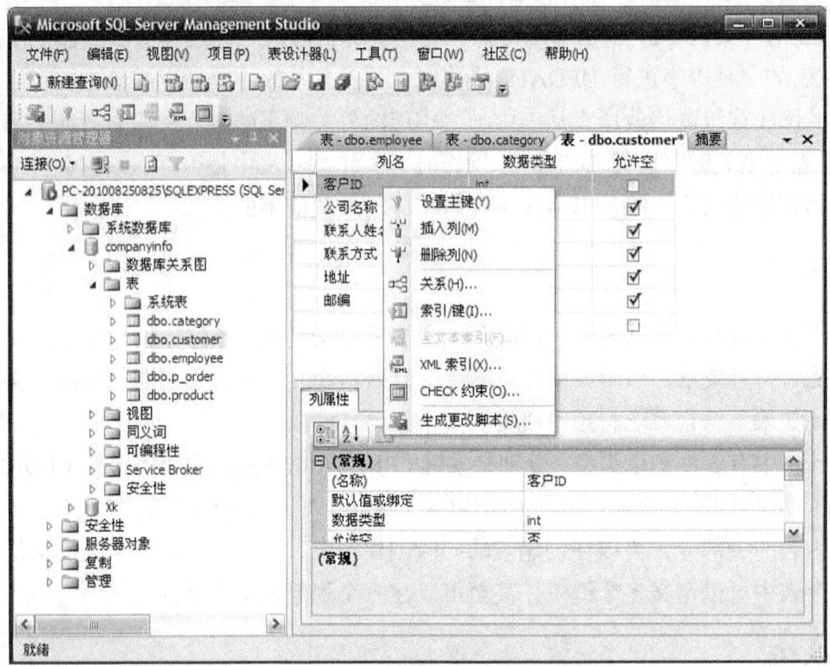

图 4-16 创建主键约束

（5）保存，完成设置。

2. 利用 Management Studio 删除主键约束

例 4.15 使用 Management Studio 删除 customer 表的主键约束。

（1）在对象资源管理器中依次展开“companyinfo”数据库→“表”选项。

（2）用鼠标右键单击 customer 表，在弹出的快捷菜单中选择“修改”选项。

（3）选中原有主键的“客户 ID”行。

（4）单击工具栏上的“移除主键”按钮或用鼠标右键单击该行，在弹出的快捷菜单中选择“移除主键”选项。

（5）保存，完成设置。

3. 利用 T-SQL 语句创建主键约束

使用 T-SQL 语句定义主键约束的语法如下。

```
ALTER TABLE  table_name
ADD CONSTRAINT constraint_name
PRIMARY KEY [CLUSTERED]|[NOCLUSTERED]
(
col_name[,…]
)
```

其中，各参数的含义如下。

ADD CONSTRAINT：增加约束。

constraint_name：定义约束的名称，应符合标识符的定义规范。

PRIMARY KEY：主关键字。

[CLUSTERED]|[NOCLUSTERED]：指定索引类别，CLUSTERED 为默认值，指聚集，表示表中数据行是按照主键值的顺序存放。

例 4.16　使用 T-SQL 语句为 customer 表创建基于“客户 ID”列，名称为 CP_Cus 的主键约束。

在 SQL Server Management Studio 的查询分析器中运行如下命令。

```
USE companyinfo
GO
ALTER TABLE customer
ADD CONSTRAINT CP_Cus
PRIMARY KEY(客户 ID)
GO
```

4. 利用 T-SQL 语句删除主键约束

使用 T-SQL 语句删除主键约束的语法如下。

```
ALTER TABLE  table_name
DROP CONSTRAINT constraint_name
```

其中，各参数的含义如下。

DROP CONSTRAINT：表示删除约束。

constraint_name：要删除的约束名。

例 4.17　使用 T-SQL 语句删除 customer 表中名称为 CP_Cus 的主键约束。

在 SQL Server Management Studio 的查询分析器中运行如下命令。

```
USE companyinfo
GO
ALTER TABLE customer
DROP CONSTRAINT CP_Cus
GO
```

为保证公司管理数据库系统的正常使用，请读者根据项目 2 中的数据库设计自行完成 companyinfo 数据库中各表的主键约束定义。

4.4.3　外键约束

外键用以实现两个表之间的数据联系，可由一列或多列组合而成。

在定义外键约束之前，必须先定义主键约束。在删除主键约束时，必须先删除相关的外

键约束。

设置外键就是实现两张表的连接，要创建两个表之间的联系，关键是要在两个表中有同名、同数据类型的某列，且该列为一张表的主键，同时为另一张表的外键。

1. 利用 Management Studio 创建外键约束

例 4.18 使用 Management Studio 创建 product 表和 category 表之间的外键约束关系。

（1）检查 category 表中是否将“类别 ID”设置为主键，如果没有就先设置它为该表的主键。

（2）打开 product 表的设计面板，单击工具栏上的“关系”按钮，或用鼠标右键单击“类别 ID”行，在弹出的快捷菜单中选择“关系”选项，弹出“外键关系”对话框，如图 4-17 所示。

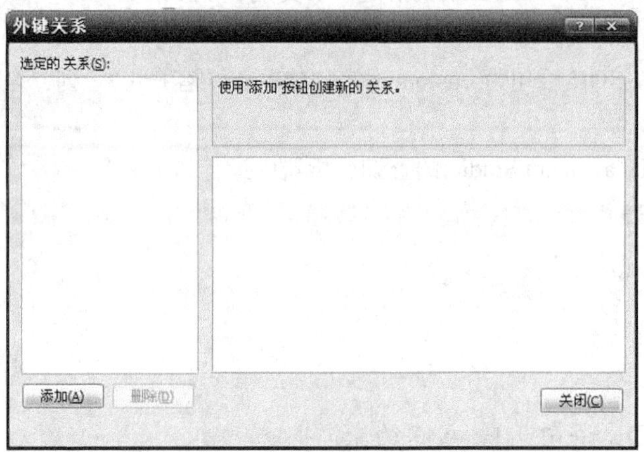

图 4-17 “外键关系”对话框

（3）在“外键关系”对话框中，单击“添加”按钮，选中“表和列规范”，如图 4-18 所示，单击…按钮，打开“表和列”对话框，在“主键表”下拉列表框中选择 category 表，在“主键表”下的下拉列表框中选择“类别 ID”；在“外键表”下拉列表框中选择 product 表，在“外键表”下的下拉列表框中选择“类别 ID”，如图 4-19 所示。如果想重命名外键约束名，可以在“关系名”文本框中输入新的名称。

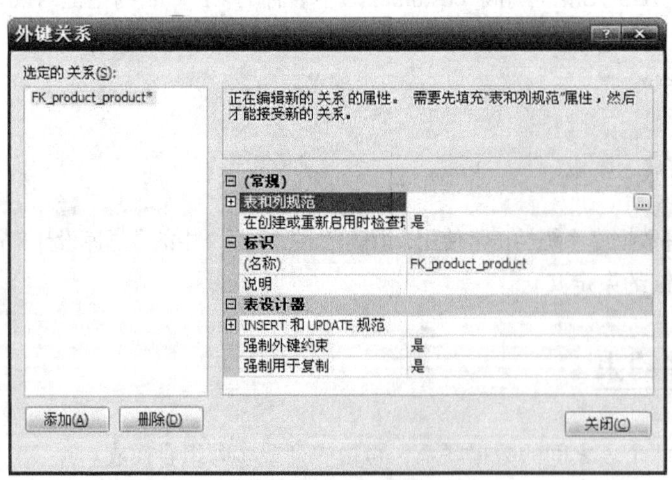

图 4-18 选定关系

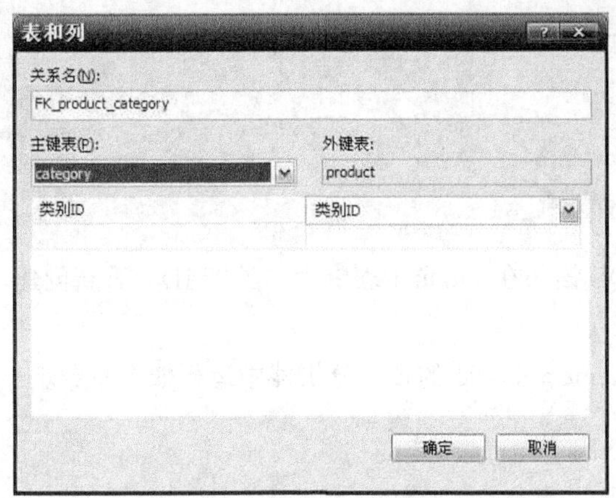

图 4-19　选择主键表与外键表

（4）单击“确定”按钮，完成外键约束的创建。

2. 利用 Management Studio 删除外键约束

打开 product 表的设计面板，单击工具栏上的“关系”按钮，或用鼠标右键单击“类别 ID”行，在弹出的快捷菜单中选择“关系”选项，在弹出的“外键关系”对话框中，选中要删除的外键约束名称，单击“删除”按钮，保存，即可完成外键约束的删除。

3. 利用 T-SQL 语句创建与删除外键约束

为已存在的表创建外键约束的基本语法如下。

```
ALTER TABLE table1_name
ADD CONSTRAINT constraint_name FOREIGN KEY（col1_name）
REFERENCES table2_name （col2_name）
```

其中，各参数的含义如下。

table1_name：要创建外键约束且已存在的表的名称。

FOREIGN KEY：外关键字。

col1_name：外键列名。

REFERENCES：参照。

table2_name：主键表（外键表所参照的表）名。

col2_name：主键列名。

例 4.19　使用 T-SQL 语句为 p_order 表创建名为 cp_ord_pro 的 FOREIGN KEY 约束，该约束限制“产品 ID”列的数据只能是 product 表中“产品 ID”列中存在的数据。

在 SQL Server Management Studio 的查询分析器中运行如下命令。

```
USE companyinfo
GO
ALTER TABLE p_order
ADD CONSTRAINT cp_ord_pro FOREIGN KEY（产品 ID）
REFERENCES product（产品 ID）
GO
```

例 4.20　使用 T-SQL 语句删除 p_order 表中名为 cp_ord_pro 的 FOREIGN KEY 约束。

在 SQL Server Management Studio 的查询分析器中运行如下命令。

```
USE companyinfo
GO
ALTER TABLE p_order
DROP CONSTRAINT cp_ord_pro
GO
```

例 4.21 使用 T-SQL 语句在 product 表中为“类别 ID”重新创建一个带有级联删除功能的外键约束（区别于例 4.18）。

在 SQL Server Management Studio 的查询分析器中运行如下命令。

```
USE companyinfo
GO
ALTER TABLE product
ADD CONSTRAINT cp_pro_cat FOREIGN KEY（类别 ID）
REFERENCES category （类别 ID） ON DELETE CASCADE
GO
```

同样，若要实现级联修改功能，只需将 ON DELETE CASCADE 修改为 ON UPDATE CASCADE。

为保证公司管理数据库系统的正常使用，请读者根据项目 2 中的数据库设计自行完成 companyinfo 数据库中外键约束的定义。

4.4.4 DEFAULT 约束

在设计表时应尽量避免列值为空值，采用对列不确定的值赋予默认值，可避免出现空值的情况，从而减少客户端开发时处理 SQL Server 中空值的额外代码，使用 DEFAULT 约束就是避免列值为空值的有效方法之一。

DEFAULT 约束可用于除了 timestamp 列和 identity 列以外的所有数据类型列，每列只能有一个 DEFAULT 约束。

1. 利用 Management Studio 创建和删除 DEFAULT 约束

例 4.22 使用 Management Studio 为 employee 表中的“薪水”列创建 DEFAULT 约束，该约束使“薪水”列的值默认为“2000”。

（1）在对象资源管理器中依次展开“companyinfo”数据库→“表”选项。

（2）用鼠标右键单击 customer 表，在弹出的快捷菜单中选择“修改”选项。

（3）将光标定位到“薪水”行，在“列属性”选项卡下的“默认值或绑定”编辑框中输入“2000”，如图 4-20 所示。保存，完成创建。

例 4.23 使用 Management Studio 删除 employee 表中“薪水”列上的 DEFAULT 约束。

过程同创建 DEFAULT 约束，在表设计面板中选中“薪水”列，清除“列属性”选项卡下的“默认值或绑定”编辑框的值，保存即可。

2. 利用 T-SQL 语句创建和删除 DEFAULT 约束

例 4.24 使用 T-SQL 语句完成例 4.22 的操作，为 employee 表中的“薪水”列创建名为

"cp_emp_def" 的 DEFAULT 约束，该约束使 "薪水" 列的值默认为 "2000"。

列名	数据类型	允许空
雇员ID	int	☐
姓名	char(8)	☑
性别	char(2)	☑
出生日期	datetime	☑
雇用日期	datetime	☑
特长	char(20)	☑
薪水	money	☑

列属性	
(常规)	
(名称)	薪水
默认值或绑定	2000
数据类型	money
允许空	是
表设计器	
RowGuid	否
标识规范	否
不用于复制	否
大小	8
计算所得的列规范	

表设计器

图 4-20　创建 DEFAULT 约束

在 SQL Server Management Studio 的查询分析器中运行如下命令。

```
USE companyinfo
GO
ALTER TABLE employee
ADD CONSTRAINT cp_emp_def DEFAULT (2000) FOR 薪水
GO
```

例 4.25　使用 T-SQL 语句删除 employee 表中名为 "cp_emp_def" 的 DEFAULT 约束。

在 SQL Server Management Studio 的查询分析器中运行如下命令。

```
USE companyinfo
GO
ALTER TABLE employee
DROP CONSTRAINT cp_emp_def
GO
```

4.4.5　CHECK 约束

CHECK 约束限制列数据的有效范围，在对约束的列值进行更新（如插入、修改）时，系统自动检查列数据的有效性。

创建 CHECK 约束时可以使用逻辑表达式表示数据的有效范围，返回值可以是 TRUE 或 FALSE。

在一列上可以定义或使用多个 CHECK 约束，这些约束将按照创建的顺序依次发生作用。可在创建表时创建 CHECK 约束，也可为已存在的表增加 CHECK 约束。

1. 利用 Management Studio 创建和删除 CHECK 约束

例 4.26 使用 Management Studio 为 employee 表创建 CHECK 约束，该约束限制“性别”列中的值只允许为“男”或“女”。

（1）在对象资源管理器中依次展开“companyinfo”数据库→“表”选项。

（2）用鼠标右键单击 employee 表，在弹出的快捷菜单中选择“修改”选项。

（3）单击工具栏上的▦（管理 CHECK 约束）按钮，或者用鼠标右键单击表设计面板中的“性别”行，在弹出的快捷菜单中选择“CHECK 约束”命令。

（4）在弹出的“CHECK 约束”对话框中单击“添加”按钮，创建 CHECK 约束。在“表达式”栏中输入“性别 in ('男', '女')”，如图 4-21 所示。完成设置后，单击“关闭”按钮，保存即可。

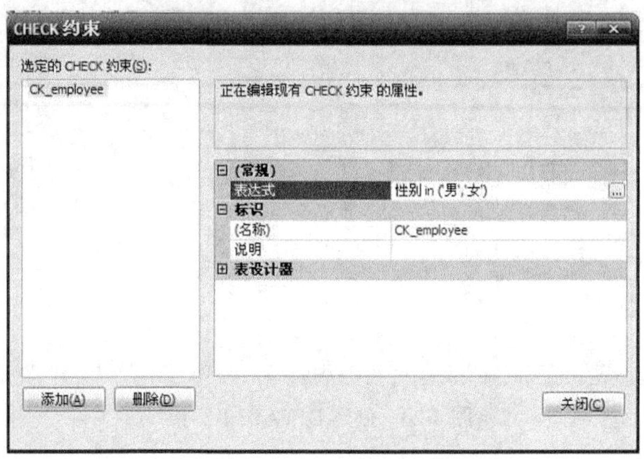

图 4-21 创建 CHECK 约束

例 4.27 使用 Management Studio 删除 employee 表中名为 CK_employee 的 CHECK 约束。

过程同例 4.22 的创建，在打开的“CHECK 约束”对话框中“选定的 CHECK 约束”列表中选择“CK_employee”，单击“删除”按钮，再单击“关闭”按钮，保存，即可完成 CHECK 约束的删除。

2. 利用 T-SQL 语句创建与删除 CHECK 约束

为已有的表增加 CHECK 约束的语法如下。

```
ALTER TABLE table_name
ADD CONSTRAINT constraint_name CHECK (check_expr)
```

其中，check_expr 表示约束表达式。

例 4.28 使用 T-SQL 语句完成例 4.22 的操作，为 employee 表创建名为 cp_sex 的 CHECK 约束，该约束限制“性别”列中的值只允许为“男”或“女”。

在 SQL Server Management Studio 的查询分析器中运行如下命令。

```
USE companyinfo
GO
ALTER TABLE employee
ADD CONSTRAINT cp_sex CHECK (性别 in ('男','女'))
GO
```

例 4.29　使用 T-SQL 语句删除 employee 表中名为 cp_sex 的 CHECK 约束。

在 SQL Server Management Studio 的查询分析器中运行如下命令。

```
USE companyinfo
GO
ALTER TABLE employee
DROP CONSTRAINT cp_sex
GO
```

4.4.6　UNIQUE 约束

唯一性约束指定一个或多个列的组合的值具有唯一性，以防止在列中输入重复的值。唯一性约束指定的列可以有 NULL 属性。由于主关键字的值具有唯一性，因此主关键字所在的列不能再设定唯一性约束。

1. 利用 Management Studio 创建和删除 UNIQUE 约束

例 4.30　使用 Management Studio 为 product 表的“产品名”列创建唯一性约束，创建后再使用 Management Studio 删除该唯一性约束。

打开 product 表的设计面板（用鼠标右键单击 product 表，在弹出的快捷菜单中选择“修改”命令），单击（管理表索引和键）按钮，或者用鼠标右键单击“产品名”列，在弹出的快捷菜单中选择“索引/键”选项，打开“索引/键”对话框，单击“添加”按钮，即可为“产品名”列创建唯一性约束。

在打开的“索引/键”对话框中的“选定的主/唯一键或索引”下拉列表框中选择要删除的唯一性约束，单击“删除”按钮，即可删除已创建的唯一性约束。

2. 利用 T-SQL 语句创建与删除 UNIQUE 约束

例 4.31　使用 T-SQL 语句完成例 4.30 的操作，为 product 表的“产品名”列创建名为 cp_pro_name 唯一性约束，创建后再使用 T-SQL 语句删除该唯一性约束。

在 SQL Server Management Studio 的查询分析器中运行如下命令创建 UNIQUE 约束。

```
USE companyinfo
GO
ALTER TABLE product
ADD CONSTRAINT cp_pro_name UNIQUE（产品名）
GO
```

在 SQL Server Management Studio 的查询分析器中运行如下命令删除 UNIQUE 约束。

```
USE companyinfo
GO
ALTER TABLE product
DROP CONSTRAINT cp_pro_name
GO
```

4.4.7　默认值

默认值与 DEFAULT 约束类似，其作用是当用户在向数据库表中插入数据行时，如果没有明

确给出某列的输入值，则由 SQL Server 自动为该列赋予默认值。但与 DEFAULT 约束不同的是，默认值是一种数据库对象，在数据库中只需定义一次，就可以被多次应用在表中的一列或多列上，还可以应用于用户自定义数据类型。

默认值可以是常量、内置函数或数学表达式。

默认值创建后，只有绑定到表的列或者用户自定义数据类型上，才能为列和用户自定义数据类型提供默认值。

可以在 Management Studio 的查询分析器中使用 T-SQL 语句创建默认值，其命令格式如下。

```
CREATE DEFAULT default_name
AS constraint_expression
```

其中，各参数的含义如下。

default_name：表示新建立的默认值名称。

constraint_expression：指定默认常量表达式的值。

绑定默认值可以使用 SP_BINDEFAULT 系统存储过程，也可以使用 Management Studio。

删除默认值时，必须先解除默认值与表列的绑定，或与用户自定义数据类型的绑定。解除绑定可以使用 SP_UNBINDEFAULT 系统存储过程，也可以使用 Management Studio。

例 4.32 使用 T-SQL 语句在 companyinfo 数据库中创建名为 SalaryDefault 的默认值，表示“2000”，然后将其绑定到 employee 表的“薪水”列。

在 SQL Server Management Studio 的查询分析器中运行如下命令。

```
USE companyinfo
GO
--创建默认值
CREATE DEFAULT SalaryDefault AS 2000
GO
--绑定默认值到 employee 表的薪水列
EXEC SP_BINDEFAULT SalaryDefault,'employee.薪水'
GO
```

例 4.33 使用 T-SQL 语句删除名为 SalaryDefault 的默认值。

在 SQL Server Management Studio 的查询分析器中运行如下命令。

```
USE companyinfo
GO
--解除默认值与 employee 表的“薪水”列的绑定
SP_UNBINDEFAULT 'employee.薪水'
GO
--删除默认值
DROP DEFAULT SalaryDefault
GO
```

4.5 公司管理数据库系统数据表的操作

对数据表的数据操作主要包括记录的插入、更新和删除。完成这些操作可以使用 Management Studio 和 T-SQL 语句两种方式，这里重点介绍 T-SQL 语句方式。

4.5.1　利用 Management Studio 操作表记录

在对象资源管理器中依次展开 “companyinfo”数据库→“表”选项，用鼠标右键单击要进行数据操作的表，在弹出的快捷菜单中选择“打开表”命令，在打开的数据编辑面板中即可进行数据的插入、更新和删除操作。

4.5.2　利用 T-SQL 语句操作表记录

1. 使用 INSERT 语句向表中插入数据

向表中插入数据就是将一条或多条数据添加到表尾。在 T-SQL 中使用 INSERT 命令完成数据插入，其语法如下。

```
INSERT  [INTO]  table_name
[(column1 , column2,...)]
VALUES (value1 , value2,...)
```

其中，各参数的含义如下。

table_name：指定插入数据的表名称。

column1，column2…：将要插入数据的列名。

value1，value2…：插入的列值。

例 4.34　在 companyinfo 数据库的 customer 表中插入一条记录。

在 SQL Server Management Studio 的查询分析器中运行如下命令。

```
USE companyinfo
GO
INSERT INTO customer
VALUES('11','嘉年实业','王亮','4573166','东方红大道 226 号','467000')
GO
```

例 4.35　在表 customer 中插入部分记录，只输入客户 ID、公司名称和联系人姓名。

在 SQL Server Management Studio 的查询分析器中运行如下命令。

```
USE companyinfo
GO
INSERT INTO customer(客户 ID,公司名称,联系人姓名)
VALUES('12','阳光科技','张靖')
GO
```

2. 使用 UPDATE 语句修改数据

使用 UPDATE 语句可以更新数据表中已有记录中的数据，其语法如下。

```
UPDATE table_name
SET column1=modified_value1[,column2=modified_values[,...]]
[WHERE column1=value1][,column2=value2]
```

其中，各参数的含义如下。

table_name：指定插入数据的表名称。

SET column1=modified_value：指定要更新的列及该列改变后的值。

WHERE：指定被更新的记录应满足的条件。

例 4.36 将 customer 表中东南实业公司的联系人姓名改为“施华”。

在 SQL Server Management Studio 的查询分析器中运行如下命令。

```
USE companyinfo
GO
UPDATE customer
SET 联系人姓名='施华'
WHERE 公司名称='东南实业'
```

在对象资源管理器中打开 customer 表，可以看到“东南实业”所在记录中的联系人姓名已经由原来的“王丽丽”更新为“施华”。

3. 使用 DELETE 语句删除数据

使用 DELETE 语句可以从表中删除一行或多行记录，其语法如下。

```
DELETE FROM table_name
[WHERE column1=value1],[column2=value2]
```

其中，各参数的含义如下。

table_name：指定删除记录的表名称。

WHERE：指定删除记录的条件。

例 4.37 删除 customer 表中公司名称为“森通”的记录。

在 SQL Server Management Studio 的查询分析器中运行如下命令。

```
USE companyinfo
DELETE
FROM customer
WHERE 公司名称='森通'
```

例 4.38 删除 customer 表中所有的记录。

在 SQL Server Management Studio 的查询分析器中运行如下命令。

```
USE companyinfo
DELETE
FROM customer
```

4.6 实训

4.6.1 实训目的

（1）了解 SQL Server 的数据类型。

（2）了解数据表的结构。

（3）学会使用对象资源管理器和 T-SQL 语句创建数据表。

（4）学会使用对象资源管理器和 T-SQL 语句对数据表进行插入、修改和删除数据操作。

（5）学会定义约束、使用默认值和规则。

4.6.2　实训要求

（1）在 XK 数据库中创建相关各数据表。
（2）对 XK 数据库中的数据表进行插入、修改和删除数据操作。
（3）在 XK 数据库中定义约束、使用默认值，实现数据完整性。

4.6.3　实训内容与步骤

（1）使用对象资源管理器在 XK 数据库中分别创建学生表（Student）、班级表（Class）、课程表（Course）、系部表（Department）和学生选课表（Stucou），其结构分别如表 4-8、表 4-9、表 4-10、表 4-11、表 4-12 所示。

表 4-8　　学生表 Student

列　名	数 据 类 型	长　度	是否允许为空	说　明
StuNo	nvarchar	8	否	学号
ClassNo	nvarchar	8	否	班级编号
StuName	nvarchar	10	否	姓名

表 4-9　　班级表 Class

列　名	数 据 类 型	长　度	是否允许为空	说　明
ClassNo	nvarchar	8	否	班级编号
DepartNo	nvarchar	2	否	系部编号
ClassName	nvarchar	20	否	班级名称

表 4-10　　课程表 Course

列　名	数 据 类 型	长　度	小 数 位 数	是否允许为空	说　明
CouNo	nvarchar	3		否	课程编号
CouName	nvarchar	30		否	课程名称
Kind	nvarchar	8		否	课程类别
Credit	decimal	2	1	否	学分
Teacher	nvarchar	20		否	教师
DepartNo	nvarchar	2		否	系部编号
SchoolTime	nvarchar	10			上课时间
LimitNum	decimal	5	0	否	限选人数
WillNum	decimal	5	0		报名人数
ChooseNum	decimal	5	0		被选中上课的人数

表 4-11　　系部表 Department

列　名	数 据 类 型	长　度	是否允许为空	说　明
DepartNo	nvarchar	2	否	系部编号
DepartName	nvarchar	20	否	系部名称

表 4-12　　学生选课表 StuCou

列　名	数 据 类 型	长　度	是否允许为空	说　明
StuNo	nvarchar	8	否	学号
CouNo	nvarchar	3	否	课程编号
WillOrder	smallint		否	志愿号
State	nvarchar	2	否	选课状态
RandomNum	nvarchar	50	否	随机数

（2）在查询窗口中，删除（1）中创建的数据表，再使用 T-SQL 语句重新创建学生表（Student）、班级表（Class）、课程表（Course）、系部表（Department）和学生选课表（Stucou）。

（3）分别使用对象资源管理器和 T-SQL 语句修改表结构。

① 为 Student 表增加两列："生日" Birthday，数据类型为日期型，允许为空； "备注" Bz，数据类型为 nvarchar，长度为 20，允许为空。

② 删除 Student 表的 Birthday 列。

③ 将 Student 表中的 Bz 列长度更改为 30 个字符。

（4）建立约束。

① 分别将 Student 表中的"学号"、Class 表中的"班级编号"、Course 表中"课程编号"、Department 表中的"课程编号"设为 PRIMARY KEY 约束，将 StuCou 表中的"学号"和"课程编号"设为联合主键。

② 分别为 Student 表中的"班级编号"、Class 表中的"课程编号"、Course 表中"课程编号"、StuCou 表中的"学号"和"课程编号"设置 FOREIGN KEY 约束，限制 Student 表中的"班级编号"列数据只能是 Class 表中已存在的数据；Class 表中的"课程编号"列数据只能是 Department 表中已存在的数据；StuCou 表中的"学号"列数据只能是 Student 表中已存在的数据；StuCou 表中的"课程编号"列数据只能是 Department 表中已存在的数据。

③ 为 Course 表中的 CouName 列设置唯一性约束。

④ 为 Student 表中的 StuNo 列设置 CHECK 约束，检查 StuNo 列值是否只允许为 8 位数字。

⑤ 将 Course 表中的 Teacher 列设置默认值为"待定"。

⑥ 录入数据。

XK 数据库中各数据表中的数据分别如图 4-22、图 4-23、图 4-24、图 4-25 和图 4-26 所示。

表 - dbo.Student | 表 - dbo.Class* | 摘要

StuNo	ClassNo	StuName	Pwd
00000001	20000001	林斌	47FE680E
00000002	20000001	彭少帆	A946EF8C
00000003	20000001	曾敏馨	777B2DE7
00000004	20000001	张晶晶	EDE4293B
00000005	20000001	曹业成	A08E56C4
00000006	20000001	甘蕾	3178C441
00000007	20000001	凌晓文	B7E6F4BE
00000008	20000001	梁亮	BFDEB84F
00000009	20000001	陈燕珊	A4A0BDFF
00000010	20000001	韩霞	4033A878
00000011	20000002	朱川	19C5653D
00000012	20000002	杜晓静	117A709E
00000013	20000002	黄元科	C6C1E2B7
00000014	20000002	罗飞	6808A559

图 4-22　学生表（Student）数据

表 - dbo.Class | 表 - dbo.Student | 摘要

ClassNo	DepartNo	ClassName
20000001	01	00电子商务
20000002	01	00多媒体
20000003	01	00数据库
20000004	02	00建筑管理
20000005	02	00建筑电气
20000006	03	00旅游管理
20010001	01	01电子商务
20010002	01	01多媒体
20010003	01	01数据库
20010004	02	01建筑管理
20010005	02	01建筑电气
20010006	03	01旅游管理
20020001	01	02电子商务

1 / 18

图 4-23　班级表（Class）数据

表 - dbo.Course | 表 - dbo.Class | 表 - dbo.Student | 摘要

CouNo	CouName	Kind	Credit	Teacher	DepartNo	SchoolTime	LimitNum	WillNum	ChooseNum
001	SQL Server实用…	信息技术	3.0	徐人凤	01	周二5-6节	20	43	0
002	JAVA技术的开…	信息技术	2.0	程伟彬	01	周二5-6节	10	34	0
003	网络信息检索…	信息技术	2.0	李涛	01	周二晚	10	30	0
004	Linux操作系统	信息技术	2.0	郑星	01	周二5-6节	10	33	0
005	Premiere6.0影…	信息技术	2.0	李韵婷	01	周二5-6节	20	27	0
006	Director动画电…	信息技术	2.0	陈子仪	01	周二5-6节	10	27	0
007	Delphi初级程序员	信息技术	2.0	李兰	01	周二5-6节	10	27	0
008	ASP.NET应用	信息技术	2.5	曾建华	01	周二5-6节	10	45	0
009	水资源利用管…	工程技术	2.0	叶艳茵	02	周二晚	10	31	0
010	中级电工理论	工程技术	3.0	范敬丽	02	周二5-6节	5	24	0
011	中外建筑欣赏	人文	2.0	林泉	02	周二5-6节	20	27	0
012	智能建筑 …	工程技术	2.0	王娜	02	周二5-6节	10	21	0
013	房地产漫谈	人文	2.0	黄强	02	周二5-6节	10	36	0

1 / 19

图 4-24　课程表（Course）数据

表 - dbo.Department　表 - dbo.Course

DepartNo	DepartName
01	计算机应用工...
02	建筑工程系
03	旅游系

1 /3

图 4-25　系部表（Department）数据

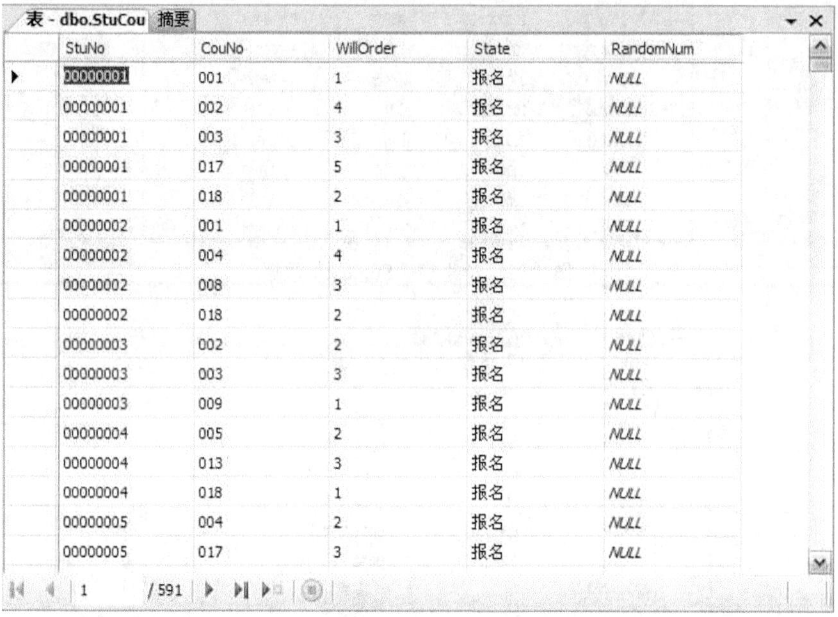

表 - dbo.StuCou　摘要

StuNo	CouNo	WillOrder	State	RandomNum
00000001	001	1	报名	NULL
00000001	002	4	报名	NULL
00000001	003	3	报名	NULL
00000001	017	5	报名	NULL
00000001	018	2	报名	NULL
00000002	001	1	报名	NULL
00000002	004	4	报名	NULL
00000002	008	3	报名	NULL
00000002	018	2	报名	NULL
00000003	002	2	报名	NULL
00000003	003	3	报名	NULL
00000003	009	1	报名	NULL
00000004	005	2	报名	NULL
00000004	013	3	报名	NULL
00000004	018	1	报名	NULL
00000005	004	2	报名	NULL
00000005	017	3	报名	NULL

1 /591

图 4-26　学生选课表（StuCou）数据

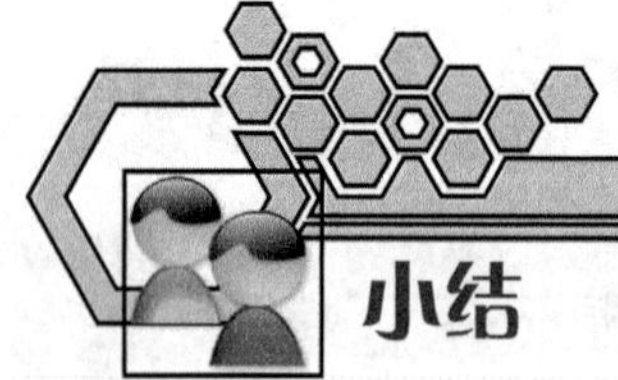

小结

本项目重点介绍数据表的基本概念，使用对象资源管理器和 T-SQL 两种方法进行表的创建、修改和删除操作，以及对表的约束、默认值和规则的设置。

项目5

公司管理数据库系统中视图和索引的应用

【教学目标】

（1）正确理解索引的概念、作用和分类。

（2）根据项目开发的需要，学会分析并创建索引，以提高查询速度。

（3）正确理解视图的基本概念和作用。

（4）正确使用企业管理器和 T-SQL 语句创建和管理视图。

【能力目标】

（1）能根据需要创建索引。

（2）能根据需要对已创建的索引进行修改。

（3）在实际应用开发时能够灵活运用视图以提高开发效率。

【学习导航】

本项目先介绍了索引的作用、什么情况下需要创建索引以及索引的分析与维护；然后介绍了视图的作用以及视图的创建和管理。在图 5-1 中，可以看到本项目在公司管理数据库系统开发中的环节及位置。

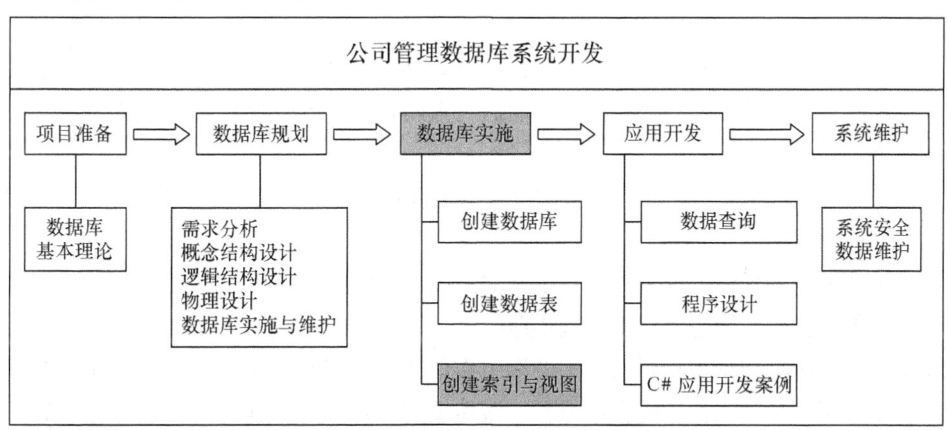

图 5-1　本项目在公司管理数据库系统开发中的环节及位置

【工作任务】

通过在公司管理数据库系统中创建索引，达到提高数据检索速度，改善数据库性能的目的。

为了完成公司管理数据库系统的开发，用户需要建立相应的视图来操作数据库中的数据，从而达到简化操作和提高数据安全性的目的。

5.1 索引的应用

5.1.1 理论知识准备

1. 索引的理论知识

数据库中的索引与图书中的目录索引类似。在一本书中，利用目录索引可以快速查找所需信息，而无须阅读整本书。在数据库中，索引使数据库程序无须对整个表进行扫描，就可以在其中找到所需数据。书中的目录索引是一个词语列表，其中注明了包含各个词的页码。而数据库中的索引是一个表中所包含的值的列表，其中注明了表中包含各个值的行所在的存储位置。可以为表中的单个列建立索引，也可以为一组列建立索引。

大多数书中包含一个关于词汇、名称、地点等的总索引。数据库则包含分别关于所选类型或数据列的索引，这好比在一本书中分别为人名和地名建立索引。当创建数据库并优化其性能时，应该为数据查询所使用的列创建索引。

SQL Server 为某些类型的约束（如 PRIMARYKEY 和 UNIQUE 约束）自动创建索引。可以通过创建不依赖于约束的索引，进一步对表进行自定义。

不过，索引为性能所带来的好处却是有代价的。带索引的表在数据库中会占据更多的空间。另外，为了维护索引，对数据进行插入、更新、删除操作所花费的时间会更长。在设计和创建索引时，应确保对性能的提高程度大于在存储空间和处理资源方面的代价。

2. 索引的分类

索引有两种类型：聚集索引（CLUSTERED INDEX）和非聚集索引（NONCLUSTERED IDEX），也分别被称为聚簇索引和非聚簇索引。

（1）聚集索引。在聚集索引中，表中的行的物理存储顺序和索引顺序完全相同。每个表只允许建立一个聚集索引。数据按列进行排序，然后再重新存储到磁盘上。建立聚集索引会改变表中数据行的物理顺序。

在表或视图中，只允许创建一个聚集索引。在创建主键约束时，若表中没有聚集索引，则 Server 将主键列作为聚集索引列。

可以在表或视图的任何列或列的组合上建立索引，在实际开发中，一般为定义成主键的列创建聚集索引，即数据行按照主键列值物理排序。

（2）非聚集索引。非聚集索引与书中的索引类似。数据存储在一个地方，索引存储在另一个地方，索引带有指针并指向数据的存储位置。索引中的项目按索引键值的顺序存储，而表中的信息按另一种顺序存储（这可以由聚集索引规定）。

非聚集索引不会对表和视图按照索引列值进行物理排序。如果表中没有建立聚集索引，则表中的数据行实际上是按照输入数据时的顺序排序的。非聚集索引对索引列进行逻辑排序，并保存索引列的逻辑排序位置。在表或视图中，最多可以建立 250 个非聚集索引，或者 249 个非聚集索引和 1 个聚集索引。

3. 何时使用索引

（1）聚集索引。聚集索引对于那些经常需要搜索范围值的列特别有效。使用聚集索引找到包含第一个值的行后，便可以确保包含后续索引值的行在物理上相邻。例如，如果应用程序执行的一个查询经常检索某一日期范围内的记录，则使用聚集索引可以迅速找到包含开始日期的行，然后检索表中所有相邻的行，直到到达结束日期。这样有助于提高此类查询的性能。同样，如果对从表中检索的数据进行排序时经常要用到某一列，则可以将该表在该列上聚集（物理排序），避免每次查询该列时都进行排序，从而节省成本。

（2）非聚集索引。与使用书中索引的方式相似，Microsoft SQLServer 2005 在搜索数据值时，先对非聚集索引进行搜索，找到数据值在表中的位置，然后从该位置直接检索数据。这使非聚集索引成为精确匹配查询的最佳方法，因为索引包含描述查询所搜索的数据值在表中的精确位置的条目。如果基表使用聚集索引排序，则该位置为聚集键值；否则，该位置为包含行的文件号、页号和槽号的行 ID（RID）。例如，对于在“雇员 ID”列上有非聚集索引的表，如要搜索其雇员 ID，SQL Server 会在索引中查找这样一个条目，该条目精确列出匹配的“雇员 ID”列在表中的页和行，然后直接转到该页该行。

4. 创建索引的原则

（1）在经常需要搜索的列上。
（2）在作为主键的列上。
（3）在经常用在连接的列上。
（4）在经常使用在 WHERE 子句中的列上。
（5）在经常需要排序的列上。
（6）在经常需要根据范围进行搜索的列上。

5.1.2　利用 Management Studio 创建索引

索引可以在建表时创建，也可以在建表之后的任何时候创建。可以在表上同时建立多个索引。

例 5.1　利用 Management Studio 为 employee 表创建一个“姓名”列的非聚集索引文件。

说明：该题使用 companyinfo 数据库的 employee 表，要提高按照姓名查询信息的速度，就需要在“姓名”列上建立索引。

因为“姓名”列的值可能会出现重名，不能保证数据行中姓名值唯一，而与该列建立非唯一索引。索引名称定义为 Ix_employee。

用 Management Studio 创建索引的操作步骤如下。

（1）在对象资源管理器中展开 companyinfo 数据库，再展开 employee 表。

（2）用鼠标右键单击其中的“索引”节点，在弹出的快捷菜单中选择“新建索引”选项，如

图 5-2 所示。

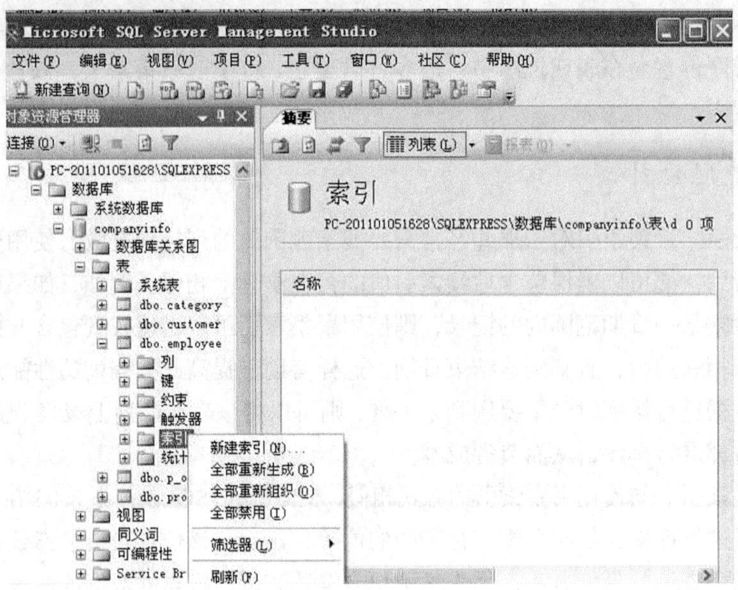

图 5-2 创建索引

（3）在打开的“新建索引”窗口中输入索引名称，如“Ix_employee”，再设置索引类型，如“非聚集”类型，如图 5-3 所示。

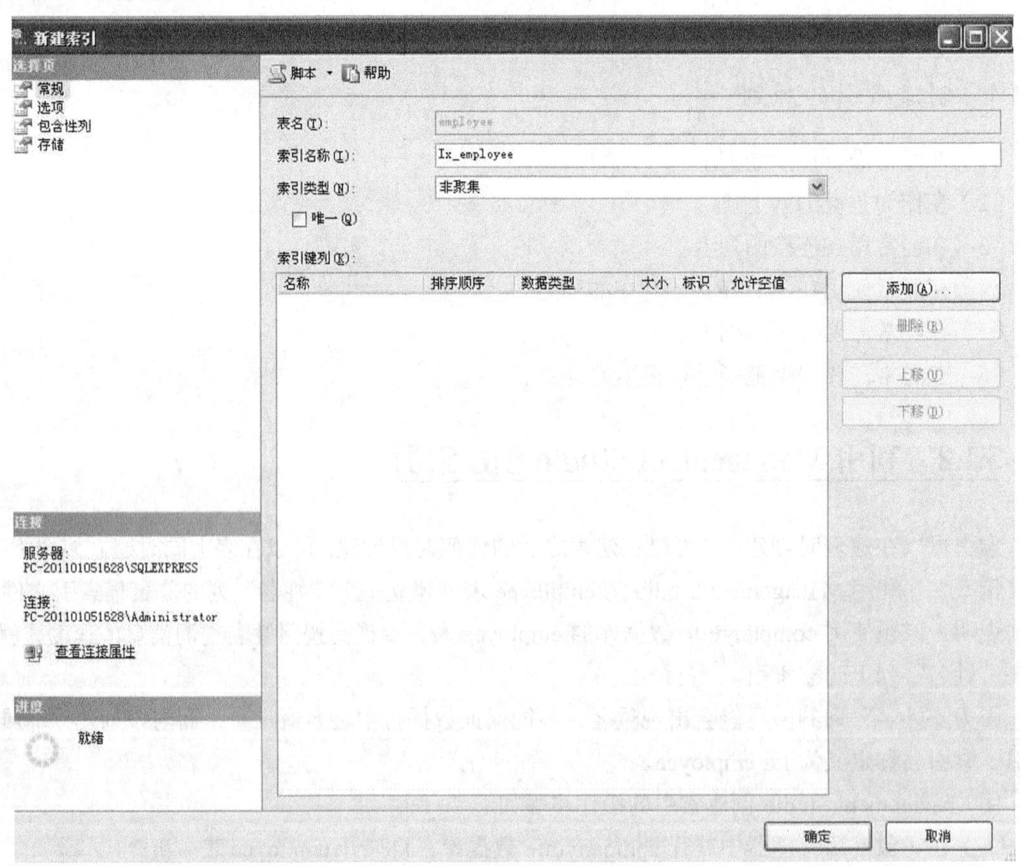

图 5-3 设置索引名称和类型

（4）单击“添加”按钮，在打开的“从'dbo. employee'中选择列”窗口中选中要建索引的列，如“姓名”，如图 5-4 所示。完成后单击“确定”按钮，返回“新建索引”窗口。

从“dbo.employee”中选择列

选择要添加到索引键的表列。

表列(T):

	名称	数据类型	字节	标识	允许空值
☐	雇员ID	int	4	否	否
☑	姓名	char(8)	8	否	是
☐	性别	char(2)	2	否	是
☐	出生日期	datetime	8	否	是
☐	雇用日期	datetime	8	否	是
☐	特长	char(20)	20	否	是
☐	薪水	money	19	否	是

确定　取消　帮助(H)

图 5-4　选择要创建索引的列

（5）在“新建索引”窗口中设置索引的排序顺序等，如图 5-5 所示。

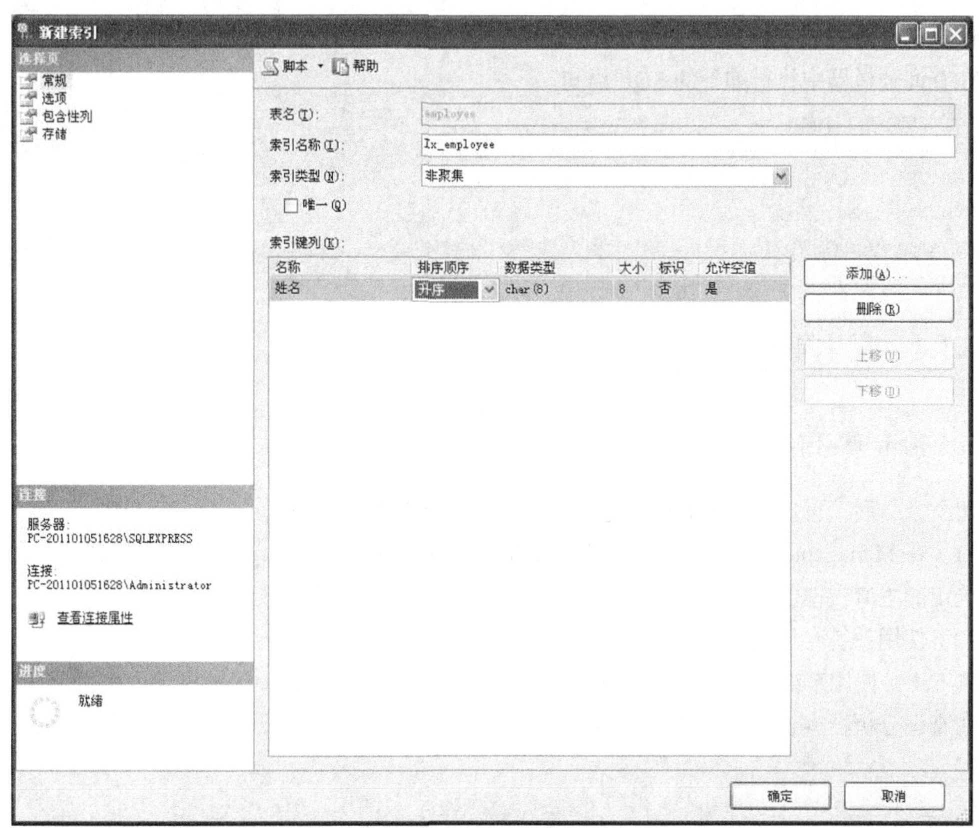

图 5-5　设置索引顺序

（6）单击“确定”按钮，完成索引的创建。

5.1.3 利用 T-SQL 语句创建索引

使用 T-SQL 语句中的 CREATE INDEX 命令，可以创建聚集索引和非聚集索引。

其语法如下。

```
CREATE  [UNIQUE]  [CLUSTERED | NONCLUSTERED]
INDEX 索引名
ON {表名|视图名 } 列名 [ ASC | DESC ] [,...n])
```

参数说明如下。

UNIQUE：用于指定为表或视图创建唯一索引，即不允许存在索引值相同的两行。

CLUSTERED：用于指定创建的索引为聚集索引。

NONCLUSTERED：用于指定创建的索引为非聚集索引。

例 5.2 创建姓名和出生日期的复合索引文件。

在查询分析器中执行如下的 SQL 语句。

```
USE companyinfo
GO
CREATE  INDEX    i_xmrq_employee
ON  employee (姓名,出生日期)
GO
```

例 5.3 为表 employee 创建一个雇员 ID 的唯一聚集索引。

在查询分析器中执行如下的 SQL 语句。

```
USE companyinfo
GO
CREATE  UNIQUE  CLUSTERED
INDEX  number_ind
ON employee(雇员 ID)
GO
```

5.1.4 索引管理

1. 显示索引信息

建立索引后，可以对表的索引信息进行查询。下面介绍两种方法。

（1）在 Management Studio 中，使用与创建索引同样的方法打开“索引/键”对话框，在左侧的“选定的主/唯一键或索引”列表中选择其中一个索引，即可看到该索引对应的信息。

（2）使用系统存储过程 sp_helpindex 查看指定表的索引信息。

例 5.4 使用系统存储过程 sp_helpindex 查看 companyinfo 数据库中 employee 表的索引信息。

在查询分析器中执行如下 SQL 语句。

```
USE companyinfo
GO
EXEC sp_helpindex employee
GO
```

执行以上语句后，显示出 employee 表上所有索引的名称、类型和建索引的列，如图 5-6 所示。

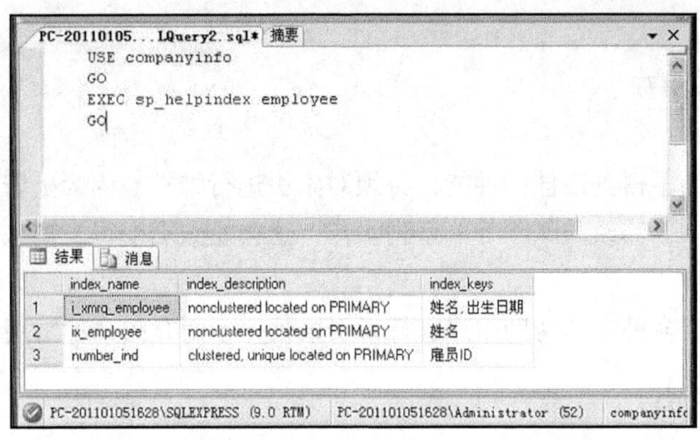

图 5-6　使用系统存储过程 sp_helpindex 查看索引信息

2. 重新命名索引

建立索引后，可以更改索引的名称。下面介绍两种方法。

（1）在 Management Studio 中，使用与创建索引同样的方法打开“索引/键”对话框，在“选定的主/唯一键或索引”列表中选择要重新命名的索引，然后在索引名编辑框中直接输入新的名称后保存即可。

（2）使用 T-SQL 语句更改索引名称的格式如下：

```
EXEC sp_rename table_name.old_index_name, new_index_name
```

其中，各参数的含义如下。

table_name：索引所在表的名称。

old_index_name：要重新命名的索引的名称。

new_index_name：新的索引名称。

例 5.5　使用 T-SQL 语句将 companyinfo 数据库的 employee 表的索引“ix_employee”重新命名为“ix_employeeNew”。

在查询分析器中执行如下 SQL 语句。

```
USE companyinfo
GO
EXEC sp_rename 'employee.ix_employee','ix_employeeNew'
GO
```

执行后返回信息如图 5-7 所示。

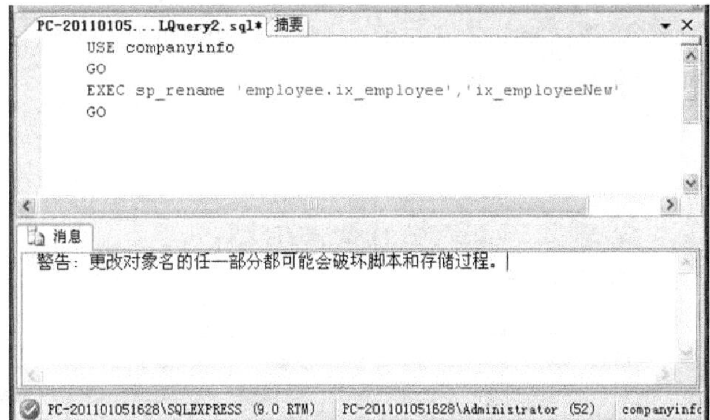

图 5-7　使用系统存储过程 sp_rename 更改索引名称

5.1.5 索引维护

在创建索引后，为了得到最佳的性能，必须对索引进行维护。因为随着时间的推移，用户需要在数据库上进行插入、修改和删除等一系列操作，这会使数据变得支离破碎，从而造成索引性能的下降。

SQL Server 提供了多种工具帮助用户进行索引维护，下面介绍几种常用的方法。

1. 统计信息更新

在创建索引时，SQL Server 会自动存储有关的统计信息。查询优化器会利用索引统计信息估算使用该索引进行查询的成本。然而，随着数据的不断变化，索引和列的统计信息可能已经过时，从而导致查询优化器选择的查询处理方法并不是最佳的。因此，有必要对数据库中的这些统计信息进行更新。

例 5.6 在 Management Studio 中通过 companyinfo 数据库的属性决定是否实现统计的自动更新。

具体操作步骤如下。

（1）在对象资源管理器中展开数据库。

（2）鼠标右键单击“companyinfo”数据库，在弹出的快捷菜单中选择“属性”选项。

（3）在“选择页”列表框中单击“选项”，如图 5-8 所示，“自动创建统计信息”和“自动更新统计信息”的默认值为“True”（意味着自动更新）。

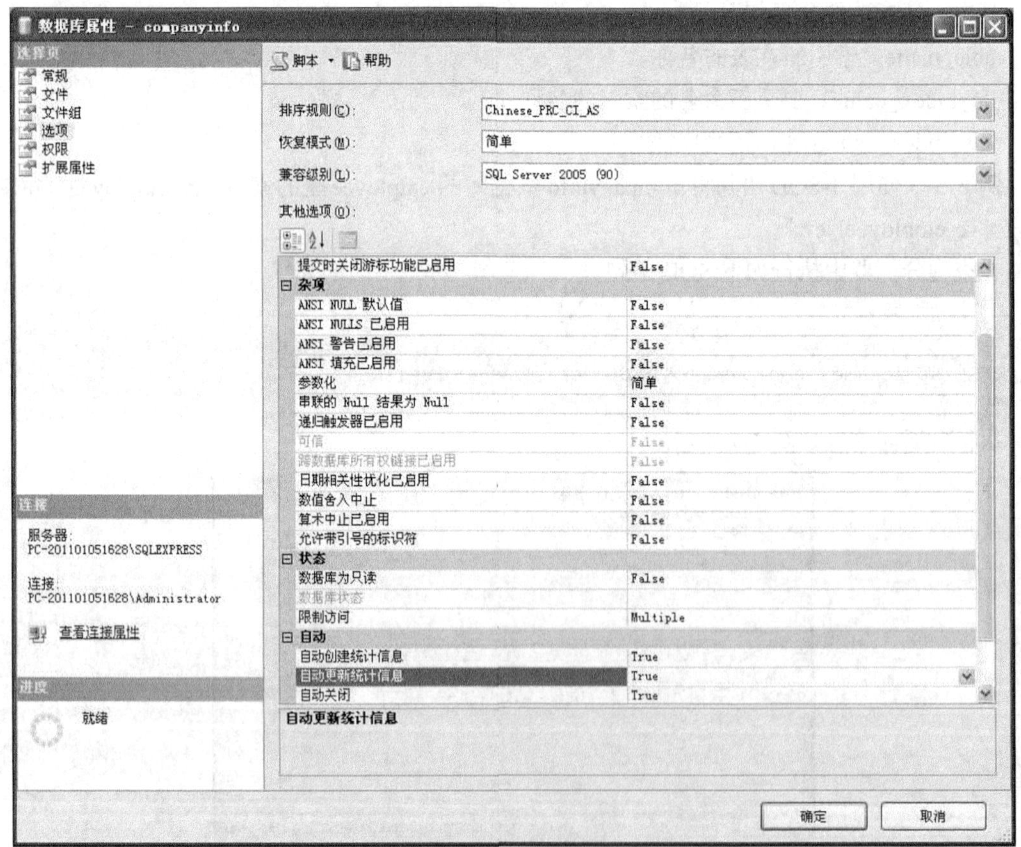

图 5-8 设置数据库的属性决定是否实现统计的自动更新

（4）单击“确定”按钮完成。

用户应避免频繁地进行索引统计的更新，特别是在数据库操作比较集中的时间段内更新统计。

例 5.7 使用 UPDATE STATISTICS 命令，更新 companyinfo 数据库中的 employee 表的索引的统计信息。

在查询分析器中执行如下 SQL 语句。

```
USE companyinfo
GO
UPDATE STATISTICS employee number_ind
GO
```

2. 使用 DBCC SHOWCONTIG 语句扫描表

对表进行数据操作可能会导致表产生碎片，而表碎片会导致额外的页读取，从而造成数据库查询性能的降低。此时用户可以通过使用 DBCC SHOWCONTIG 语句来扫描表，并通过其返回值确定该表的索引页是否已经严重不连续。

例 5.8 利用 DBCC SHOWCONTIG 获取 companyinfo 数据库中 employee 表的 number_ind 索引碎片信息。

在查询分析器中执行如下 SQL 语句。

```
USE companyinfo
GO
DBCC SHOWCONTIG(employee,number_ind)
GO
```

执行结果如图 5-9 所示。在返回的统计信息中，需要注意的是扫描密度，其理想数是 100%。如果百分比较低，就需要清理表上的碎片了。

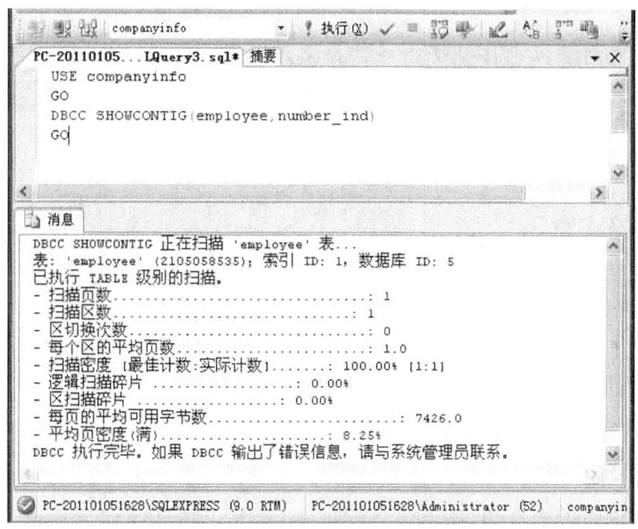

图 5-9 使用 DBCC SHOWCONTIG 语句扫描表

3. 使用 DBCC INDEXDEFRAG 语句进行碎片整理

当表或视图上的聚集索引和非聚集索引页级上存在碎片时，可以通过 DBCC INDEXDEFRAG 对其进行碎片整理。

例 5.9 用 DBCC INDEXDEFRAG 命令对 companyinfo 数据库中 employee 表的 number_ind 索引进行碎片整理。

在查询分析器中执行如下 SQL 语句。

```
DBCC INDEXDEFRAG(companyinfo,employee,number_ind)
GO
```

5.1.6 删除索引

当一个索引不再需要时，可以将其从数据库中删除，以回收它使用的存储空间。这些回收的空间可以供数据库中的其他对象使用。

删除聚集索引可能要花费一些时间，因为必须重建同一个表上的所有非聚集索引。

1. 使用 Management Studio 删除索引

例 5.10 使用 Management Studio 删除 employee 表上名称为 Ix_employee 的索引。

（1）在对象资源管理器中展开 companyinfo 数据库，再展开表。

（2）用鼠标右键单击“employee”表，在弹出的快捷菜单中选择“修改”选项。

（3）单击工具栏上的（管理索引和键）按钮，打开“索引/键”对话框。

（4）在“选定的主/唯一键或索引”下拉列表框中选择要删除的索引“Ix_employee”。

（5）单击“删除”按钮。

（6）单击“关闭”按钮。

（7）单击 Management Studio 工具栏上的“保存”按钮。

为保证本书的连贯性，删除后请按原样恢复。

2. 使用 T-SQL 语句删除索引

删除索引命令的格式如下。

```
DROP INDEX
table_name. index_name[,table_name. index_name,…]
```

其中，各参数的含义如下。

table_name：索引所在表的名称。

index_name：要删除的索引的名称。

例 5.11 使用 T-SQL 语句删除 employee 表上名称为 i_xmrq_employee 的索引。

在查询分析器中执行如下 SQL 语句。

```
USE companyinfo
GO
DROP INDEX employee.i_xmrq_employee
GO
```

用 DROPINDEX 命令删除索引时，需要注意如下事项。

（1）不能用 DROP INDEX 语句删除由 PRIMARYKEY 约束或 UNIQUE 约束创建的索引。要

删除这些索引必须先删除 PRIMARY KEY 约束或 UNIQUE 约束。

（2）在删除聚集索引时，表中的所有非聚集索引都将被重建。

5.2 视图的应用

5.2.1 理论知识准备

1. 视图的基本概念

视图是一个虚拟表，视图中的数据可以来自一个或多个基表，也可以来自视图。视图是用户查看数据库表中数据的一种方式。用户通过它能够以需要的方式浏览表中的部分或全部数据，而数据仍然存放在数据库的表中，这些表称为视图的基表。

视图可以使用户集中在他们感兴趣或关心的数据上，而可以不必考虑那些不必要的数据。这样，由于用户只能看到在视图中显示的那些数据，而看不到视图所引用的表的其他数据，在一定的程度上保证了数据的安全性。

视图一经定义后，就可以像表一样被查询、修改、删除和更新。

2. 视图的优点

视图是定义在基本表之上的，对视图的操作最终都转换为对基本表的操作，因此合理地使用视图能够带来许多好处。

（1）着重于特定数据视图，让用户能够着重于他们所感兴趣的特定数据和所负责的特定任务。不必要的数据可以不出现在视图中。这同时增强了数据的安全性，因为用户只能看到视图中所定义的数据，而不是基表中的数据。

（2）简化数据操作。视图可以简化用户操作数据的方式。可将经常使用的连接、投影、联合查询和选择查询定义为视图，这样，用户每次对特定的数据执行进一步操作时，不必指定所有条件和限定。例如，要创建一个报表，执行子查询、外连接及聚合，以及从一组表中检索数据的复合查询，就可以将其创建为一个视图。视图简化了对数据的访问，因为每次生成报表时无须编写或提交基础查询，只是查询视图即可。

还可以创建内嵌的用户定义函数，在逻辑上作为参数化视图运行，或作为在 WHERE 子句搜索条件中含有参数的视图运行。

（3）自定义数据。视图允许用户以不同的方式查看数据，即使他们同时使用相同的数据时也是如此。这在具有不同目的和技术水平的用户共享同一个数据库时尤为有利。例如，定义一个视图以仅检索由客户经理处理的客户数据。视图可以根据使用该视图的客户经理的登录 ID 决定检索哪些数据。

（4）视图能够对机密数据提供安全保护。根据用户权限定义的视图能够将用户对数据库的访问限制在一定的范围内，也就是说，视图可以屏蔽掉数据库中的机密数据，控制用户对数据库的访问权限，有利于数据的保密。

5.2.2 利用 Management Studio 创建视图

1. 创建视图的注意事项

创建视图时应该注意以下情况。

（1）只能在当前数据库中创建视图。

（2）如果视图引用的基表或者视图被删除，则该视图不能再被使用，直到创建新的基表或者视图。

（3）如果视图中某一列是函数、数学表达式、常量或者来自多个表的列名相同，则必须为列定义名称。

（4）不能在视图上创建索引，不能在规则、默认值和触发器的定义中引用视图。

（5）当通过视图查询数据时，SQL Server 要检查以确保语句中涉及的所有数据库对象存在，而且数据修改语句不能违反数据的完整性规则。

（6）视图的名称必须遵循标识符的命名规则。

2. 利用 Management Studio 创建视图

例 5.12 用 Management Studio 创建有关女员工的信息数据表，包括雇员 ID、姓名、性别、出生日期和特长等信息。

实例分析：查看女员工的信息需要使用 employee 表，写为：SELECT 雇员 ID、姓名、性别、出生日期和特长。限制条件为 WHERE 性别='女'。

（1）在“对象资源管理器”窗口中，展开 companyinfo 数据库，然后用鼠标右键单击“视图”选项，从弹出的快捷菜单中选择“新建视图”选项，如图 5-10 所示。

（2）在弹出的“添加表”对话框中选择所需的表或视图，如选择表“employee”，如图 5-11 所示，单击“添加”按钮。如果不再添加其他表，则单击“关闭”按钮，打开“文档”窗口的“视图”选项卡和视图设计器工具栏。

图 5-10 为数据库 companyinfo 创建视图

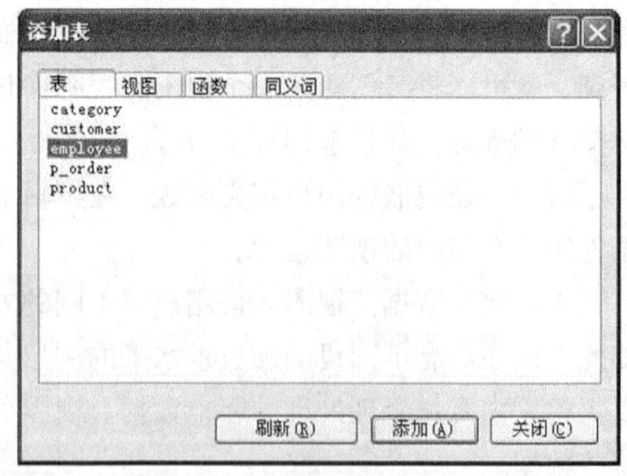

图 5-11 为视图添加表“employee”

（3）在视图设计器中选择要投影的列并设置条件等，如选择“雇员 ID”、“姓名”、“性别”、“出生日期”和“特长”列，条件设置为“性别 = '女'”，如图 5-12 所示。

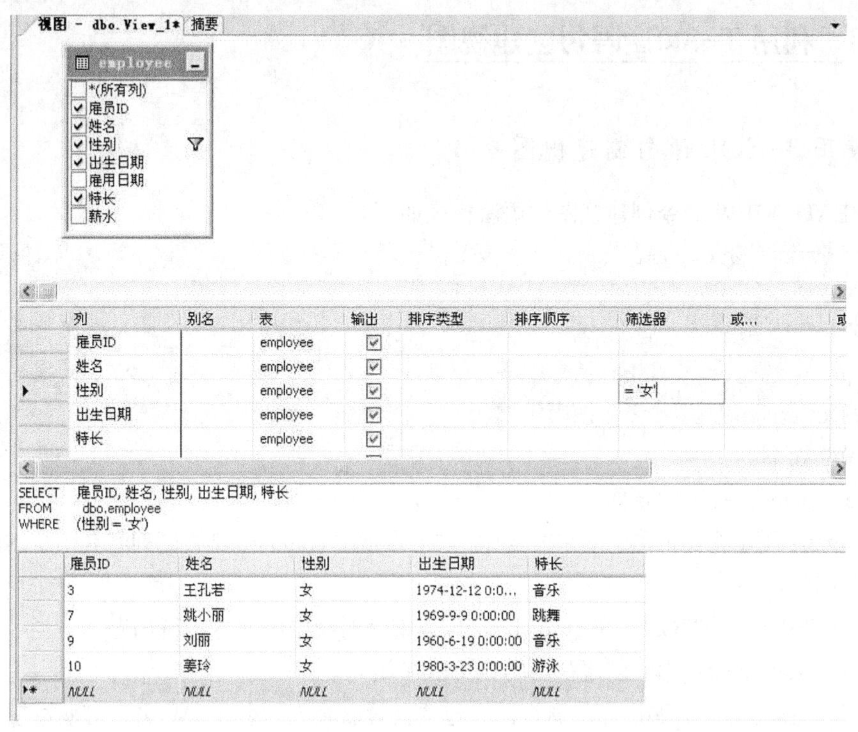

图 5-12　为视图选择列并设置条件

（4）在视图设计器中，可以看到自动生成的 T-SQL 语句，单击"视图设计器"工具栏中的"执行 SQL"按钮，可以看到查询结果。如果查询结果正确，用鼠标右键单击"视图"选项卡，在弹出的快捷菜单中选择"保存视图"选项，如图 5-13 所示。

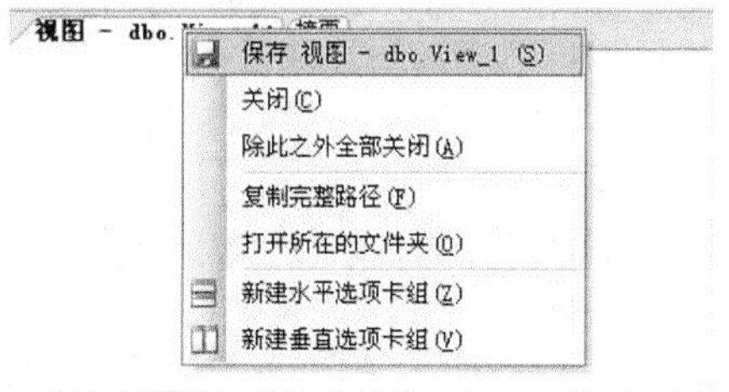

图 5-13　选择"保存视图"选项

（5）在弹出的"选择名称"对话框中输入视图名称，如"girl_view"，如图 5-14 所示。

（6）单击"确定"按钮，完成视图的创建。图 5-15 所示为创建的视图"girl_view"。

图 5-14　输入视图名称

图 5-15　创建的视图"girl_view"

5.2.3 利用 T-SQL 语句创建视图

1. 使用 T-SQL 语句创建视图

用 CREATE VIEW 命令创建视图的语法格式如下。

```
CREATE  VIEW   view_name
[ ( column [ ,...n ] )]
[WITH   ENCRYPTION]
AS
select_statement
[ WITH CHECK OPTION ]
```

参数说明如下。

- view_name：视图的名称。
- column：用于指定视图中的字段名称。如果未指定 column，则视图列将获得与 SELECT 语句中的列相同的名称。
- WITH ENCRYPTION：在 syscomments 系统表对视图的文本进行加密。
- select_statement：用于创建视图的 SELECT 语句。

例 5.13 创建客户订购产品信息视图，包括公司联系人姓名、产品名、订购数量等信息。

实例分析：联系人姓名在 customer 表中，数量在 p_order 表中，产品名在 product 表中。

所以完成此题需要使用 3 个表：customer、p_order 和 product 表。

在查询分析器中输入如下代码。

```
USE companyinfo
GO
CREATE  VIEW  khdd_view
AS
SELECT customer.联系人姓名, p_order.数量, product.产品名
FROM customer INNER JOIN p_order
ON customer.客户 ID = p_order.客户 ID
INNER  JOIN   product
ON p_order.产品 ID = product.产品 ID
```

创建视图时，建议先测试 SELECT 语句（语法中 AS 后的部分）是否能正确执行，测试正确后，再加上“CREATE VIEW　视图名 AS”创建相应的视图（但不是充分条件，也就是说，SELECT 语句测试成功，不一定能保证视图创建成功）。例如，在例 5.13 中可先在查询分析器中执行如下的语句。

```
SELECT customer.联系人姓名, p_order.数量, product.产品名
FROM customer INNER JOIN p_order
ON customer.客户 ID = p_order.客户 ID
INNER  JOIN   product
ON p_order.产品 ID = product.产品 ID
```

例 5.14 创建有关雇员接收订单信息的视图。

实例分析：视图中的数据来源于 3 个表，姓名在 employee（别名 em）表，公司名称在 customer（别名 cu），产品名在 product（别名 po）表中，数量在 p_order 表中。

在查询分析器中输入如下代码。

```
USE companyinfo
GO
CREATE VIEW em_order
as
SELECT em.姓名  , cu.公司名称, pd.产品名 , po.数量
FROM customer  AS cu  JOIN  p_order  AS po
ON cu.客户 ID = po.客户 ID
JOIN  product  AS  pd
ON po.产品 ID = pd.产品 ID
JOIN  employee  AS  em
ON  po.雇员 ID = em.雇员 ID
```

2. 视图的查询

视图定义以后就可以和基表一样对其进行查询了。

例 5.15　在客户订购产品信息视图 em_order 中，查询订购产品数量大于 50 的产品信息。

在查询分析器中输入如下代码。

```
USE companyinfo
GO
SELECT 姓名, 产品名,数量
FROM  em_order
WHERE 数量>=50
GO
```

3. 创建视图的注意事项

在创建视图时，需要注意以下几点。

（1）不能将规则或者 DEFAULT 定义关联在视图上。

（2）定义视图的 SELECT 语句中不能含有 ORDER BY、COMPUTE、COMPUTE BY 子句和 INTO 关键字。

（3）如果视图中的某一列是一个算术表达式、函数或者常数，而且视图中两个或者更多不同的列拥有一个同样的名字（这种情况通常是因为视图的定义中有一个连接，而且这两个或者多个来自不同表的列拥有同样的名字），用户就需要为视图的每一列指定列的名称。

5.2.4　修改和重命名视图

1. 修改视图

（1）使用 Management Studio 修改视图。

① 在“对象资源管理器”窗口中，展开 companyinfo 数据库，然后再展开视图。

② 用鼠标右键单击“dbo.girl_view”视图，从弹出的快捷菜单中选择“修改”选项。

（2）使用 T-SQL 语句修改视图。

用 ALTER VIEW 语句修改视图的语法格式如下。

```
ALTER VIEW view_name
[(column[,...n])]
```

```
[WITH  ENCRYPTION]
 AS
 select_statement
 [ WITH CHECK OPTION ]
```

2. 重命名视图

例 5.16 将视图 girl_view 重新命名为 girl_viewNew。

具体操作步骤如下。

（1）在对象资源管理器中展开 companyinfo 数据库。

（2）展开“视图”，用鼠标右键单击“girl_view”，在弹出的快捷菜单中选择“重命名”选项。

（3）输入视图的新名称“girl_viewNew”。

（4）按回车键确定。

5.2.5 删除视图

1. 使用 Management Studio 删除视图

例 5.17 使用 Management Studio 删除视图 girl_viewNew。

操作步骤如下。

（1）在对象资源管理器中展开 companyinfo 数据库。

（2）展开“视图”，用鼠标右键单击“girl_viewNew”，在弹出的快捷菜单中选择“删除”选项，如图 5-16 所示。

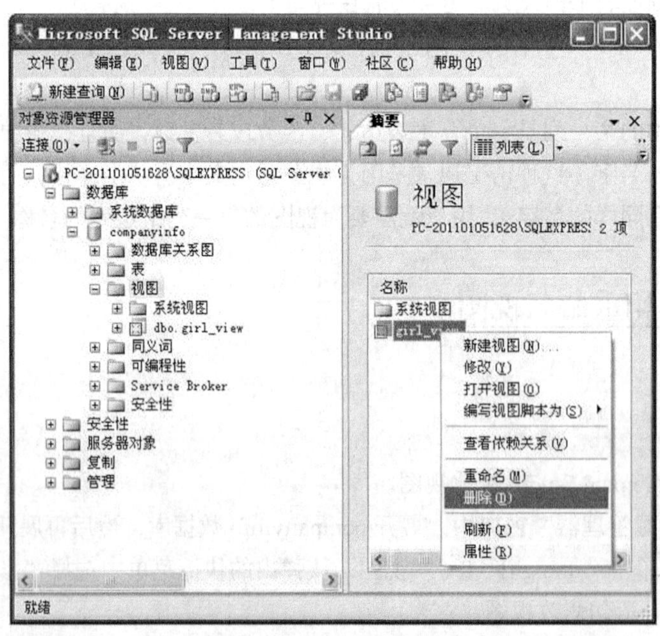

图 5-16 选择“删除”选项

（3）在打开的对话框中单击“确定”按钮。

2. 使用 T-SQL 语句删除视图

使用 DROP VIEW 删除视图的语法格式如下。

```
DROP VIEW {view_name} [,…n]
```

例 5.18　使用 DROP VIEW 语句删除视图 em_order。

在查询分析器中输入如下命令。

```
USE companyinfo
GO
DROP VIEW em_order
GO
```

5.3 实训

5.3.1 实训目的

（1）正确理解索引的概念、作用和分类。

（2）理解视图的作用，能熟练创建、修改、删除视图。

5.3.2 实训要求

（1）能根据项目的功能需求为应用程序创建索引；能通过创建索引，达到提高数据检索速度，改善数据库性能的目的。

（2）能根据项目的功能需求为应用程序创建视图，能通过视图对数据进行操作。

5.3.3 实训内容与步骤

1. 索引使用

（1）在 XK 数据库中按照学生姓名查询信息，以提高其查询速度。

（2）在 XK 数据库中按照课程名称查询信息，以提高其查询速度。

（3）在 XK 数据库中按照学号、课程号查询选课信息，以提高其查询速度。

2. 视图使用

（1）在 XK 数据库中创建一个名为 v_Student 的视图。该视图仅能查看班级编号为“20000001”的学生信息（要求在视图中显示中文标题）。

显示来自基表的部分行数据。

（2）在 XK 数据库中创建一个名为 v_CourseSub 的视图。该视图仅能显示“课程名称”和“学分”两列。

显示来自基表的部分列数据。

（3）在 XK 数据库中创建一个名为 v_StuCou 的视图。该视图显示学生选修课程的信息，内容包括学号、姓名、班级名称。

将两个或多个基表、视图的连接组成的复杂查询创建为视图。

（4）在 XK 数据库中创建一个名为 v_CouByDep 的视图。该视图可以显示各系部开设选修课程的门数。

将基表的统计、汇总创建为视图。

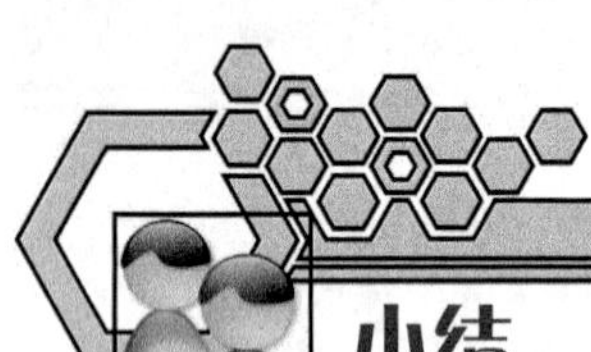

小结

本项目分两部分，第一部分主要介绍了公司管理数据库系统中索引的使用，包括索引的创建、修改和删除的方法以及索引的概念、使用索引的优点，并对聚集索引、非聚集索引进行了详细的介绍和对比。第二部分主要介绍了公司管理系统中视图的使用，包括视图的创建、修改、重命名和删除的方法。另外，还介绍了视图的概念和使用视图的优点。通过学习，读者应该能够根据给定的要求，正确地使用索引和视图。

项目6

公司管理数据库系统的数据查询

【教学目标】

（1）掌握 T-SQL。

（2）了解 T-SQL 编程基础。

（3）掌握数据查询常用的语句、函数的使用。

【能力目标】

（1）能够正确使用 T-SQL 中的变量和函数。

（2）能够熟练使用 SELECT 查询语句。

（3）能够对 companyinfo 数据库中的数据进行单表查询和多表查询。

【学习导航】

数据查询是数据库系统中最基本也是最重要的操作，本项目主要介绍 T-SQL 及其编程基础，重点讲解了 SELECT 查询语句的使用及各种查询方法，在图 6-1 中，可以看到本项目在公司管理数据库系统开发中的环节及位置。

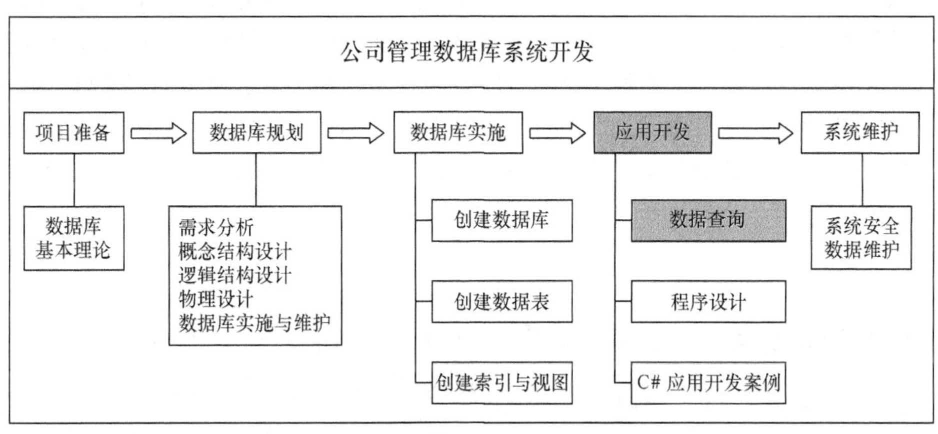

图 6-1　本项目在公司管理数据库系统开发中的环节位置

【工作任务】

在公司管理数据库 companyinfo 中，根据实际需要，对已经录入的数据进行必要的查询操作。

（1）进行数据的简单查询。

（2）对数据进行分组查询并对结果集排序。

（3）利用库函数进行数据统计。

（4）同时在多个数据表中进行数据的复合查询。

6.1 理论知识准备

6.1.1 T-SQL 语句

T-SQL 是一种用于存取和查询数据,更新并管理数据库系统的数据查询和编程语言,是对 SQL 程序语言的增强，是用于应用程序和 SQL Server 之间通信的主要语言。

T-SQL 是一种说明性语言，用户只需告诉 SQL Server 2005 显示什么信息，而不必说明如何去做，SQL Server 2005 会根据用户所写的 SQL 语句选择最佳的执行策略。

T-SQL 由数据定义语言（DDL）、数据操作语言（DML）和数据控制语言（DCL）组成。

DDL 用来定义和管理数据库、表和视图等数据对象。通常包括每个对象的 CREATE、ALTER 和 DROP 命令。

DML 用于查询和操作数据，它使用 SELECT、INSERT、UPDATE、DELETE 语句，用于查询数据、插入记录、修改表中已有数据、删除表中的行。

DCL 用于控制对数据库对象操作的权限，它使用 GRANT 和 REVOKE 语句对用户或用户组授予或回收数据库对象的权限。

6.1.2 查询的基本语句

进行数据查询是数据库的核心操作。查询的最基本方式是使用 SELECT 语句，SQL Server 提供了 SELECT 语句较完整的数据查询语句形式，该语句具有灵活的使用方式和丰富的功能。使用 SELECT 语句可以按照用户给定的条件从表或视图中迅速、方便地检索数据，并将数据通过一个或多个结果集返回给用户。在众多的 T-SQL 语句中，SELECT 语句是使用频率最高的一个。SELECT 语句主要用于查询数据，也可以用来向局部变量赋值或者调用一个函数。

1. SELECT 语句结构

SELECT 语句的完整语法较复杂，常用的 SELECT 语句的子句结构可表示如下。

```
SELECT [ALL| DISTINCT] <目标表达式>[,…<目标表达式>]
[ INTO <新表名>]
FROM  <表名或视图名>[,… <表名或视图名>]
```

```
[ WHERE <条件表达式> ]
[ GROUP BY <列名 1> [HAVING  <表达式> ] ]
[ ORDER BY <列名 2> [ ASC | DESC ] ]
```

其中，各子句的功能如下。

SELECT 子句：指定由查询返回的列。

INTO 子句：将检索结果存储到新表或视图中。

FROM 子句：用于指定引用的列所在的表和视图，每一个 SELECT 子句必须有一个 FROM 子句。

WHERE 子句：用来给出查询的条件或者多个表之间的连接条件。当 FROM 子句包含多个表（视图）时，必须在 WHERE 后面给出连接条件。

GROUP BY 子句：指定用来放置输出行的组，并且如果 SELECT 子句<select list>中包含聚合函数，则计算每组的汇总值。

HAVING 子句：指定组或聚合的搜索条件。HAVING 通常与 GROUP BY 子句一起使用。如果不使用 GROUP BY 子句，HAVING 的行为与 WHERE 子句一样。

ORDER BY 子句：指定结果集的排序。

2. SELECT 子句

SELECT 子句用于指定由查询返回的列的数据集。其格式如下。

```
SELECT [ALL|DISTINCT][TOP N [ PERCENT ] ] 列名 1[,列名 2,…列名 N]
FROM  表名或视图名
```

其中各参数的含义如下。

ALL：指定在结果集中可以显示重复行。ALL 是默认设置。

DISTINCT：指定在结果集中只能显示唯一行，即表示输出无重复的所有记录。

TOP N [PERCENT]：指定只从查询结果集中输出前 N 行。如果还指定了 PERCENT，则只从结果集中输出前百分之 N 行。

3. SELECT 语句的执行方式

可以在查询分析器中使用 SQL 语句，也可以使用 sqlcmd 实用程序进行查询。使用查询分析器可以将书写的 SQL 语句保存到文件中，而且显示的查询结果也比较美观。

在对数据库中的数据进行操作之前，必须先启动数据库服务器，再使用 USE 命令打开该数据库，并使用 GO 语句作为结束行。

例 6.1　在 companyinfo 数据库的 employee 表中查询雇员 ID 为“5”的员工的姓名、性别、出生日期和特长。

在 SQL Server Management Studio 的查询分析器中运行如下命令。

```
USE companyinfo
GO
SELECT 姓名,性别,出生日期,特长
FROM employee
WHERE 雇员 ID=5
GO
```

运行结果如图 6-2 所示。

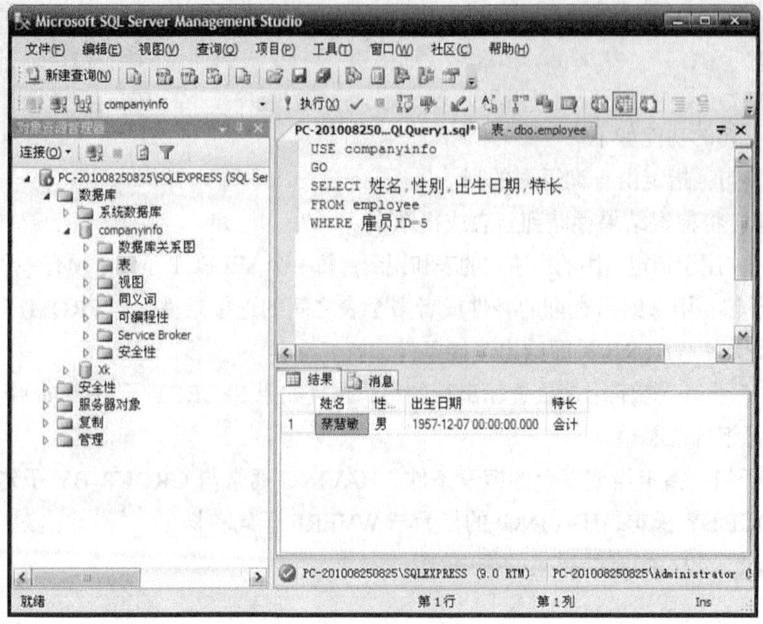

图 6-2　查询雇员 ID 为 5 的员工信息

4. SELECT 语句的各种使用方法

（1）使用星号（*）和列名。在 SELECT 子句中使用星号（*），可以从 FROM 子句中指定的表或视图中查询并返回所有列，如果在 SELECT 子句中给出具体的列名，则只查询所指定列名的信息。

① 查询所有的列。

例 6.2　从公司管理数据库 companyinfo 中的客户表（customer）中检索所有客户的所有信息。

在 SQL Server Management Studio 的查询分析器中运行如下命令。

```
USE companyinfo
GO
SELECT *
FROM customer
GO
```

运行结果如图 6-3 所示，将 customer 表的所有信息显示出来。

② 查询特定的列。

例 6.3　从公司管理数据库 companyinfo 中的客户表（customer）中检索所有客户的公司名称、联系人姓名、地址。

在 SQL Server Management Studio 的查询分析器中运行如下命令。

```
USE companyinfo
GO
SELECT 公司名称,联系人姓名,地址
FROM customer
GO
```

运行结果如图 6-4 所示。

（2）使用 DISTINCT 不显示重复值。在 SELECT 之后使用 DISTINCT 关键字，可以消除指定列值相同的行。

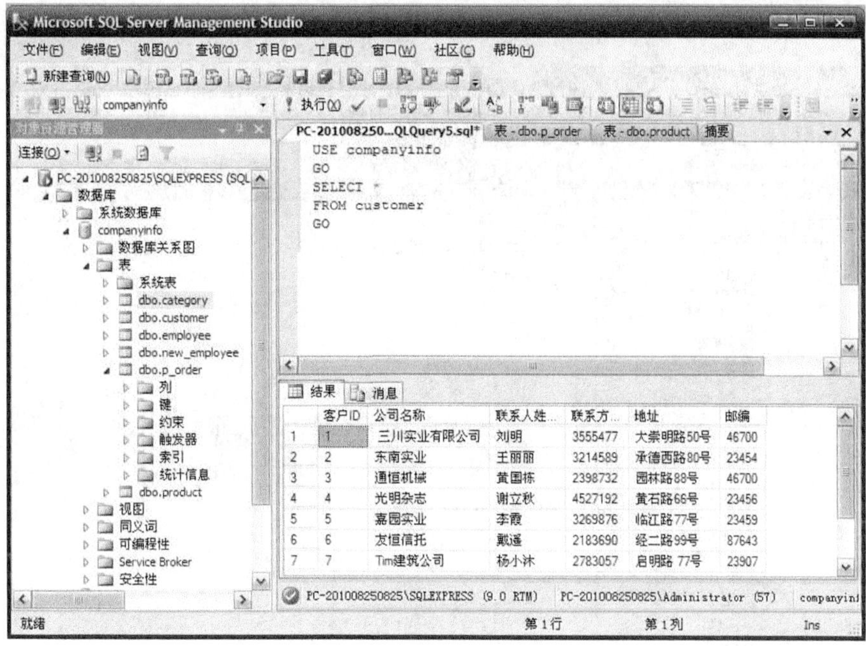

图 6-3　使用星号 * 查询

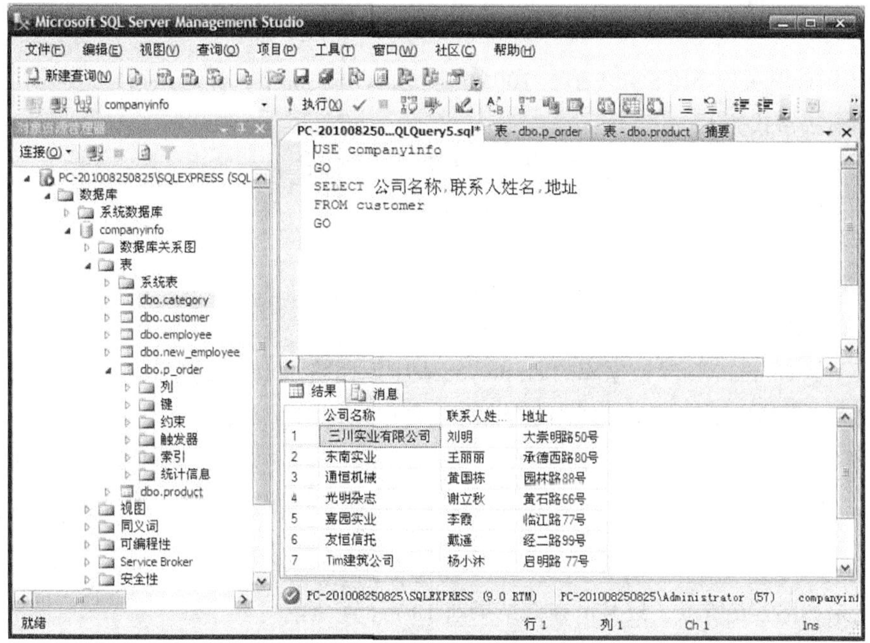

图 6-4　查询指定的列

例 6.4　从 companyinfo 数据库的订单表（p_order）中，检索已经被订购的产品。在 SQL Server Management Studio 的查询分析器中运行如下命令。

```
USE companyinfo
GO
SELECT DISTINCT 产品 ID
FROM p_order
GO
```

运行结果如图 6-5 所示。

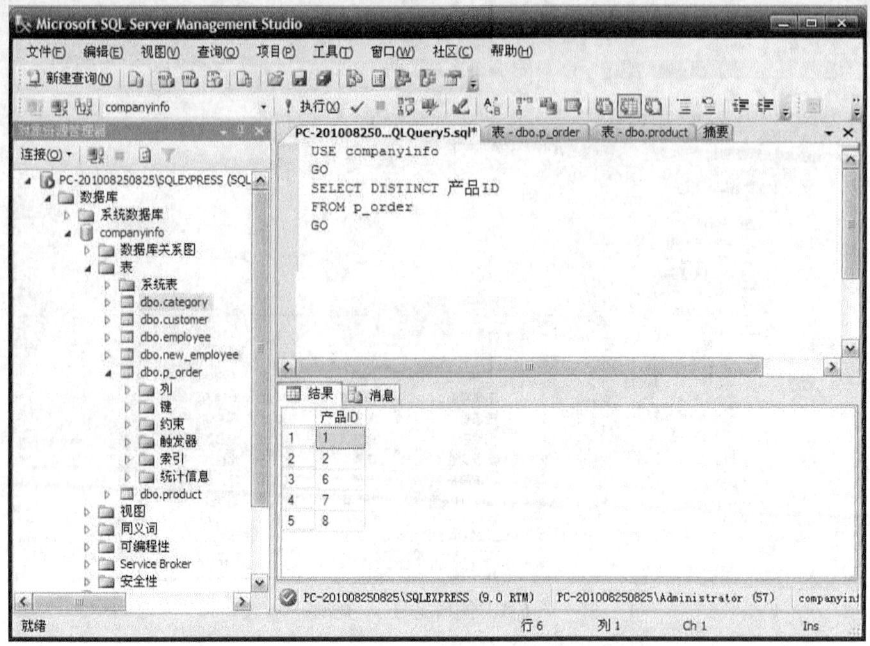

图 6-5 使用 DISTINCT 关键字消除指定列值相同的行

（3）使用 TOP 关键字。SQL Server 2005 提供了 TOP 关键字，让用户指定返回前面一定数量的数据。其语法格式如下。

```
SELECT [TOP n | TOP n PERCENT] 列名1[,列名2,…列名n]
FROM 表名
```

其中，各参数的含义如下。

TOP n：表示返回最前面的 n 行，n 表示返回的行数。

TOP n PERCENT：表示返回前面的 n%行。

例 6.5 从 companyinfo 数据库的 employee 表中返回前面 10 行的记录。

在 SQL Server Management Studio 的查询分析器中运行如下命令。

```
USE companyinfo
GO
SELECT TOP 10*
FROM employee
GO
```

运行结果如图 6-6 所示，只显示查询结果前 10 行的数据。

例 6.6 从 companyinfo 数据库的 employee 表中返回前面 20%的记录。

在 SQL Server Management Studio 的查询分析器中运行如下命令。

```
USE companyinfo
GO
SELECT TOP 20 PERCENT*
FROM p_order
GO
```

运行结果如图 6-7 所示，查询前 2 行数据，p_order 表总共有 10 行数据，2 行占 10 行的 20%。

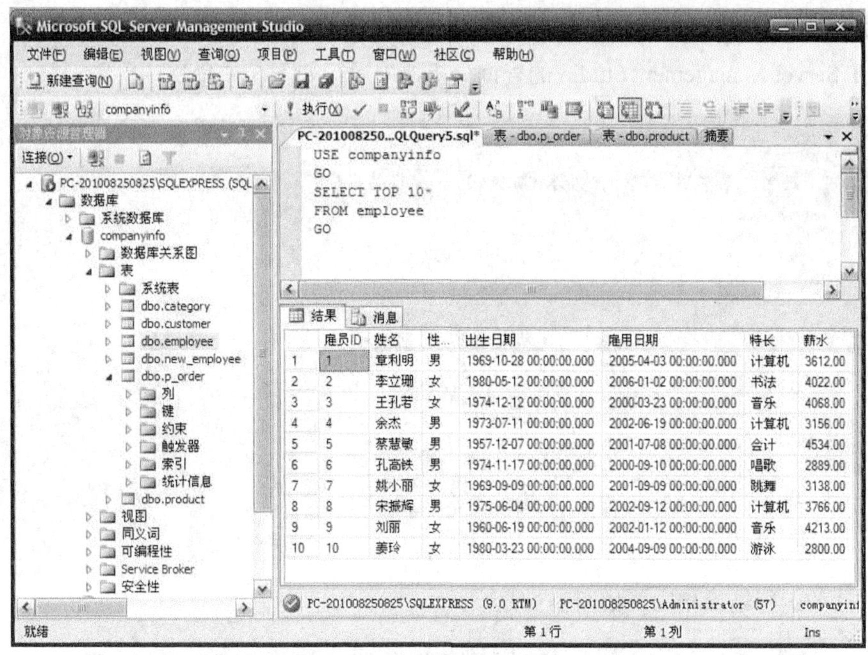

图 6-6　使用 TOP 关键字显示前 10 行数据

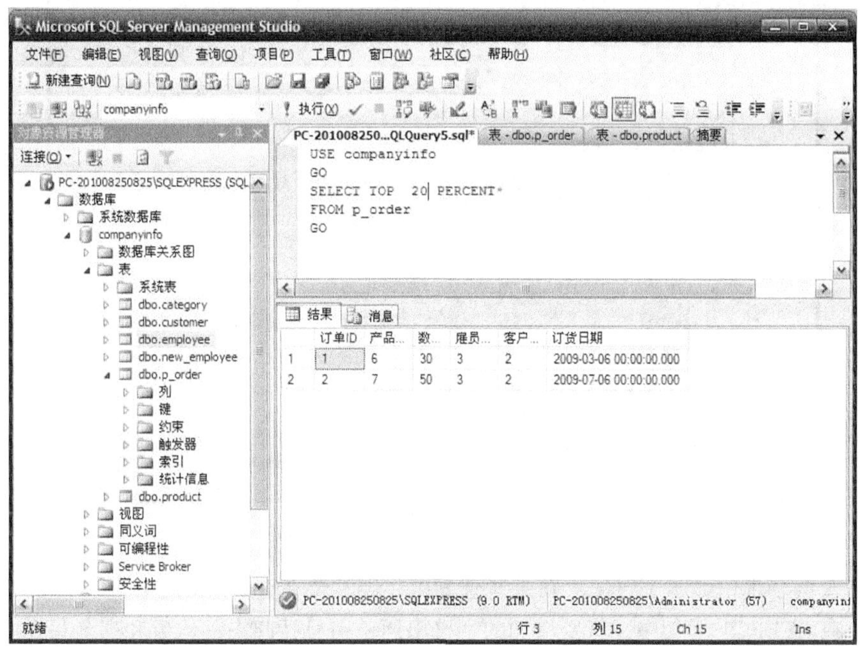

图 6-7　使用 TOP 关键字显示前 20%的数据

（4）修改查询结果中列的标题（别名）。如果没有特别指出，使用 SELECT 语句返回的数据集中的列名称与表或视图中的列名称相同，而有些数据表设计时经常使用英文，为了返回数据集的可读性，可以为每个列指定别名。有 3 种方法可以实现。

① 采用符合 ANSI 规则的标准方法，在列表达式后面给出列名。

② 用“=”来连接列表达式。

③ 用 AS 关键字来连接列表达式和指定的列名。

例 6.7 在 employee 表中查询每个人的薪水降低 30%后的信息。

在 SQL Server Management Studio 的查询分析器中运行如下 3 种命令。

```
① USE companyinfo
  GO
  SELECT 姓名, 薪水'原薪水', 薪水-薪水*0.3 '现薪水'
  FROM employee
  GO
② USE companyinfo
  GO
  SELECT 姓名, '原薪水'=薪水, '现薪水'=薪水-薪水*0.3
  FROM employee
  GO
③ USE companyinfo
  GO
  SELECT 姓名, 薪水 AS '原薪水', 薪水-薪水*0.3 AS '现薪水'
  FROM employee
  GO
```

3 种方法的运行结果相同，如图 6-8 所示。

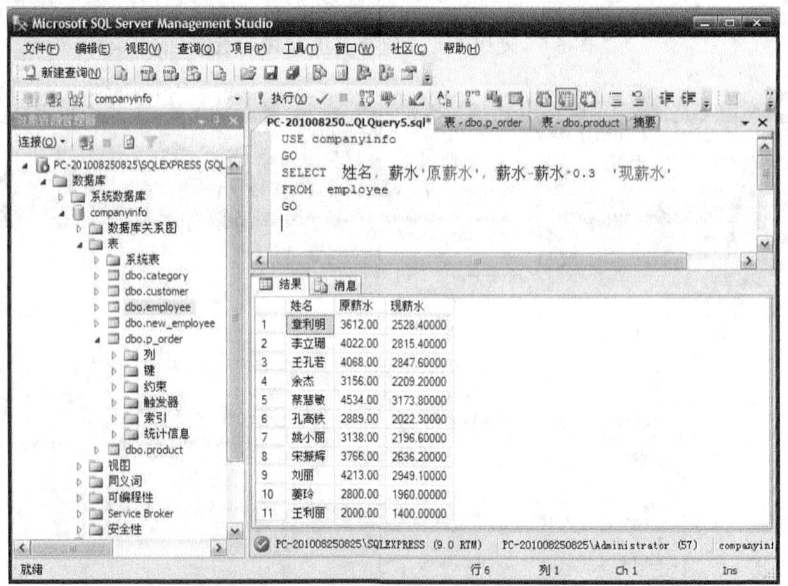

图 6-8 用第 1 种方法给查询结果列取别名

（5）在查询结果中显示字符串。在某些查询中，经常要在查询结果中增加一些字符串，以增强说明性。在 SELECT 子句中，将要增加的字符串用单引号括起来，然后和列名写在一起，中间用逗号分隔开。

例 6.8 查询 employee 表的信息，要求显示结果为：姓名 实发工资为：薪水。

在 SQL Server Management Studio 的查询分析器中运行如下命令。

```
USE companyinfo
GO
SELECT 姓名, '实发工资为: ',薪水
FROM employee
GO
```

运行结果如图 6-9 所示。

图 6-9　在查询结果中显示字符串

（6）列为表达式。在进行数据查询时，经常需要对查询到的数据进行处理，T-SQL 允许直接在 SELECT 语句中使用列表达式，表达式可以是列名、函数、常数列表或列之间的计算。

例 6.9　查询 employee 表中的最高工资、最低工资和平均工资。

在 SQL Server Management Studio 的查询分析器中运行如下命令。

```
USE companyinfo
GO
SELECT MIN(薪水) AS 最低工资, MAX(薪水) as 最高工资, AVG(薪水) AS 平均工资
FROM  employee
GO
```

运行结果如图 6-10 所示。

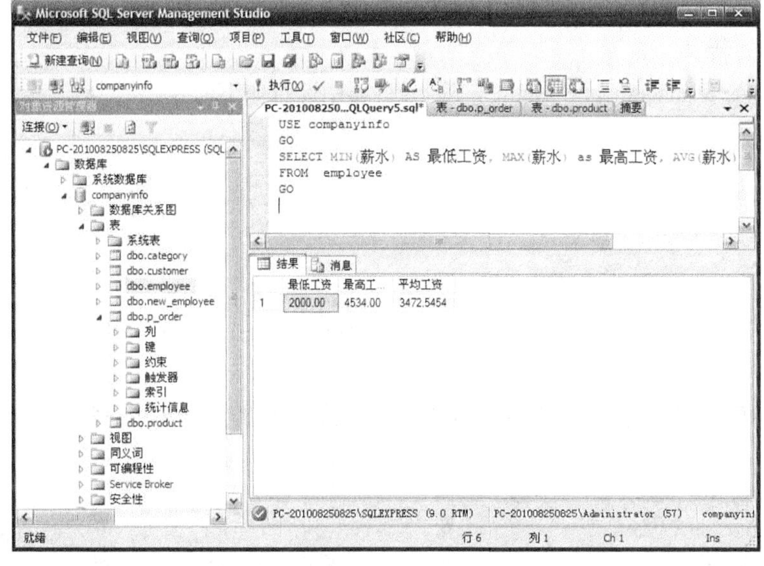

图 6-10　表达式为函数的查询

例 6.10　显示每种产品的价格降低 30%的产品信息。

在 SQL Server Management Studio 的查询分析器中运行如下命令。

```
USE companyinfo
GO
SELECT 产品名,库存量,单价,单价-单价*0.3 AS '新价格'
FROM  product
GO
```

运行结果如图 6-11 所示。

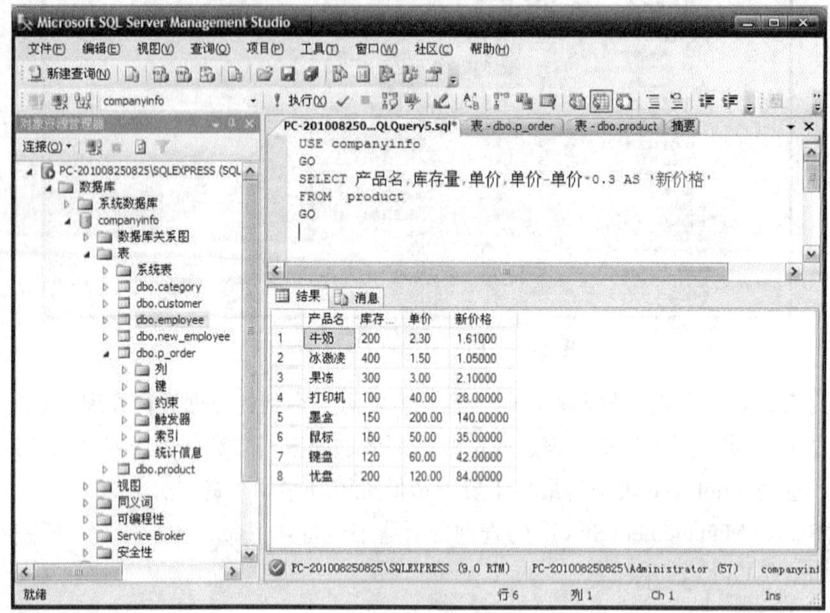

	产品名	库存...	单价	新价格
1	牛奶	200	2.30	1.61000
2	冰激凌	400	1.50	1.05000
3	果冻	300	3.00	2.10000
4	打印机	100	40.00	28.00000
5	墨盒	150	200.00	140.00000
6	鼠标	150	50.00	35.00000
7	键盘	120	60.00	42.00000
8	优盘	200	120.00	84.00000

图 6-11　表达式计算列的查询

（7）INTO 子句。INTO 子句用于创建新表并将查询的结果插入新表中。其语法如下。

INTO 新表名

例 6.11　使用 INTO 子句创建一个包含 employee 表中“姓名”和“薪水”字段，且名称为 new_ employee 的新表。

在 SQL Server Management Studio 的查询分析器中运行如下命令：

```
USE companyinfo
GO
SELECT 姓名,薪水
INTO new_employee
FROM  employee
GO
```

运行结果如图 6-12 所示，创建了一个包含 employee 表中“姓名”和“薪水”字段，且名称为 new_employee 的新表。

（8）WHERE 子句。使用 WHERE 子句的目的是从表格的数据集中过滤出符合条件的行。其语法格式如下。

```
SELECT   列名 1  [,列名 2, … 列名 n]
FROM     表名
WHERE    查询条件
```

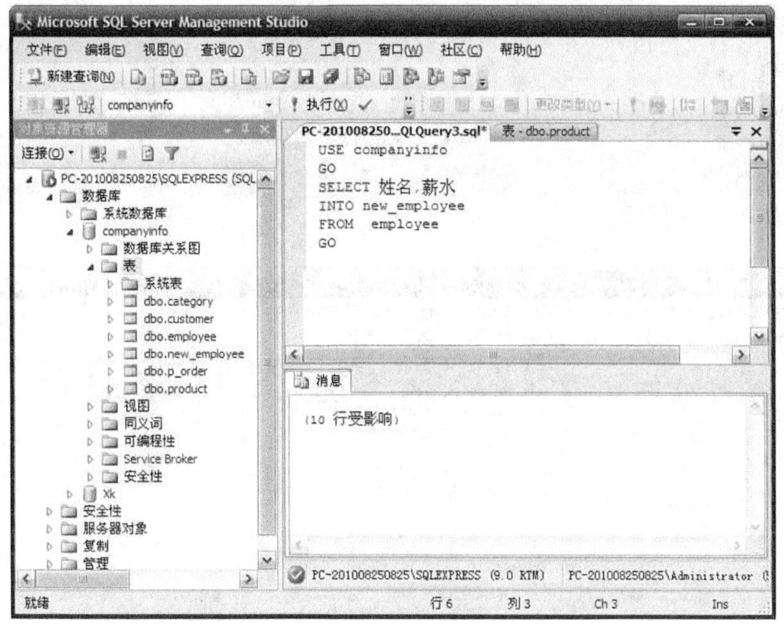

图 6-12　执行 INTO 子句的结果

WHERE 子句中常用的查询条件如表 6-1 所示。

表 6-1　WHERE 子句常用的查询条件

查 询 条 件	运 算 符 号
比较	=、>、<、>=、<=、<>、!=、!>、!<
范围	BETWEEN、NOT BETWEEN
列表	IN、NOT IN
字符串匹配	LIKE、NOT LIKE
未知道判断	IS NULL、IS NOT NULL
组合条件	AND、OR
取反	NOT

① 使用算术表达式。使用算术表达式作为搜索条件的一般表达形式如下。

```
表达式　算术操作符　表达式
```

表达式为常量、变量和列表达式的任意有效组合。

例 6.12　查询雇员表 employee 中特长是“计算机”的雇员的信息。

在 SQL Server Management Studio 的查询分析器中运行如下命令。

```
USE companyinfo
GO
SELECT *
FROM employee
WHERE 特长='计算机'
GO
```

运行结果如图 6-13 所示。

例 6.13　查询雇员表 employee 中薪水超过 3 000 元的雇员的姓名和薪水。

在 SQL Server Management Studio 的查询分析器中运行如下命令。

```
USE companyinfo
GO
SELECT  姓名,薪水
FROM  employee
WHERE 薪水>=3000
GO
```

运行结果如图 6-14 所示。

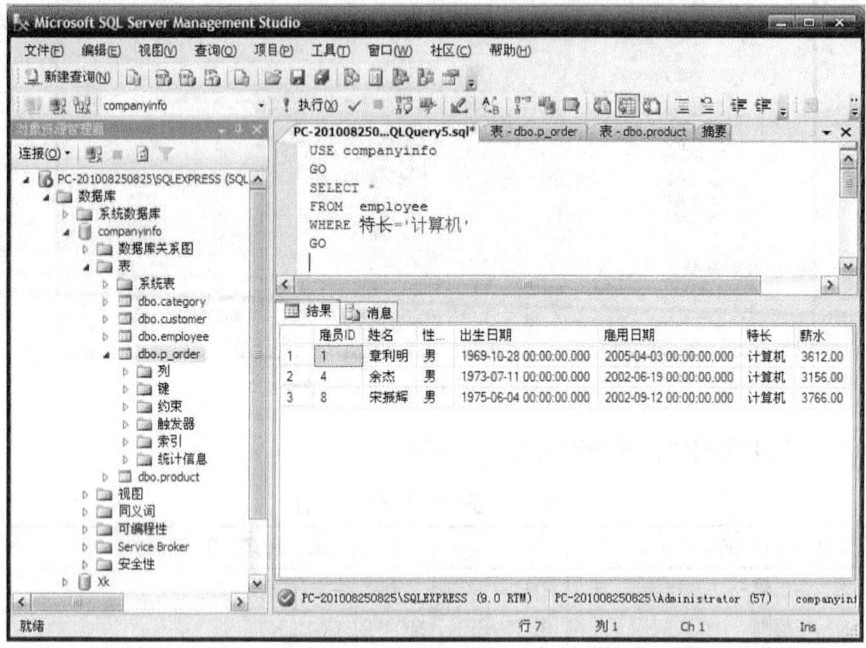

图 6-13　使用算术表达式的查询结果（1）

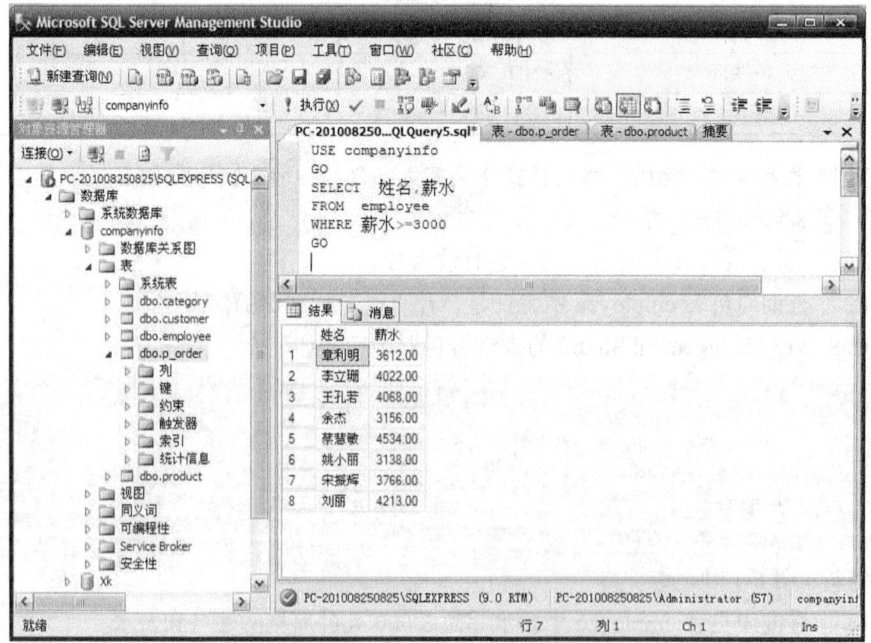

图 6-14　使用算术表达式的查询结果（2）

② 使用逻辑表达式。在 T-SQL 中的逻辑表达式共有 3 个，分别如下。

NOT：非，对表达式的否定。

AND：与，连接多个条件，所有的条件都成立时为真。

OR：或，连接多个条件，只要有一个条件成立就为真。

例 6.14　在雇员表 employee 中查询特长为“书法”和“钢琴”的所有雇员信息。

在 SQL Server Management Studio 的查询分析器中运行如下命令。

```
USE companyinfo
GO
SELECT  *
FROM  employee
WHERE  特长='书法' OR 特长='钢琴'
GO
```

运行结果如图 6-15 所示。

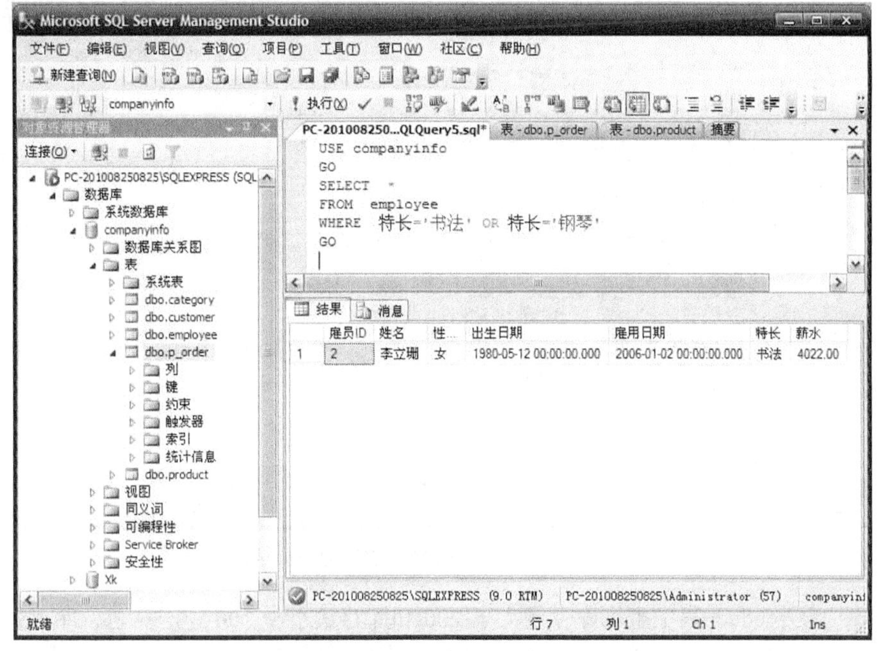

图 6-15　使用逻辑表达式的查询结果

③ 使用范围表达式。查询某一范围内的信息，需要使用 WHERE 子句限制查询条件，这个条件通常是一个逻辑表达式，在表达式中可以使用比较运算符=、<、<>、!>、!=、>=、<=、!<，逻辑运算符 AND、NOT、OR，范围运算符 BETWEETN 和 NOT BETWEEN。BETWEEN 关键字的语法格式如下。

```
表达式  [NOT]  BETWEEN   表达式 1  AND  表达式 2
```

例 6.15　在雇员表 employee 中查询薪水在 3 000 元至 4 000 元的雇员的姓名和薪水。

在 SQL Server Management Studio 的查询分析器中运行如下两种命令。

第一种：

```
USE companyinfo
GO
SELECT  姓名,薪水
```

```
FROM  employee
WHERE 薪水>3000 AND  薪水<4000
GO
```

第二种：

```
USE companyinfo
GO
SELECT  姓名,薪水
FROM  employee
WHERE 薪水 BETWEEN 3000 AND  4000
GO
```

两种方式的查询结果相同，如图 6-16 所示。

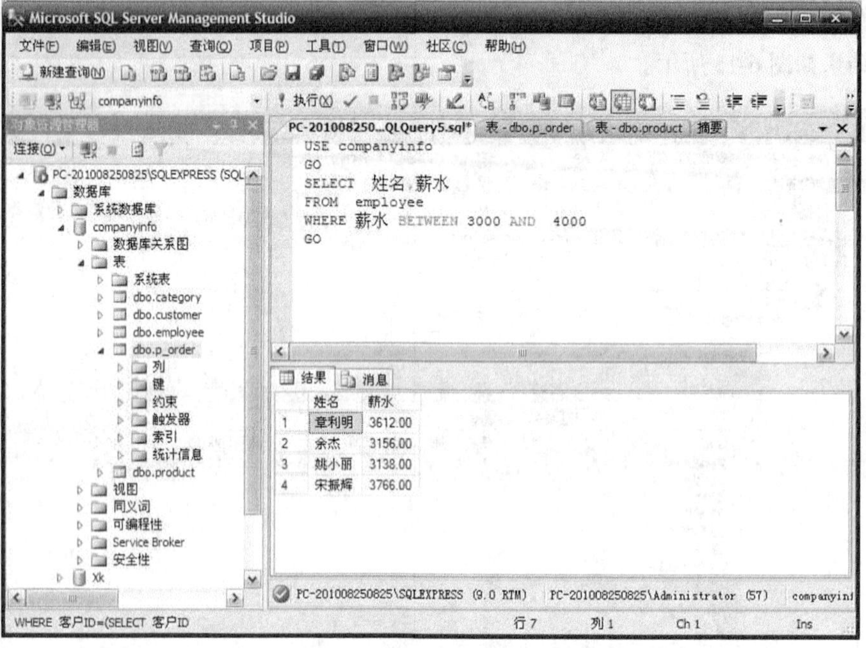

图 6-16　使用 BETWEEN 关键字的查询结果

例 6.16　在 product 表中查询库存量大于 200 和库存量小于 100 的产品名、库存量和单价。在 SQL Server Management Studio 的查询分析器中运行如下命令。

```
USE companyinfo
GO
SELECT  产品名,库存量,单价
FROM  product
WHERE 库存量 NOT BETWEEN 100 AND 200
GO
```

运行结果如图 6-17 所示。

④ 使用 IN 关键字。使用 IN 关键字进行查询比使用多个 OR 运算符进行查询更为简单，并且易于阅读和理解。IN 关键字的语法格式如下。

```
表达式 [NOT]  IN  (表达式1 , 表达式2 [,…表达式n])
```

灵活使用 IN 关键字，可以用简洁的语句实现结构复杂的查询。

例 6.17　查询雇员表 employee 中所有特长为“计算机”、“钢琴”、“书法”的雇员的姓名、特长。

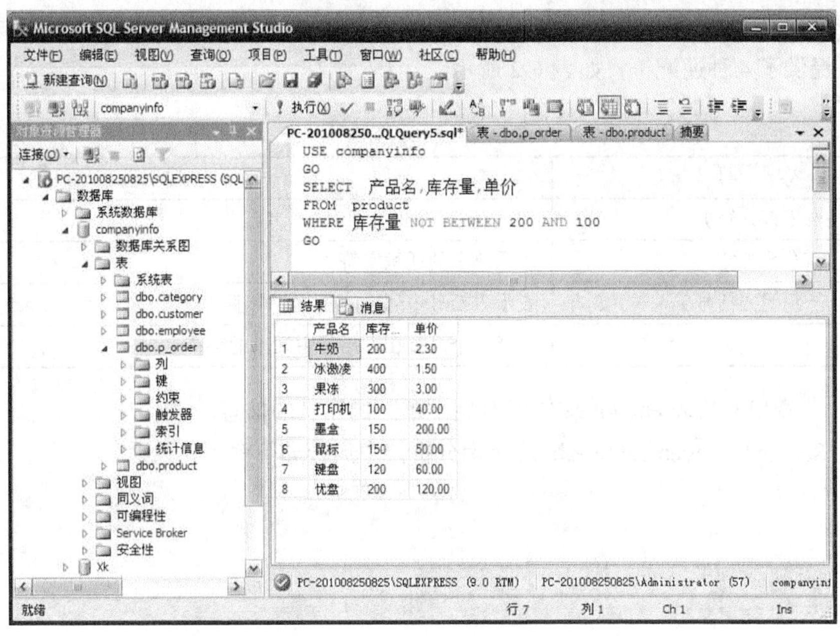
图 6-17　使用 NOT BETWEEN 关键字的查询结果

在 SQL Server Management Studio 的查询分析器中运行如下命令。

```
USE companyinfo
GO
SELECT  姓名,特长
FROM  employee
WHERE 特长 IN ('计算机','钢琴','书法')
GO
```

运行结果如图 6-18 所示。

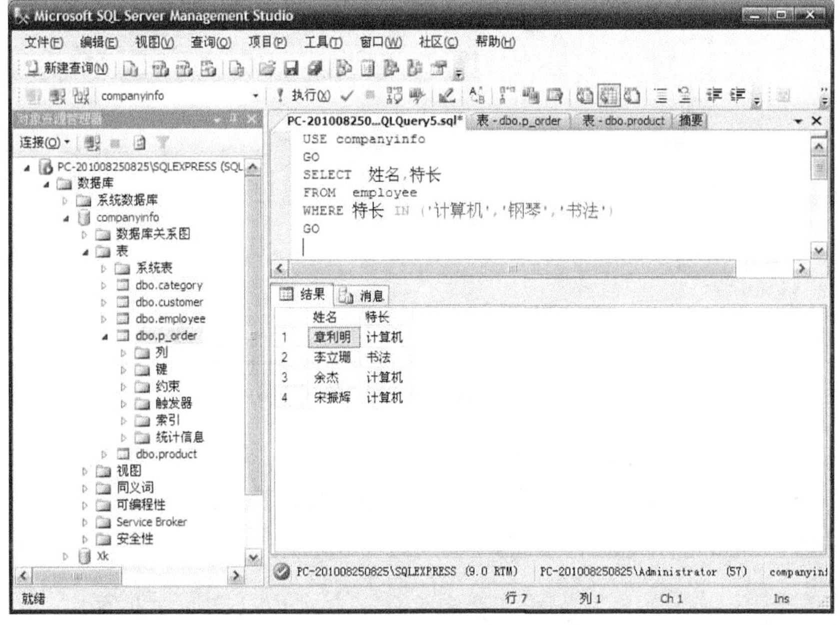
图 6-18　使用 IN 关键字的查询结果

⑤ 通配符的使用。通配符通常与 LIKE 子句配合使用，且只有在 LIKE 子句中才有意义。SQL Server 提供了 4 种通配符，如表 6-2 所示。

表 6-2　　　通配符的含义

符　号	含　义
%（百分号）	表示 0～N 个任意字符
_（下划线）	表示单个的任意字符
[ ]（封闭方括号）	表示方括号中列出的任意一个字符
[^]	任意一个没有在方括号中列出的字符

例 6.18　查出雇员表 employee 中所有姓“章”的雇员的信息。

在 SQL Server Management Studio 的查询分析器中运行如下命令。

```
USE companyinfo
GO
SELECT  *
FROM  employee
WHERE 姓名 LIKE '章%'
GO
```

运行结果如图 6-19 所示。

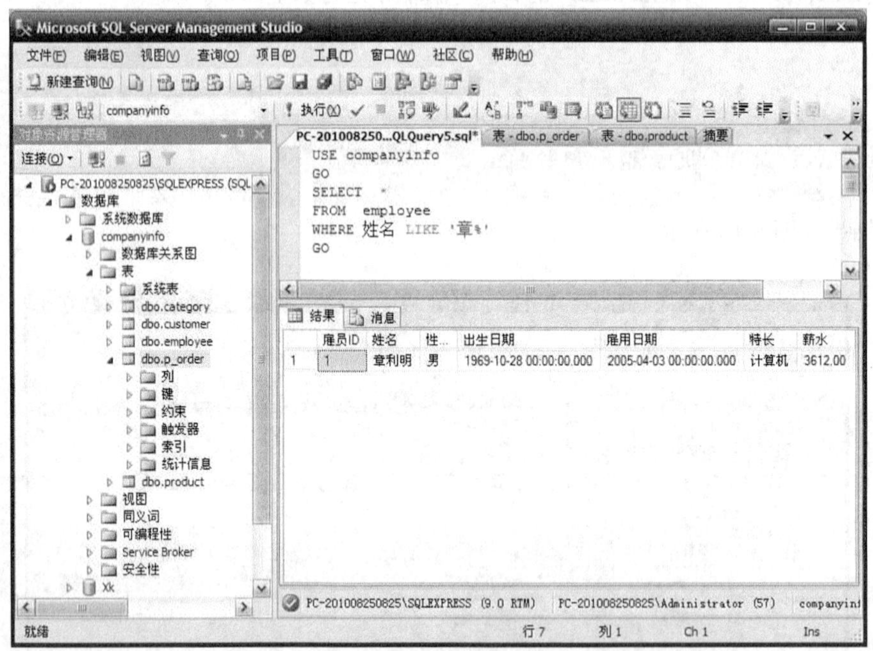

图 6-19　使用通配符“%”的查询结果

例 6.19　查询雇员表 employee 中所有姓名中第二个字为“利”字的雇员的姓名和出生日期。

在 SQL Server Management Studio 的查询分析器中运行如下命令。

```
USE companyinfo
GO
SELECT  *
FROM  employee
```

```
WHERE 姓名 LIKE '_利%'
GO
```

运行结果如图 6-20 所示。

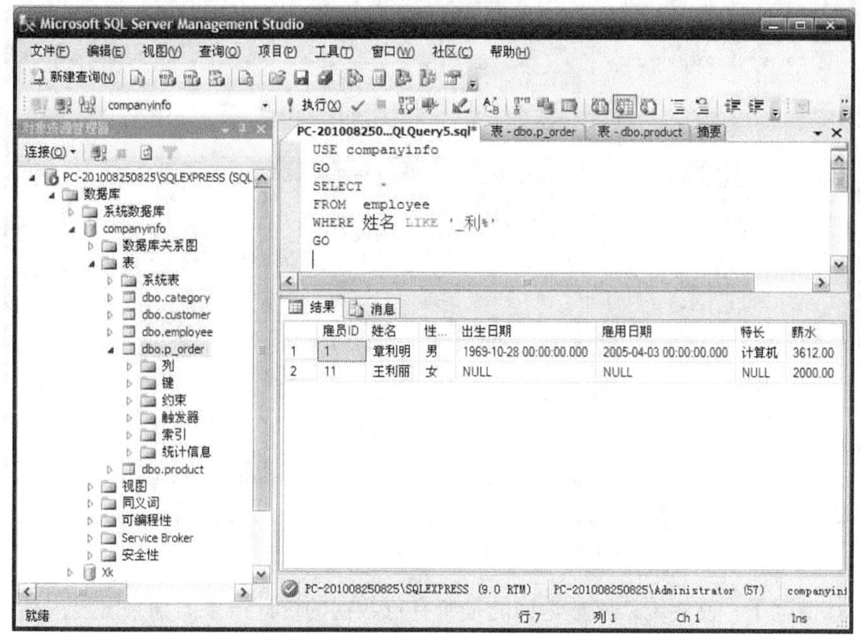

图 6-20　使用通配符“_”的查询结果

⑥ ORDER BY 子句。使用 SELECT 语句查询的数据一般是没有经过排序的。为了方便阅读和使用，最好对查询的结果进行一次排序。SQL 中，用于排序的是 ORDER BY 子句，其语法格式如下。

```
ORDER BY 表达式 1 [ ASC | DESC] [,表达式 2[ ASC | DESC][,…n]]
```

其中，各参数的含义如下。

表达式：用于排序的列。

ASC | DESC：数据按升 | 降序排列，默认为 ASC（升序）。

可以用多列进行排序，各列在 ORDER BY 子句中的顺序决定了排序过程中的优先级。NTEXT、TEXT 或 IMAGE 类型的列不允许出现在 ORDER BY 子句中。

例 6.20　在订单表 p_order 中，查询产品 ID、数量和订货日期，并按订货日期降序给产品排序。

在 SQL Server Management Studio 的查询分析器中运行如下命令。

```
USE companyinfo
GO
SELECT 产品 ID,数量,订货日期
FROM p_order
ORDER BY 订货日期 desc
GO
```

运行结果如图 6-21 所示。

⑦ GROUP BY 子句。使用 GROUP BY 子句可以对数据按照某列进行分组。GROUP BY 子句可以把 FROM 子句中的关系按分组属性划分为若干组，同一组内的记录具有相同的分组属性。

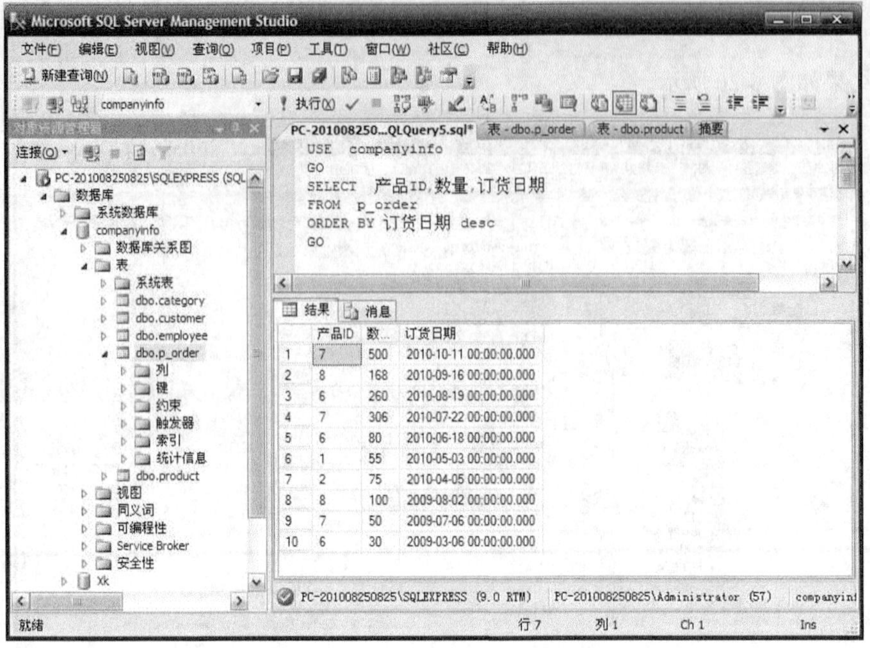

图 6-21　使用 ORDER BY 子句降序排序

在大多数情况下，使用统计函数返回的是所有行数据的统计结果。如果需要按某一列数据的值进行分类，在分类的基础上再进行查询，就要使用 GROUP BY 子句了。该子句写在 WHERE 子句的后面，当在 SELECT 子句中包含聚合函数时，最适合使用 GROUP BY 子句。

在 SELECT 子句中的选项列表中出现的列，包含在聚合函数中或者包含在 GROUP BY 子句中，否则，SQL Server 将返回如下错误提示。

"表名.列名在选择列表中无效，因为该列既不包含在聚合函数中，也不包含在 GROUP BY 子句中"。

为了有效地实现数据集分类汇总，进行求平均值等统计，SQL Server 提供了一系列的聚合函数，如表 6-3 所示。

表 6-3　常用的聚合函数

聚 合 函 数	结　果
SUM（[ALL|DISTINCT]expression）	数字表达式中所有值的和
AVG（[ALL|DISTINCT]expression）	数字表达式中所有值的平均值
COUNT（[ALL|DISTINCT]expression）	表达式中值的个数
COUNT(*)	选定的行数
MAX(expression)	表达式中的最大值
MIN(expression)	表达式中的最小值

例 6.21　计算订单表 p_order 中所有产品的已订购总额。

在 SQL Server Management Studio 的查询分析器中运行如下命令。

```
USE  COMPANYINFO
GO
SELECT  SUM(数量)
FROM  p_order
GO
```

运行结果如图 6-22 所示。

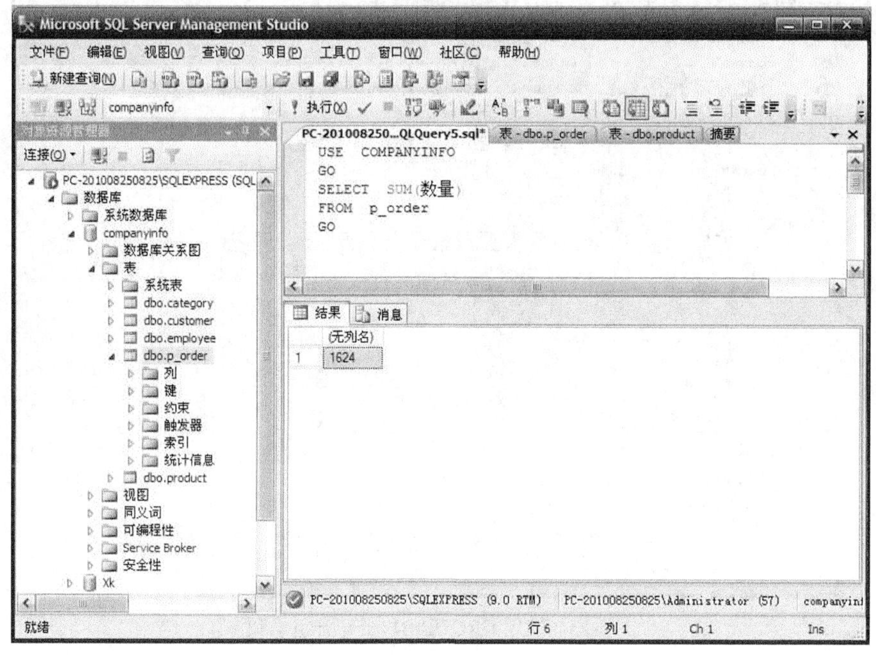

图 6-22　查询所有数据行指定列的和

例 6.22　在订单表 p_order 中按产品 ID，查询每件产品的订购总和。

在 SQL Server Management Studio 的查询分析器中运行如下命令。

```
USE companyinfo
GO
SELECT 产品 ID,sum(数量)as 总数量
FROM p_order
GROUP BY 产品 ID
GO
```

运行结果如图 6-23 所示。

例 6.23　在产品表 product 中按类别 ID 的种类分类，求出各种类型产品的价格总和、平均单价以及各类产品的数量。

在 SQL Server Management Studio 的查询分析器中运行如下命令。

```
USE companyinfo
GO
SELECT 类别 ID,sum(单价) '价格总和', avg(单价) '平均单价',count(*)
FROM product
GROUP BY 类别 ID
GO
```

运行结果如图 6-24 所示。

⑧ HAVING 子句。HAVING 子句指定组或聚合的搜索条件，通常与 GROUP BY 子句一起使用。如果不使用 GROUP BY 子句，HAVING 的行为与 WHERE 子句一样。HAVING 的语法结构如下。

```
[HAVING <search_condition>]
```

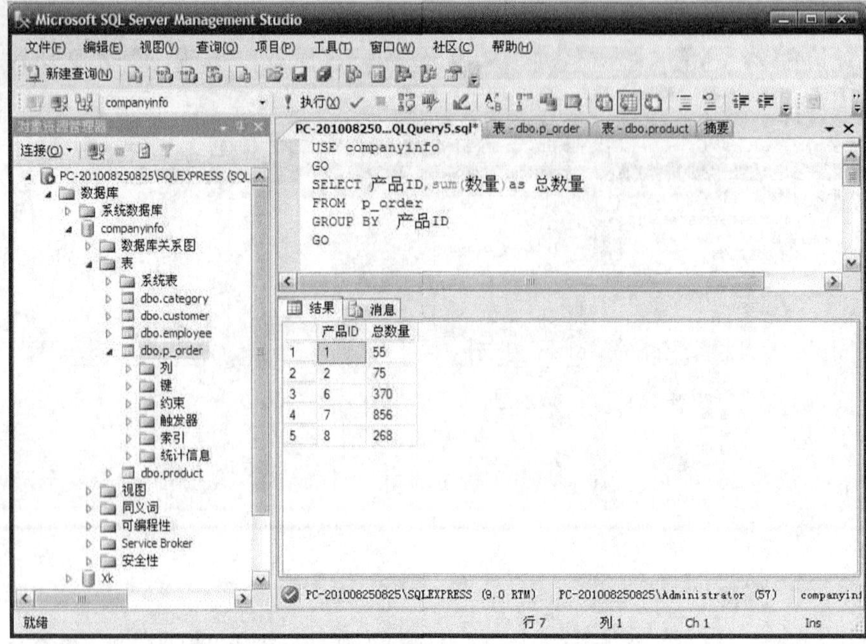

图 6-23　使用 GROUP BY 子句分组求和

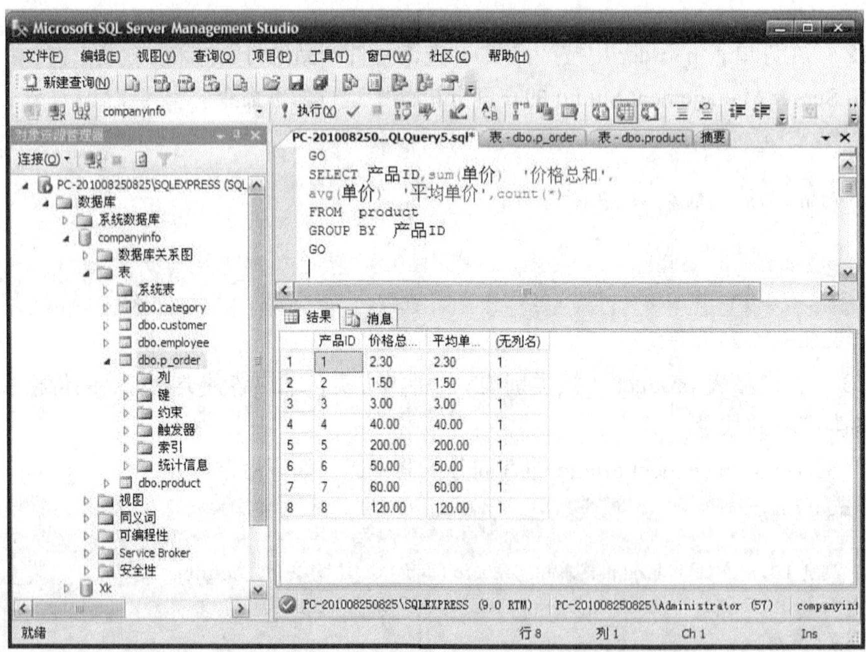

图 6-24　使用 GROUP BY 子句分组后对多项数据计算

其中，<search_condition>用于指定组或聚合应满足的搜索条件。

当 HAVING 与 GROUP　BY ALL 一起使用时，HAVING 子句替代 ALL。在 HAVING 子句中不能使用 text、image 和 ntext 数据类型。

例 6.24　查询平均价格超过 10 元的产品的种类。

在 SQL Server Management Studio 的查询分析器中运行如下命令。

```
USE companyinfo
GO
SELECT   类别 ID,avg(单价) '平均价格'
FROM    product
GROUP   By   类别 ID
HAVING  avg(单价)>10
GO
```

运行结果如图 6-25 所示。

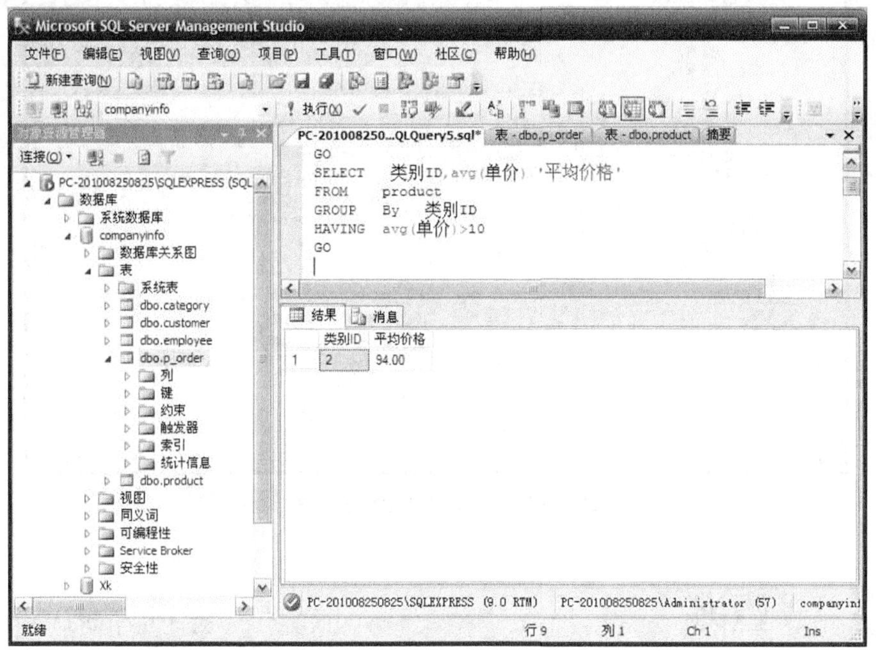

图 6-25　使用 HAVING 的查询结果

⑨ COMPUTE BY 子句。使用 COMPUTE BY 子句可以对 BY 后面指定的列进行分组显示，并计算该列的分组小计，既显示查询结果的明细行，又显示汇总行。使用 COMPUTE BY 子句时必须按照 ORDER BY 和 COMPUTE BY 子句中 BY 指定的列进行排序。其语法格式如下。

```
[COMPUTE {聚合函数名 (列名)} [, …N ]  [BY expression [, … N] ]
```

例 6.25　查找订单表 p_order 中各产品的订单 ID、产品 ID、数量和订货日期，并产生一个订单个数行和一个数量总和行。

在 SQL Server Management Studio 的查询分析器中运行如下命令。

```
USE companyinfo
GO
SELECT 订单 ID, 产品 ID,数量,订货日期
FROM  p_order
ORDER BY 产品 ID
COMPUTE   count(订单 ID) ,SUM(数量) BY 产品 ID
```

运行结果如图 6-26 所示。

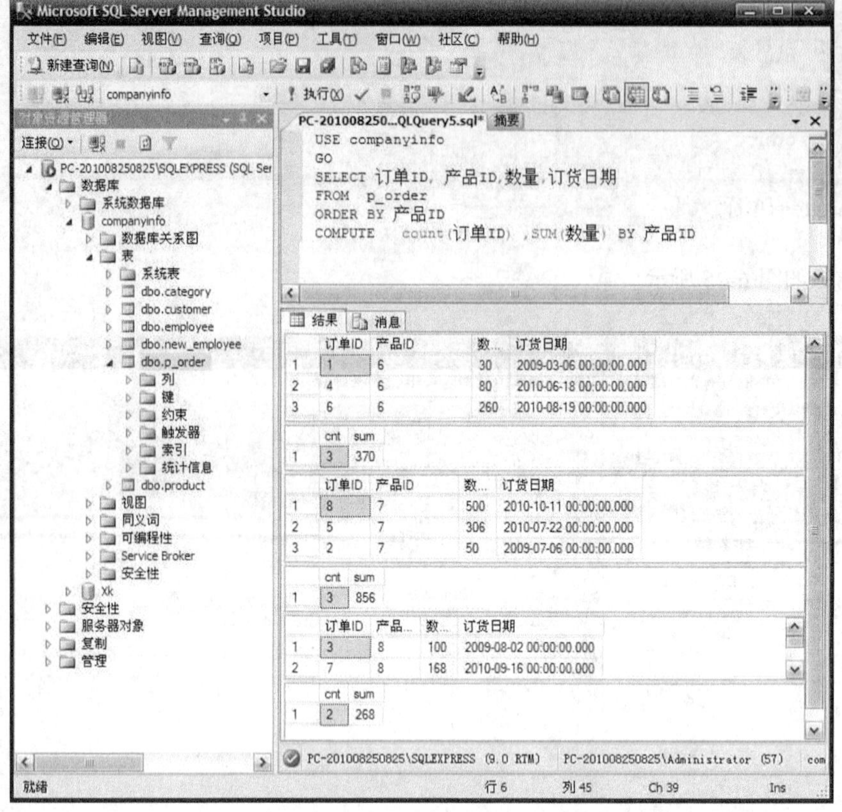

图 6-26　使用 COMPUTE BY 子句进行查询

6.2 子查询

一个 SELECT-FROM-WHERE 语句称为一个查询块，有时一个查询块无法完成查询任务，需要一个子查询的结果作为主查询语句的条件。

子查询和连接查询一样，提供了使用单个查询访问多个表中数据的方法。子查询在查询其他结果的基础上，提供了一种进一步有效的方式来表示 WHERE 子句中的条件。子查询在 SELECT、INSERT、UPDATE、DELETE 语句中都可以使用。

嵌套在另一个查询块的条件子句中的查询被称为嵌套查询。嵌套查询可以用多个简单查询构成复杂的查询，从而增强其查询功能。

SQL Server 允许多层嵌套查询，即一个子查询中还可以嵌套其他子查询。嵌套查询的求解方法一般是由里向外进行处理，即每个子查询在上一级查询处理之前求解，子查询的结果用于建立其父查询的查找条件。

子查询的返回结果是一个值的嵌套查询称为单值嵌套查询。

子查询也称为内部查询或内部选择，而包含子查询的语句也称为外部查询或外部选择，许多包含子查询的 T-SQL 语句都可以改为用连接表示。而其他一些问题只能由子查询提出。

在 T-SQL 中，包括子查询的语句和不包括子查询但语义上等效的语句在性能方面通常没有区别。但是，在一些必须检查存在性的情况中，使用连接会产生更好的性能。否则，为确保消除重复

值，必须为外部查询的每个结果都处理嵌套查询。所以在这些情况下，连接方式会产生更好的效果。

1. 单值嵌套

在该方式下，通过子查询返回一个单一的数据，该数据可以参加相关表达式的运算。当子查询返回的是单值时，可以使用>、<、=、<=、>=、!=或<>等比较运算符。

在这种方法下，通过子查询取得的数据必须是唯一的，不能返回多值，否则运行将出现错误。

例 6.26　查询“鼠标”所属的类别名和相应的说明。

在 SQL Server Management Studio 的查询分析器中运行如下命令。

```
USE companyinfo
GO
SELECT  类别名,说明
FROM  category
WHERE  类别 ID=(SELECT  类别 ID
              FROM  product
              WHERE  产品名='鼠标')
```

运行结果如图 6-27 所示。

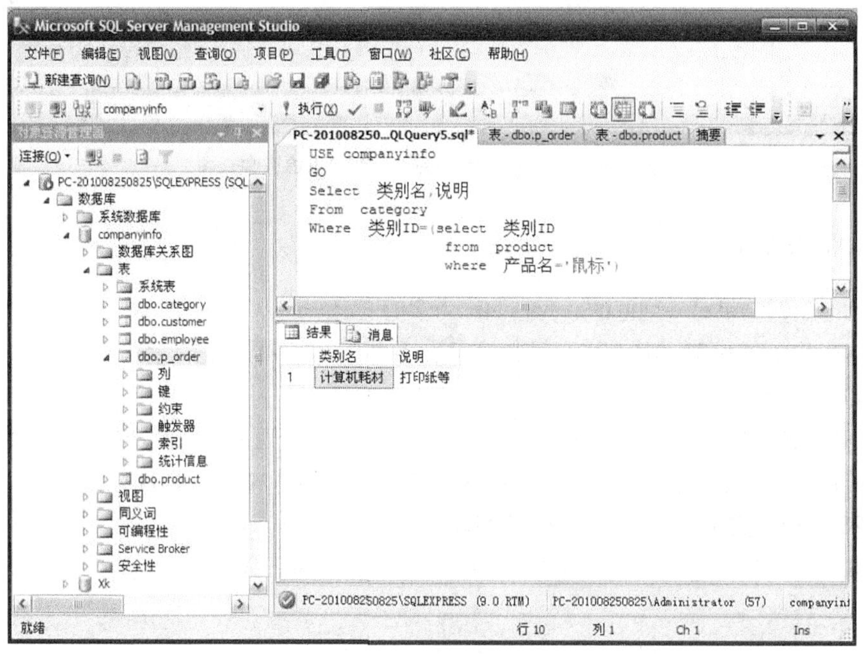

图 6-27　子查询的单值嵌套查询

例 6.27　查询所有订购了“打印机”产品的公司信息。

在 SQL Server Management Studio 的查询分析器中运行如下命令。

```
USE companyinfo
GO
SELECT  *
FROM  customer
WHERE  客户 ID in(SELECT  客户 ID
FROM  p_order
WHERE 产品 ID=(SELECT  产品 ID
```

```
        FROM  product
        WHERE  产品名='打印机'
        ))
```

运行结果如图 6-28 所示。

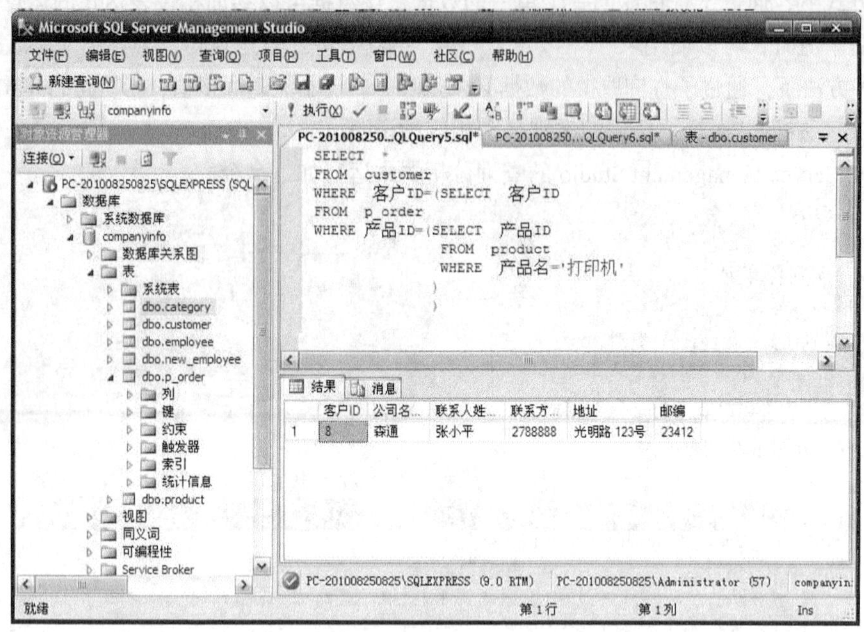

图 6-28　带有 IN 关键字的子查询的单值嵌套查询

2. 多值嵌套查询

子查询的返回结果是一列值的嵌套查询称为多值嵌套查询。

（1）[NOT]IN 操作符。IN 运算符可以测试表达式的值是否与子查询返回集中的某一个相等，NOT IN 恰好与其相反。

（2）[NOT]EXISTS 操作符。EXISTS 表示一个子查询至少返回一行时产生逻辑真值“true”，不返回任何行时产生逻辑假值“false”。与 EXISTS 相对应的是 NOT EXISTS。

例 6.28　查询类别 ID 为“1”的所有订单的信息。

在 SQL Server Management Studio 的查询分析器中运行如下命令。

```
USE companyinfo
GO
SELECT 订单 ID,产品 ID,数量,订货日期
FROM  P_ORDER
WHERE 产品 ID  IN  (SELECT 产品 ID
                    FROM  PRODUCT
                    WHERE 类别 ID=1 )
```

运行结果如图 6-29 所示。

例 6.29　查询所有订购了“鼠标”产品的公司的公司名称和联系方式。

在 SQL Server Management Studio 的查询分析器中运行如下命令。

SELECT 公司名称，联系方式

```
FROM customer
```

```
WHERE 客户 ID in (SELECT 客户 ID
                  FROM  p_order
                  WHERE   产品 ID=(SELECT 产品 ID
                                  FROM  product
                                  WHERE  产品名='鼠标'
                                  )
                  )
```

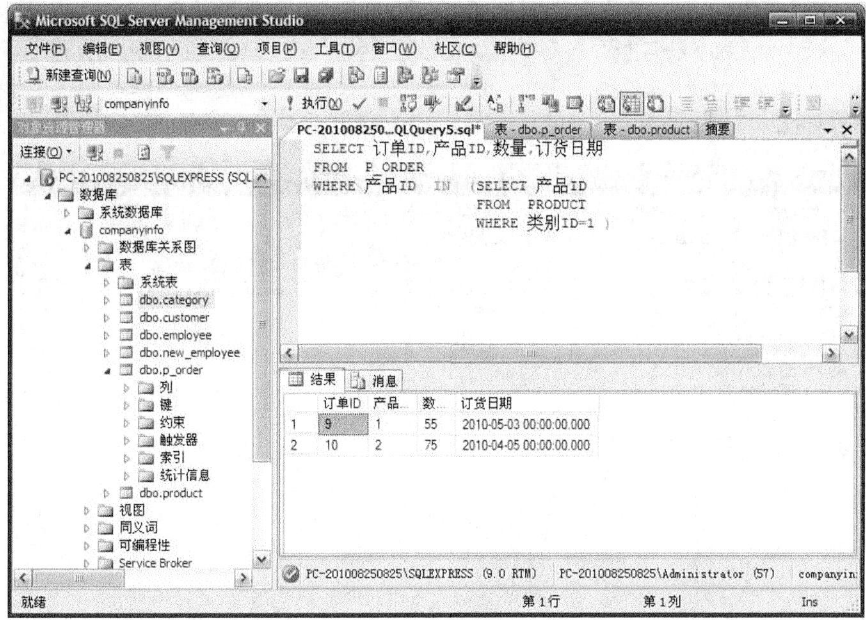

图 6-29　带有 IN 关键字的多值嵌套查询

运行结果如图 6-30 所示。

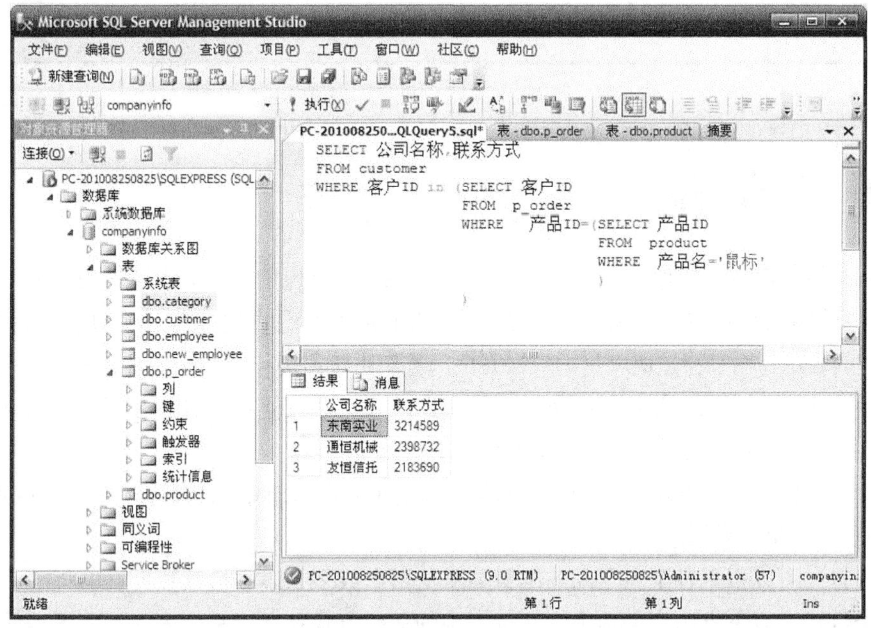

图 6-30　带有 IN 关键字的多值复杂嵌套查询

例 6.30 查询公司名称为“东南实业”的公司订购的所有订单的订单 ID 和数量。

在 SQL Server Management Studio 的查询分析器中运行如下命令。

```
USE companyinfo
GO
SELECT  订单 ID,数量
FROM  p_order
WHERE  客户 ID=(SELECT 客户 ID FROM
              customer
              WHERE 公司名称 = '东南实业')
GO
```

运行结果如图 6-31 所示。

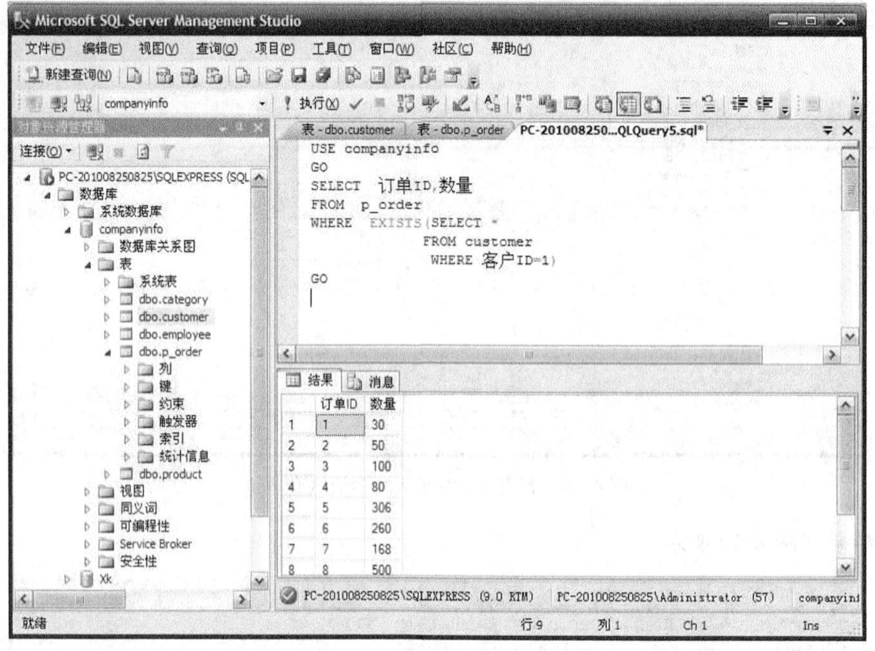

图 6-31 带有 EXISTS 关键字的多值嵌套查询

6.3 多表查询

前面所讲的内容主要是对单个表进行查询。在关系型数据库中，可以对多个表或视图进行查询，查询时，需要使用 WHERE 子句将表（或视图）与表（或视图）进行连接，否则就会出现笛卡儿积，达不到查询的目的，而且会造成大量的数据冗余，甚至由于占用存储空间太多，导致系统超载。

为避免产生笛卡儿积，并且得到所需要的查询结果，必须使用 WHERE 子句给出连接条件。一般来说，对 N 个表（或视图）的查询要有 N−1 个连接条件。

多表查询中的表或视图可以在同一个数据库中，也可以来自不同的数据库。在 FROM 子句中最多可以使用 16 个表或视图。

通过连接，可以根据各个表之间的逻辑关系从两个或多个表中检索数据。

连接条件通过以下方法定义两个表在查询中的关联方式：指定每个表中要用于连接的列。典型的连接条件在一个表中指定外键，在另一个表中指定与其关联的键。指定比较各列的值时要使

用的逻辑运算符（=、<> 等）。

连接查询包括内连接、外连接和交叉连接。

6.3.1　内连接

内连接也叫自然连接，它是组合两个表的常用方法。自然连接将两个表中的列进行比较，返回每对匹配的行，废弃两个表中不匹配的行。如果未指定连接类型，则默认设置为内连接。

内连接有两种形式的语法结构。

语法一：

```
SELECT  列
FROM  表1 [inner] JION 表2
ON 表1.列=表2.列
```

语法二：

```
SELECT  列
FROM   表1，表2
WHERE    表1.列=表2.列
```

例 6.31　查询已订购了产品的公司的公司名称、联系人姓名和所订产品的产品 ID 和数量。

在 SQL Server Management Studio 的查询分析器中运行如下命令。

```
USE companyinfo
GO
SELECT  公司名称,联系人姓名,产品ID,数量
FROM  customer   INNER  JOIN  p_order
ON  customer.客户ID= p_order.客户ID
GO
```

运行结果如图 6-32 所示。

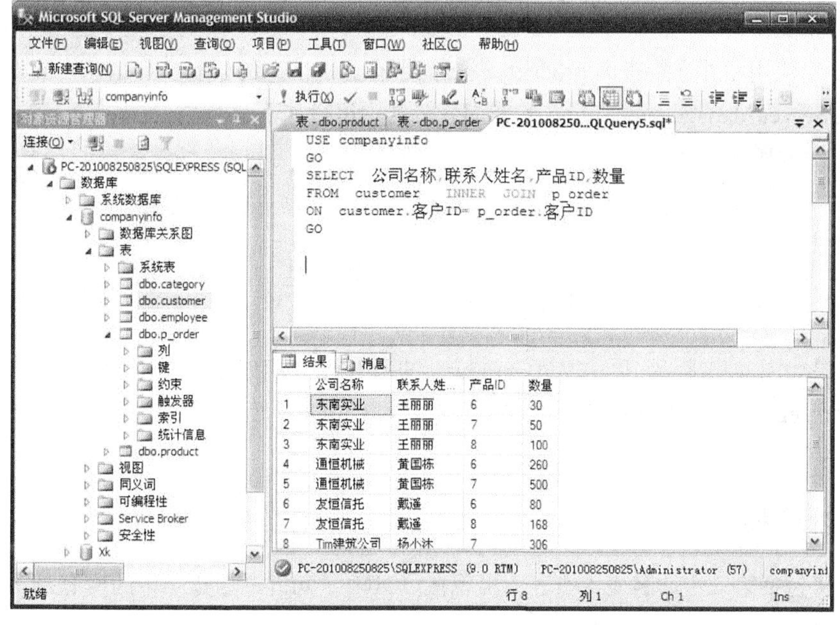

图 6-32　内连接查询

6.3.2 外连接

在自然连接中，只有在两个表中匹配的行才能在结果集中出现。在外连接中可以只限制一个表，而对另外一个表不加限制（即所有的行都出现在结果集中）。

外连接分为左外连接、右外连接和全外连接。左外连接是对连接条件中左边的表不加以限制；右外连接是对右边的表不加以限制；全外连接是对两个表都不加以限制，所有两个表中的行都包括在结果集中。

左外连接的语法如下。

```
SELECT 列
FROM 表1  LEFT  [OUTER]  JOIN 表2
ON 表1.列1=表2.列2
```

右外连接的语法如下。

```
SELECT select_list
FROM  表1 RIGHT [OUTER]  JOIN 表2
ON 表1.列1=表2.列2
```

全外连接的语法如下。

```
SELECT select_list
FROM  表1 FULL  [OUTER]  JOIN  表2
ON 表1.列1=表2.列2
```

1. 左外连接

左外连接连接两个表，并保留左表中没有匹配项的行，不包括右表中不匹配的行。

为了方便说明，先在 product 表中插入一条新记录：

产品 ID	产品名	类别 ID	单价	库存量
9	文件夹	8	15.00	360

例 6.32 使用左外连接查询 product 表中凡是有类别信息的所有产品信息。

在 SQL Server Management Studio 的查询分析器中运行如下命令。

```
USE companyinfo
GO
SELECT  product.产品 ID,product.产品名,product.单价,product.库存量,category.类别名,category.说明
FROM product LEFT JOIN category
ON product.类别 ID=category.类别 ID
GO
```

运行结果如图 6-33 所示，显示左表（product）的所有行，并用空值填充那些来自右表（category）的列，因为 category 表中不存在类别 ID 为"8"的类别信息，所以左外连接中类别 ID 为"8"的产品"文件夹"对应的类别信息为 NULL。

2. 右外连接

右外连接包括第二个命名表（右表，出现在 JOIN 子句的最右边）中的所有行，不包括左表中不匹配的行。

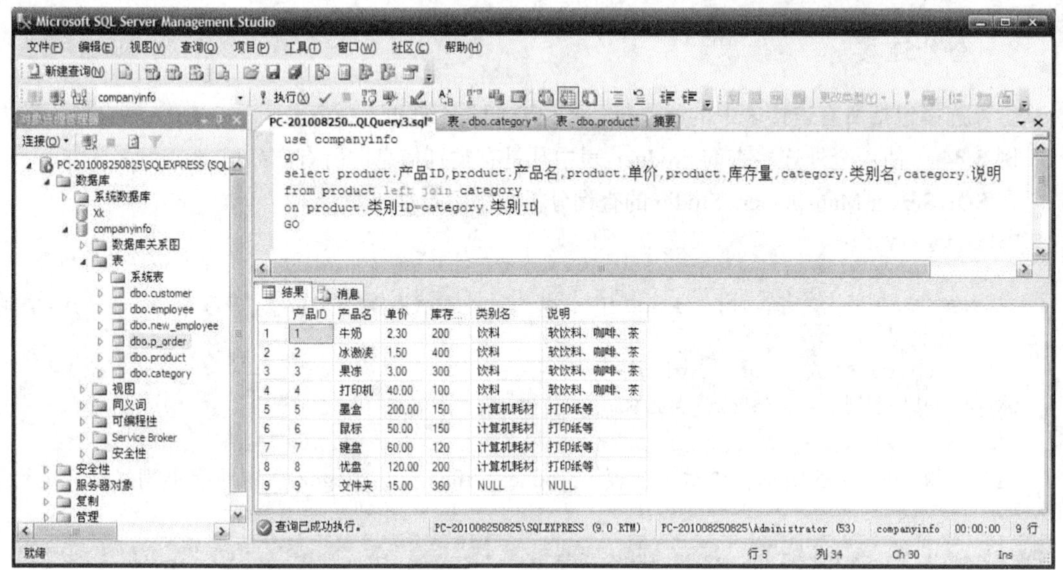

图 6-33　左外连接查询

例 6.33　使用右外连接查询 product 表中凡是有类别信息的所有产品信息。

在 SQL Server Management Studio 的查询分析器中运行如下命令。

```
USE companyinfo
GO
SELECT  product.产品 ID,product.产品名,product.单价,product.库存量,category.类别名,category.说明
FROM product RIGHT JOIN category
ON product.类别 ID=category.类别 ID
GO
```

运行结果如图 6-34 所示，显示右表（category）的所有行，并用空值填充所有来自左表()的那些列，因为 category 表中不存在类别 ID 为“8”的类别信息，所以右外连接中不显示“文件夹”对应的行。

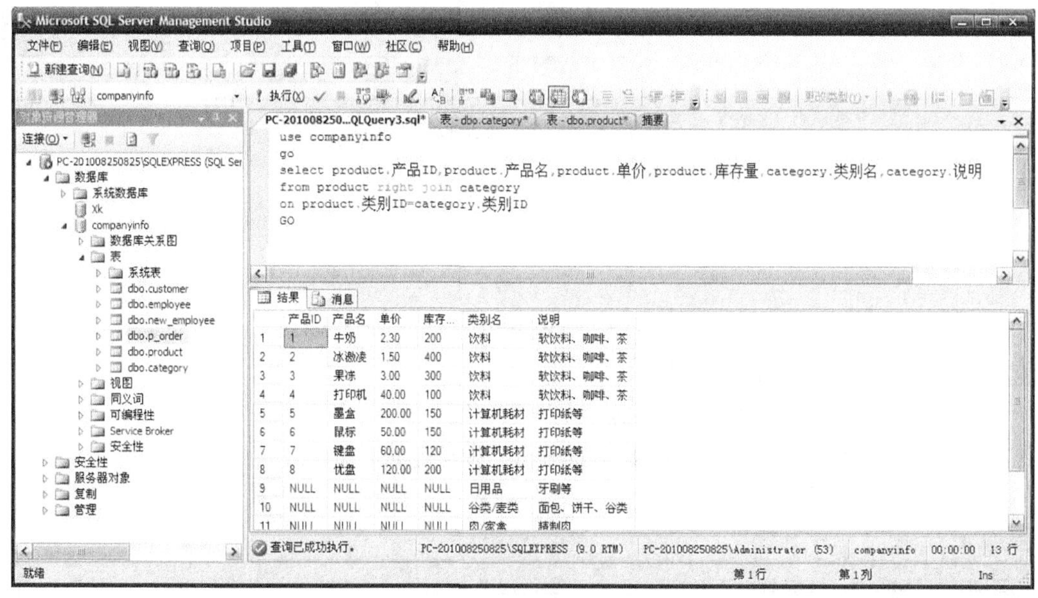

图 6-34　右外连接查询

3. 全外连接

全外连接包括所有连接表中的所有行，不论它们是否匹配。

例 6.34 使用全外连接查询 product 表中凡是有类别信息的所有产品信息。

在 SQL Server Management Studio 的查询分析器中运行如下命令。

```
USE companyinfo
GO
SELECT  product.产品 ID,product.产品名,product.单价,product.库存量,category.类别名,category.说明
FROM product FULL JOIN category
ON product.类别 ID=category.类别 ID
GO
```

运行结果如图 6-35 所示，显示了左表（product）和右表（category）中所有不满足条件的行。

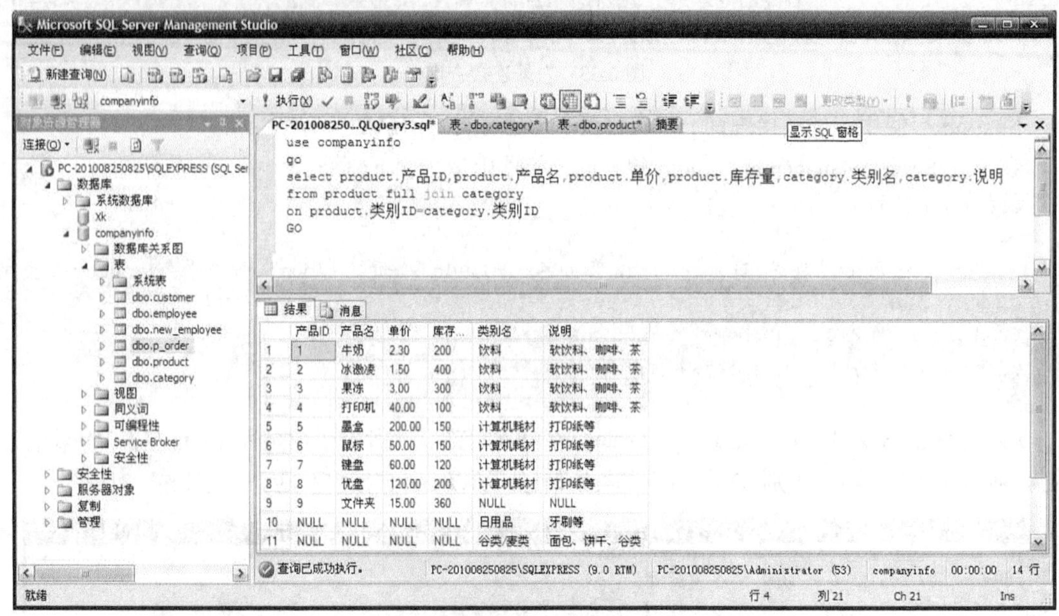

图 6-35 全外连接查询

6.3.3 交叉连接

交叉连接就是将连接的两个表的所有行进行组合，形成一个结果集，该结果集的列数等于两个表的列数和，行数等于两个表的行数积。

例 6.35 计算 product 表与 category 表的交叉连接。

在 SQL Server Management Studio 的查询分析器中运行如下命令。

```
USE companyinfo
GO
SELECT  *
FROM  product,category
GO
```

运行结果如图 6-36 所示。

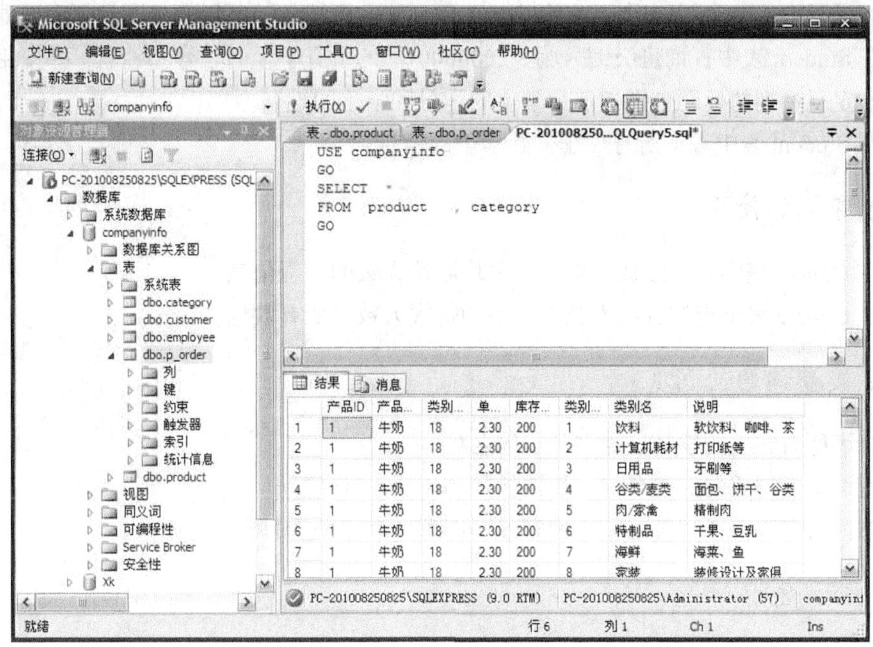

图 6-36　交叉连接查询

6.4 实训

6.4.1　实训目的

（1）掌握 SELECT 语句的基本语法和用法。

（2）使用 ORDER BY 子句进行排序，使用 GROUP BY 子句进行分组统计。

（3）练习数据汇总、连接查询和子查询的方法。

6.4.2　实训要求

（1）使用 XK 数据库中的数据练习 SELECT 语句的基本用法。

（2）对 XK 数据库中的数据进行排序和分类汇总。

（3）在 XK 数据库中使用连接查询和子查询进行数据查询。

6.4.3　实训内容与步骤

1. SELECT 语句的基本使用

（1）查询学生表 Student 中每个学生的基本信息。

（2）在课程表 Course 中查询每门课程的名称和学分。

（3）在课程表 Course 中查询名称为“SQL Server 实用技术”课程的任课教师和开课时间。

（4）在 Student 表中查询班级编号为“20000001”的所有学生的学号和姓名，并使用 AS 子句将结果中指定目标列的标题分别指定为学生的学号和学生的姓名。

（5）在 Student 表中查询所有“李”姓学生的信息。

2. 子查询的使用

（1）在 Course 表中查询限选人数大于平均限选人数的课程信息。

（2）在 Course 表中查询选报人数小于平均选报人数的所有数据。

3. 连接查询的使用

（1）查询所有学生的学号、姓名和班级名称。

（2）查询所有课程的课程名称、任课教师和所属系部。

（3）查询所有选修了“Java 技术的开发”课程的学生的学号和姓名。

4. 数据汇总

（1）在 Student 表中查询班级编号为“20000001”的班级人数。

（2）在 Course 表中查询系部编号为“01”的所有课程限选人数之和。

5. GROUP BY、ORDER BY 子句的使用

（1）在 Student 表中按班级编号统计每个班的学生人数，按学生人数降序排序。

（2）在 Course 表中按系部编号统计所有课程的选报人数。

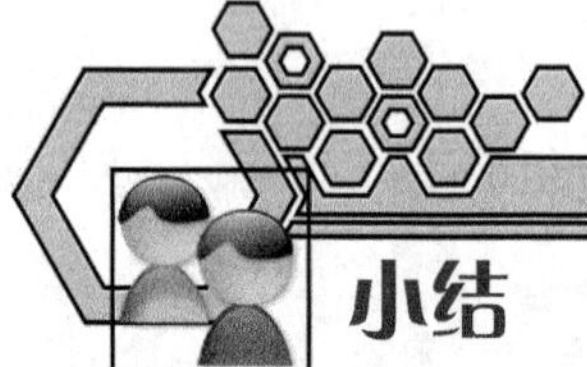

小结

数据查询是数据库系统中最基本也是最重要的操作。本项目主要介绍了各种查询方法，包括单表条件查询、单表多条件查询、多表多条件查询、嵌套查询，并对查询结果进行排序、分组和汇总等操作。

项目7

实现公司管理数据库系统的编程

【教学目标】

了解 SQL 编程的基础知识和 SQL Server 2005 提供的常用系统函数，具有常用代码的编写能力。

【能力目标】

（1）能够正确应用 T-SQL 的表达式和基本控制语句。

（2）能够根据项目需求分析编写简单的 T-SQL 程序。

【学习导航】

使用 T-SQL 语句编写的程序可以通过 SQL Server 提供的 SQL Server Management Studio 查询分析器运行，也可以存储在数据库服务器上运行。本项目学习 T-SQL 编程基础知识，为后面存储过程、触发器的编程打好基础。在图 7-1 中，可以看到本项目在公司管理数据库系统开发中的环节及位置。

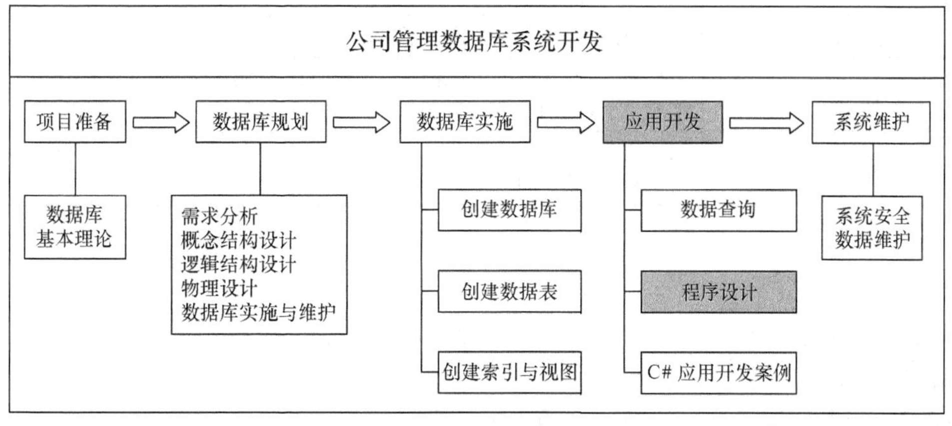

图 7-1　本项目在公司管理数据库系统开发中的环节位置

【工作任务】

为了完成公司数据库管理系统的管理、维护和开发，用户需要编写一些代码，来管

理雇员的工作业绩信息和实现订购订单功能，以提高系统的效率。

7.1 理论知识准备

7.1.1 T-SQL 编程元素

Transact-SQL（简称 T-SQL）在支持标准 SQL 的同时，还对其进行了扩充，引入了变量定义、流程控制和自定义存储过程等语句，极大地扩展了 SQL Server 2005 的功能。使用 T-SQL 语句编写的程序可以通过 SQL Server 的查询分析器运行，也可以存储在数据库服务器上运行。任何应用程序，不管它是用什么形式的高级语言编写的，只要目的是向 SQL Server 的数据库管理系统发出命令以获得数据库管理系统的响应，最终都必须体现为以 T-SQL 语句为表现形式的指令。因此，无论是数据库管理员，还是数据库应用程序的开发人员，要想深入掌握 SQL Server 2005，认真学习 T-SQL 是必要的。

1. T-SQL 语法规则

T-SQL 的语法规则如表 7-1 所示。

表 7-1　　T-SQL 的语法规则

书 写 规 则	说　明
大写	T-SQL 关键字
斜体或小写字母	T-SQL 语法中用户提供的参数
|（竖线）	分隔括号或大括号内的语法项目，只能选择一个项目
[]（方括号）	可选项，不必输入方括号
{}（大括号）	必选项，不要输入大括号
( )（小括号）	语句的组成部分，必须输入
[，…,n]	表示前面的项可重复 n 次，项之间由逗号分隔
[…n]	表示前面的项可重复 n 次，项之间由空格分隔
加粗	数据库名、表名、列名、索引名、存储过程、实用程序、数据类型名以及必须按所显示的原样输入的文本
<标签>::=	语法块的名称。此规则用于对可在语句中的多个位置使用的过长语法或语法单元部分进行分组和标记

2. 有效标识符

标识符用来标识服务器、数据库和数据库对象（如表、视图、索引、过程等）。T-SQL 的保留字不能作为标识符。

SQL Server 的标识符分为常规标识符和分隔标识符。

（1）常规标识符。第一个字符必须是下列字符之一：26 个大小写字母，以及来自其他语言的字母字符，还可以是下划线（_）、@或者#。

其他字符可以是大小写字母或其他国家/地区字符中的十进制数字、@、$、#、_。

常规标识符不允许嵌入空格或其他特殊字符。

（2）分隔标识符。用双引号“”或者方括号[ ]分隔标识符。

在 SQL Server 中，以@符号开始的标识符表示局部变量或者参数；以@@开始的标识符表示全局变量或配置函数；以#开始的标识符表示临时表或过程；以##开始的标识符表示全局临时对象。

标识符的字符长度不能超过 128 个字符，临时表标识符的长度不能超过 116 个字符。

3. 注释

注释有两个作用：其一，对程序代码的功能及实现方式进行简要的解释和说明，以便于将来对程序代码进行维护；其二，可以把程序中暂时不用的语句加以注释，使它们暂时不被执行，等需要执行这些语句时，再将它们恢复。T-SQL 支持以下两种类型的注释。

（1）多行注释。使用“/*”和“*/”可以将连续书写的多行语句设为注释，如下所示。

/*设置产品 ID 为外键，

　删除主键表行时级联删除从表相应行：*/

（2）单行注释。使用“--”可以将单行书写的语句设为注释，如下所示。

　--声明局部变量

7.1.2　常用函数

函数对于任何程序设计语言都是非常关键的组成部分。SQL Server 提供的函数分为聚合函数、配置函数、游标函数、日期函数、数学函数、元数据函数、行集函数、安全函数、字符串函数、系统函数、文本和图像函数几类。一些函数还提供了获得信息的快捷方法。函数有返回值，返回值的类型取决于所使用的函数。

1. 聚合函数

聚合函数也称为统计函数，它对一组值进行计算并返回一个数值。聚合函数经常与 SELECT 语句子句一起使用。

例 7.1　统计 employee 表共有多少员工。

实例分析：在 employee 表中的一行数据就是一个员工的信息，统计有多少员工就是统计 employees 表中有多少行。统计多少行使用 count(*)的函数。

在查询分析器中执行如下 SQL 语句。

```
USE companyinfo
GO
SELECT COUNT(*) AS'员工总人数'
FROM employee
GO
```

执行结果如图 7-2 所示。

例 7.2　统计 p_order 表中订购的所有产品的数量。

实例分析：要统计 p_order 表所订购产品的数量，就要对“数量”列计算总和，这需要使用 SUM 函数。

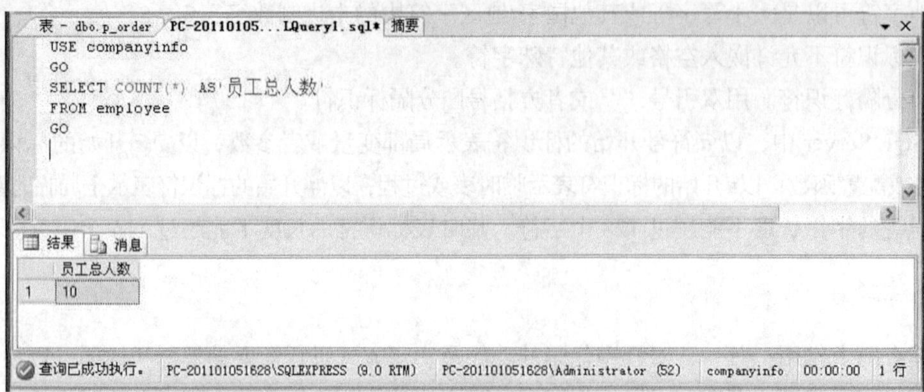

图 7-2 查询 employee 表中有多少员工

在查询分析器中执行如下 SQL 语句。

```
USE companyinfo
GO
SELECT SUM(数量)
FROM p_order
GO
```

例 7.3 统计 p_order 表中订购量最少的产品。

实例分析：统计产品订购量最少的产品需要使用 MIN（ ）函数。

在查询分析器中执行如下 SQL 语句。

```
USE companyinfo
GO
SELECT MIN(数量)
FROM p_order
GO
```

2. 字符串函数

字符串函数用于对字符串进行连接、截取等操作。表 7-2 列出了常用的字符串函数。

表 7-2 常用的字符串函数及其功能

字符串函数	功 能
ASC II（字符表达式）	返回字符表达式最左边字符的 ASC II 码
CHAR（整型表达式）	将一个 ASC II 码转换为字符，ASC II 码的范围为 0～255
SPACE（整型表达式）	返回由 n 个空格组成的字符串，n 是整型表达式的值
LEN（字符表达式）	返回字符表达式的字符（而不是字节）数，不计算尾部的空格
RIGHT（字符表达式，整型表达式）	从字符表达式中返回最右边的 n 个字符，n 是整型表达式的值
LEFT（字符表达式，整型表达式）	从字符表达式中返回最左边的 n 个字符，n 是整型表达式的值
SUBSTRING（字符表达式，起始点，n）	返回字符串表达式中从“起始点”开始的 n 个字符
STR（浮点表达式[，长度[，小数]])	将浮点表达式转换为给定长度的字符串，小数点后的位数由给定的“小数”确定
LTRIM（字符表达式）	去掉字符表达式的前导空格
RTRIM（字符表达式）	去掉字符表达式的尾部空格
LOWER（字符表达式）	将字符表达式的字母转换为小写字母

续表

字符串函数	功　能
UPPER（字符表达式）	将字符表达式的字母转换为大写字母
REVERSE（字符表达式）	返回字符表达式的逆序
CHARINDEX（字符表达式 1，字符表达式 2，[开始位置]）	返回字符表达式 1 在字符表达式 2 的开始位置，可从所给出的“开始位置”进行查找，如果没指定开始位置，或者指定为负数或 0，则默认从字符表达式 2 的开始位置查找
REPLICATE（字符表达式，整型表达式）	将字符表达式重复多次，整型表达式给出重复的次数
STUFF（字符表达式 1，start，length，字符表达式 2）	将字符表达式 1 中从“start”位置开始的“length”个字符换成字符表达 2
+	将字符串进行连接

例 7.4　给出字符串“数据库”在字符串“大型数据库技术”中的位置。

实例分析：该题需要给出“数据库”在“大型数据库技术”中的开始位置，使用 CHARINDEX 函数，字符表达式 1 为“数据库”，字符表达式 2 为“大型数据库技术”。从字符表达式 2 的开始位置查找。本题不使用表。

在查询分析器中执行如下 SQL 语句。

```
SELECT CHARINDEX('数据库','大型数据库技术')
GO
```

例 7.5　计算字符串“SQL Server 数据库管理系统”的字符个数。

实例分析：该题需要使用计算字符长度函数 LEN，表示为“LEN('SQL Server 数据库管理系统')”。

在查询分析器中执行如下 SQL 语句。

```
SELECT  LEN('SQL Server 数据库管理系统')
GO
```

例 7.6　显示信息：将“Hello”显示两次，然后间隔 10 个空格，再将“World”显示两次。

实例分析：本题使用 REPLICATE 函数，显示两次“Hello”表示为“REPLICATE('HellO',2)”；显示两次“World”表示为“REPLICATE('World',2)”。间隔 10 个空格使用 SPACE 函数表示为“SPACE(10)”。

在查询分析器中执行如下 SQL 语句。

```
SELECT REPLICATE('HellO',2),SPACE(10),REPLICATE('World',2)
GO
```

执行结果如图 7-3 所示。

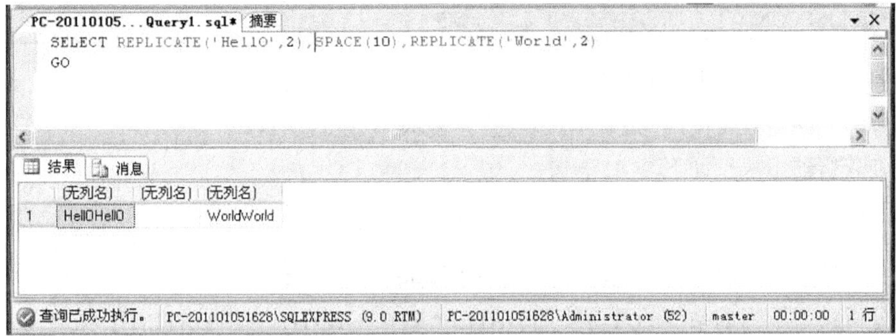

图 7-3　使用 REPLICATE 函数和 SPACE 函数

3. 日期函数

日期函数用来显示日期和时间的信息。它们处理 dataUme 和 smaUdatatime 的值，并对其进行算术运算。表 7-3 列出了常用的日期函数。

表 7-3　常用的日期函数

日 期 函 数	功　能
GETDATE( )	返回服务器当前系统的日期和时间
DATENAME（日期元素，日期）	返回指定日期的名称，返回值为字符串
DATEPART（日期元素，日期）	返回指定日期的一部分，以整数返回
DATEDIFF（日期元素，日期 1，日期 2）	返回两个日期间的差值并转换为指定日期元素的形式
DATEADD（日期元素，数值，日期）	将日期元素加上日期产生新的日期
YEAR（日期）	返回年份(整数)
MONTH（日期）	返回月份(整数)
DAY（日期）	返回某月几号的整数值
GETUTCDATE( )	返回表示当前 UTC 时间(世界时间坐标或格林尼治标准时间)的日期值

表 7-3 中日期元素的缩写和取值范围在表 7-4 中给出。

表 7-4　日期元素及其缩写和取值范围

日 期 元 素	缩　写	取 值 范 围
YEAR	YY	1753～9999
MONTH	MM	1～12
DAY	DD	1～31
DAY OF YEAR	DY	1～366
WEEK	WK	0～52
WEEKDAY	DW	1～7
HOUR	HH	0～23
MINUTE	MI	0～59
QUARTER	QQ	1～4
SECOND	SS	0～59
MILLISECOND	MS	0～999

例 7.7　显示服务器当前系统的日期与时间。

实例分析：该题需要使用 GETDATE 函数，表示为 GETDATE()。

在查询分析器中执行如下 SQL 语句。

```
SELECT GETDATE()
GO
```

例 7.8　显示服务器当前系统的月份和月份名称。

实例分析：显示当前系统的月份使用 DATEPART(MONTH，GETDATE())，或者 DATEPART(MM，GETDATE())；显示当前系统的月份名称使用 DATENAME(MONTH，GETDATE())，

或者 DATENAME(MM，GETDATE())。

在查询分析器中执行如下 SQL 语句。

```
SELECT DATEPART(MONTH, GETDATE())
SELECT DATENAME(MONTH, GETDATE())
GO
```

执行结果如图 7-4 所示。

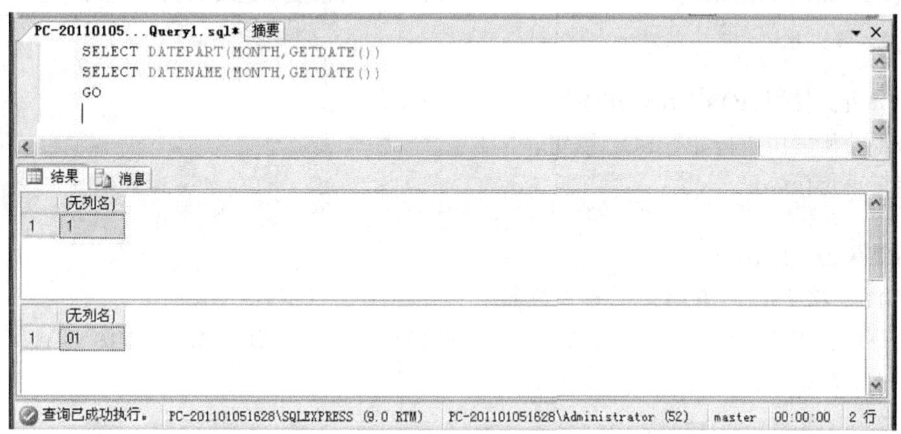

图 7-4　使用 DATEPART 函数和 DATENAME 函数

例 7.9　小张的生日为“1979/12/23”，使用日期函数计算小张的年龄。

实例分析：本题计算服务器当前系统时间 GETDATE()与小张生日“1979/12/23”之差，并以日期元素 YEAR(或 YY)的形式返回，用函数表示为

```
DATEDIFF(yy,'1979/12/23',GETDATE())。
```

在查询分析器中执行如下 SQL 语句。

```
SELECT '年龄'=DATEDIFF(yy,'1979/12/23',GETDATE())
GO
```

4. 系统函数

系统函数用来获取 SQL 常用的 Server 的有关信息。表 7-5 列出了常用的系统函数。

表 7-5　常用的系统函数

系 统 函 数	功　　能
APP_NAME()	返回当前会话的应用程序名称（如果应用程序进行了设置）
CASE 表达式	计算条件列表，并返回表达式的多个可能结果之一
CAST(expression AS data_type)	将表达式显式转换为另一种数据类型
CONVERT(data_type[(length)]，expression[，style])	将表达式显式转换为另一种数据类型。CAST 和 CONVERT 提供相似的功能
COALESCE(expression[，…，n])	返回列表清单中的第一个非空表达式
DATALENGTH(expression)	返回表达式所占用的字节数
HOST_NAME()	返回主机名称
ISDATE(expression)	表达式为有效日期格式时返回 1，否则返回 0

续表

系统函数	功能
ISNULL(check_expression，replacement_value)	表达式值为 NULL 时，用指定的值进行替换
ISNUMERIC(expression)	表达式为数值类型时返回 1，否则返回 0
NEWID()	生成全局唯一标识符
NULLIF(expression，expression)	如果两个指定的表达式相等，则返回空值

例 7.10 显示主机名称。

实例分析：使用 HOST_NAME()函数。

在查询分析器中执行如下 SQL 语句。

```
SELECT HOST_NAME()
GO
```

执行结果为：HAND。

例 7.11 将字符串 10.3456 转换为数字。

实例分析：需要使用转换函数 CONVERT，转换后的数据类型为 Decimal(10，4)。

在查询分析器中执行如下 SQL 语句。

```
SELECT CONVERT(Decimal(10,4),'10.3456')
GO
```

执行结果为：10.3456。

5. 数学函数

数学函数用来对数值型数据进行数学运算。表 7-6 列出了常用的数学函数。

表 7-6　　常用的数学函数

数学函数	功能
ABS（数值表达式）	返回表达式的绝对值（正值）
CEILING（数值表达式）	返回大于或等于数值表达式值的最小整数
FLOOR（数值表达式）	返回小于或等于数值表达式值的最大整数，是 CEILING 的反函数
PI( )	返回π的值 3．141 592 653 589 793 1
POWER（数字表达式，幂）	返回数字表达式值的指定次幂的值
RAND（[整型表达式]）	返回一个 0～1 之间的随机十进制数
ROUND（数值表达式，整型表达式）	将数值表达式四舍五入为整型表达式所给定的精度
SQRT（浮点表达式）	返回一个浮点表达式的平方根

例 7.12 返回大于或等于 134.3933 的最小整数；返回小于或等于 134.393 的最大整数。

实例分析：该题需要使用 CEILING 和 FLOOR 函数，分别表示为 CEILING(134．393)和 FLOOR(134.393)。

在查询分析器中执行如下 SQL 语句。

```
SELECT CEILING(134.393)
SELECT FLOOR(134.393)
GO
```

执行结果为：135

134

例 7.13　计算 3^4 和 $\sqrt{16}$ 的值。

实例分析：该题使用 POWER、SQRT 函数，3^4 表示为 POWER(3，4)，$\sqrt{16}$ 表示为 SQRT(16)。在查询分析器中执行如下 SQL 语句。

```
SELECT POWER(3,4)
SELECT SQRT(16)
GO
```

执行结果为：81　4.0。

7.1.3　常量与变量

常量和变量是程序设计中不可缺少的元素，下面介绍常量和变量的具体使用方法。

1. 常量

T-SQL 的常量主要有以下几种。

（1）字符串常量。字符串常量包含在单引号内，由字母、数字字符（a～z、A～Z 和 0～9）以及特殊字符（如!、@和#）组成。

例如，'SQL Server 2005 实例与应用'。

如果字符串常量中包含一个单引号，如 I'm a Student，可以使用两个单引号表示这个字符串常量内的单引号，即表示为：'I''m a Student'。

在字符串常量前面加上字符 N，则表明该字符串常量是 Unicode 字符串常量。

例如，N'Mary'是 Unicode 字符串常量；'Mary'是字符串常量。

Unicode 数据中的每个字符都使用 2 字节存储。字符数据中的每个字符则都使用一字节进行存储。

（2）数值常量。数值常量包括时间常量（datetime、smalldatetime）、整型常量（bigint、int、smallint、tinyint）、带有精度的常量（decimal、numeric）、浮点型常量（float）、实型常量（real）和货币型常量（money、smallmoney）几种。数值常量不需要使用引号。

datetime：范围在 1753 年 1 月 1 日～9999 年 12 月 31 日的日期和时间数据。

smalldatetime：范围在 1900 年 1 月 1 日～2079 年 6 月 6 日的日期和时间数据。

bigint：范围在−9 223 372 036 854 775 808（-2^{63}）～9 223 372 036 854 775 807（$2^{63}-1$）之间的整数。

int：范围在−2 147 483 648（-2^{31}）～2 147 483 647（$2^{31}-1$）之间的整数。

smallint：范围在−32 768（-2^{15}）～32 767（$2^{15}-1$）的整数数据。

tinyint：0～255 范围内的整数。

decimal：范围在 $-10^{38}+1$～$10^{38}-1$ 之间可以带有小数位的数值常量，如 1 876.21。

float：使用科学记数法表示−1.79E+308～1.79E+308 范围的数据。

real：使用科学记数法表示−3.40E+38～3.40E+38 范围的数据，如 101.5E6、54.8E10 等。

money：货币常量，范围为 -2^{26}～$2^{26}-1$，存储大小为 8 字节。以$作为前缀，它可以包含小数点。例如，$12.54、$768.32。

smallmoney：范围为−214 748.364 8～+214.748 364 7，存储大小为 4 字节。

（3）日期常量。使用特定格式的字符日期值表示，并用单引号括起来，如'19831231'、'1976/04/23'、'14:30:24'、'04:24PM'、'May 04，1998'。

（4）uniqueidentifier 常量。表示全局唯一标识符（GUID）值的字符串。可以使用字符或二进制字符串格式指定。例如，'6DF9B89F4513-4CAF-A5AD—CEB24CC90CA5'。

2. 变量

变量对应内存中的一个存储空间，它与常量不同。变量的值在程序执行过程中可能随时有所改变。变量有两种类型：局部变量和全局变量。

（1）局部变量。局部变量是用户在程序中定义的变量，一次只能保存一个值，它仅在定义的程序范围内有效。局部变量可以临时存储数据。局部变量名总是以@符号开始，最长为 128 个字符。

使用 DECLARE 语句定义局部变量，内容包括定义局部变量名、数据类型和长度。

局部变量的初值为 NULL（空）。需要使用 SELECT 语句或 SET 语句给局部变量赋值。SET 语句一次只能给一个局部变量赋值；SELECT 语句可以同时给一个或多个局部变量赋值。

例 7.14 编写计算 50 与 60 之和的程序。

实例分析：首先需要定义 3 个局部变量，分别用来存储两个整数以及两个整数之和。定义的 3 个局部变量分别为@i、@j、@sum，数据类型均为 int（整型）。定义局部变量之后，需要使用 SET 语句或者 SELECT 语句给局部变量赋值。使用 PRINT 语句显示局部变量的值。

为了便于理解，给出了每行代码的注释。

在查询分析器中执行如下 SQL 语句。

```
DECLARE @i int,@j int,@sum int        --定义 3 个局部变量
SET @i=50                             --给变量@i 赋值
SET @j=60                             --给变量@j 赋值
SELECT @sum=@i+@j                     --将@i 和@j 的和赋值给变量@sum
PRINT @sum                            --显示@sum 变量的内容
GO
```

（2）全局变量。全局变量以@@开头，实际上它就是 SQL Server 的配置函数。对于全局变量只能使用，不能进行修改。

7.1.4 运算符

T-SQL 的运算符和其他高级语言的运算符类似，用于将变量、常量和函数连接起来并指定在一个或多个表达式中执行的操作。表 7-7 列出了 T-SQL 的运算符。

表 7-7 T-SQL 运算符

优先级	运算符类别	所包含运算符
1	一元运算符	+（正）、−（负）、～（取反）
2	算术运算符	*（乘）、/（除）、%（取模）
3	算术字符串运算符	+（加）、−（减）、+（连接）

续表

优 先 级	运算符类别	所包含运算符
4	比较运算符	=（等于）、>（大于）、>=（大于等于）、<（小于）、<=（小于等于）、<>（或!=，不等于）、!<（不小于）、!>（不大于）
5	按位运算符	&（位与）、|（位或）、^（位异或）
6	逻辑运算符	NOT（非）
7	逻辑运算符	AND（与）
8	逻辑运算符	ALL（所有）、ANY（任意一个）、BETWEEN（两者之间）、EXISTS（存在）、IN（在范围内）、LIKE（匹配）、OR（或）、SOME（任意一个）
9	赋值运算符	=（赋值）

字符串连接运算符（+）用来连接字符串。

例如，SELECT 'SQL Server 2005'+'数据库技术'

显示结果为：SQL Server 2005 数据库技术

7.1.5　批处理和流控语句

1. 批处理

批处理是由一个或多个 T-SQL 语句组成的，应用程序将这些语句作为一个单元提交给 SQL Server，并由 SQL Server 编译成一个执行计划，然后作为一个整体来执行。批处理的大小有一定的限制，批处理结束的符号或标志是 GO。批处理可以交互地运行或在一个文件中运行。提交给 T-SQL 的文件可以包含多个批处理，其中每个批处理以 GO 命令结束。

批处理的使用需要遵守以下规则。

（1）除了 CREATE DATABASE（创建数据库）、CREATE TABLE（创建表）和 CREATE INDEX（创建索引）之外的其他大多数的 CREATE 命令要单独作为一个批处理。

（2）调用（执行）存储过程时，如果它不是批处理中的第一个语句，则在其前面必须加上 EXECUTE（执行）。

例 7.15　创建一个显示 employee 表信息的视图 V_Test，然后显示课程表的信息。

实例分析：创建显示 employee 表信息的视图 V_Test 的语句如下。

```
CREATE VIEW V_Test
AS
SELECT  *
FROM employee
```

显示雇员表的信息的语句为：SELECT * FROM employee

在查询分析器中执行如下 SQL 语句。

```
USE companyinfo
CREATE VIEW V_Test
AS
SELECT *
FROM employee
```

```
SELECT * FROM employee
GO
```

执行后显示出错信息为：'CREATE VIEW' 必须是查询批次中的第一个语句。

在 CREATE VIEW 语句前面增加 GO，使得 USE companyinfo 为一个批处理，CREATE VIEW 为另一个批处理的第一条语句。执行如下 SQL 语句。

```
USE companyinfo
GO
CREATE VIEW V_Test
AS
SELECT *
FROM employee
SELECT * FROM employee
GO
```

执行后显示出错信息为：关键字'SELECT' 附近有语法错误。

因为创建视图要单独作为一个批处理，所以应在 SELECT * FROM employee 语句前面加 GO。修改后的 SQL 语句有 3 个批处理。执行如下 SQL 语句后，其结果是正确的。

```
USE companyinfo
GO
CREATE VIEW V_Test
AS
SELECT *
FROM employee
GO
SELECT * FROM employee
GO
```

（3）将声明一个局部变量和给该变量赋值的语句分别放在两个批处理中，观察系统给出的信息。

```
DECLARE @MyVar INT
GO
SELECT @MyVar=33
GO
```

显示出错信息为：必须声明标量变量"@MyVar"。对一个局部变量而言，其声明和赋值必须在同一个批处理中进行，正确的语句如下。

```
DECLARE @MyVar INT
SELECT @MyVar=33
GO
```

2. 流控语句

流程控制语句简称流控语句，它与 T-SQL 语句一起使用可以控制程序的流程。在批处理中可以使用流控语句，也可以在存储过程、脚本或特定的查询内部使用它。

下面首先给出一个例题，然后再逐步介绍流控语句。

例 7.16 计算 1+2+3+4+⋯+10 000 的值，并显示计算结果。

实例分析：首先声明两个局部变量：@i 和@sum，两者均为 int 数据类型。其中，@i 为计数单元，@sum 用来保存计算结果。声明局部变量的语句为：DECLARE @i int，@sum int。

然后给两个局部变量赋值，@i 初值为 1，@sum 初值为 0，赋值语句为：SELECT @i=1，@sum=0。

该题需要采用循环程序结构，循环终止条件为 @i>10000。

在查询分析器中执行如下 SQL 语句。

```
DECLARE @i int,@sum int
SELECT @i=1,@sum=0
WHILE @i<=10000
  BEGIN
  SELECT @sum=@sum+@i
  SELECT @i=@i+1
  END
  SELECT'1+2+3+4+…+10 000的和'=@sum
  GO
```

执行结果如图 7-5 所示。

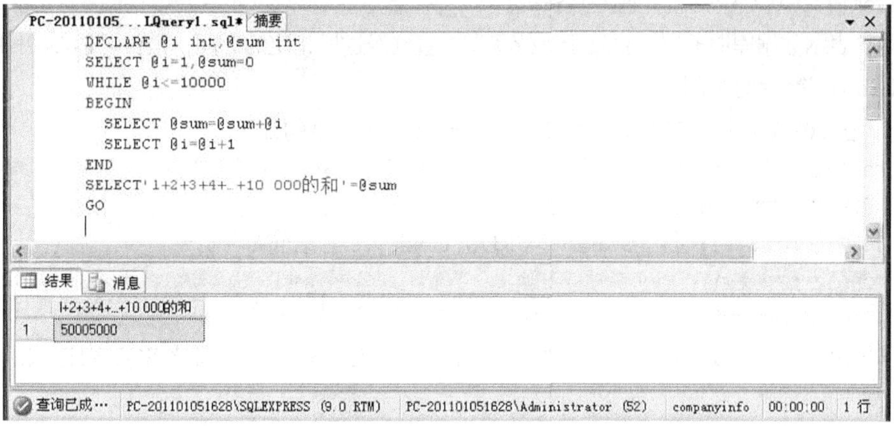

图 7-5　1+2+3+4+…+10 000 的计算结果

从上面的两个程序可以看出，流控语句可以实现程序的 3 种基本结构：顺序结构、选择结构和循环结构。下面介绍 T-SQL 的流控语句。

（1）IF 语句。IF 语句用来实现程序的选择结构，其语法如下。

```
IF 逻辑表达式
   |语句 1 |语句块 1 |
 [ELSE
   | 语句 2| 语句块 2|]
```

IF 语句的功能是：如果逻辑表达式的条件成立（为真），则执行语句 1 或语句块 1；否则，执行语句 2 或语句块 2。语句块由一个以上的 SQL 语句构成，要用 BEGIN 和 END 将 SQL 语句括起来。ELSE 部分在省略的情况下，当逻辑表达式不成立（为假）时，执行语句 1 或语句块 1 中的 SQL 语句。

（2）BEGIN…END 语句。BEGIN 和 END 用来定义语句块，它们必须成对出现。它将多个 SQL 语句括起来，相当于一个单一语句。

（3）WHILE 语句。WHILE 语句用来实现循环结构，其语法如下。

```
WHILE 逻辑表达式
   语句块
```

WHILE 语句的功能是：当逻辑表达式为真时，执行循环体，直到逻辑表达式为假。

（4）DECLARE 语句。DECLARE 语句用来声明局部变量，声明后的局部变量初值为 NULL

(空)。声明局部变量的语法如下。

```
DECLARE @variable_name datatype[,@variable_name datatype]…
```

使用 SELECT 语句或 SET 语句给局部变量进行赋值，SELECT 语句一次性可以给多个变量赋值，SET 语句一次只能给一个变量赋值。使用 SELECT 语句赋值的语法如下。

```
SELECT { @local_variable=expression } [, …, n]
```

局部变量必须在同一个批处理或过程中被声明和使用。

(5)RETURN 语句。RETURN 语句实现无条件退出执行批处理、存储过程和触发器。RETURN 语句可以返回一个整数给调用它的过程或应用程序。其语法如下。

```
RETURN [ 整型表达式 ]
```

(6) WAITFOR 语句。WAITFOR 语句用于延迟或暂缓程序的执行，其语法如下。

```
WAITFOR{ DELAY 'time' | TIME'time'}
```

DELAY 表示数据库服务器一直处于等待状态，直到经过所指定的时间，最长可达 24 小时。TIME 设置 SQLServer 等待的时间。

例如，在 20：00 执行 SELECT * FROM employee 的语句如下。

```
WAITFOR TIME'20:00:00'
SELECT*FROM employee
```

再如，等待 10 s，再执行 SELECT * FROM employee 的语句如下。

```
WAITFOR DELAY'00:00:10'
SELECT*FROM employee
```

(7) CASE 语句。用于计算多个条件并为每个条件返回单个值，简化 SQL 表达式。CASE 语句的语法如下。

```
CASE input_expresslOn
  WHEN when_expression THEN result_expression
    […n]
ELSE else_result_expression
END
```

例 7.17 对产品进行分类显示，要求显示产品 ID、产品类别、产品名。

实例分析：该题使用 product 表。如果类别 ID 是 1 的，显示产品类别“饮料”；如果类别 ID 是 2 的，显示产品类别“计算机耗材”。因此，需要用 CASE 语句判断类别 ID 的值，根据类别 ID 的取值不同，来显示相应的信息。

在查询分析器中执行如下 SQL 语句。

```
USE companyinfo
GO
SELECT 产品 ID,'产品类别'=
CASE 类别 ID
WHEN 1 THEN '饮料'
WHEN 2 THEN '计算机耗材'
ELSE '其他类产品'
END,产品名
FROM product
GO
```

执行结果如图 7-6 所示。

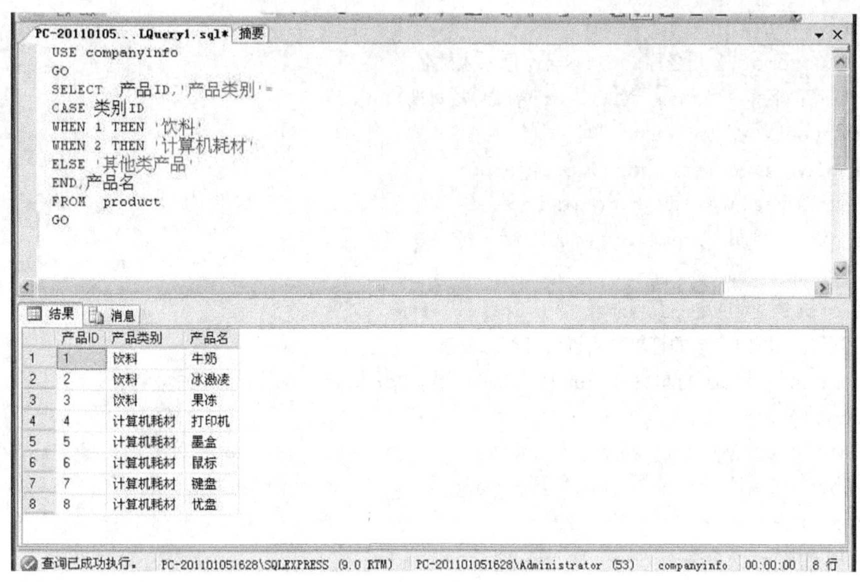

图 7-6　使用 CASE 语句示例

7.2　编程获取某雇员的工作业绩信息

例 7.18　使用 T-SQL 编程，获取“王孔若”的姓名、性别、出生年月及雇佣日期等信息；然后输出“王孔若”所做订单的明细表、订单数目及订单总金额。

实例分析：由于订单明细表具体信息分布在 p_order 表（订单表）、product 表（产品表）、customer 表（客户表）中，故需要用 SELECT 语句提取出这些表中的有用信息。所以，本题的完成涉及多个表操作。

在查询器中执行如下 SQL 语句。

```
USE companyinfo
--定义 SQL server 的变量，必须以@开头命名变量，用 DECLARE 定义变量
DECLARE @emp_Id  int
DECLARE @name varchar(8)
DECLARE @sex char(2)
DECLARE @date1 datetime
DECLARE @date2 datetime
  为变量赋值
SET @name='王孔若'
--通过查询语句将字段的值赋值给变量
SELECT @emp_Id=雇员 id,@sex=性别,@date1=出生日期,@date2=雇佣日期
FROM employee WHERE 姓名=@name
--用 PRINT 语句结合函数格式化输出变量的值
PRINT '姓名：'+@name+' 性别：'+@sex
   +'  出生年月：'+convert(char(4),year(@date1))+ '年'
   +convert(char(2),month(@date1))+ '月'
   +convert(char(2),day(@date1))+ '日'
   +'  雇用日期：'+convert(char(4),year(@date2))+ '年'
   +convert(char(2),month(@date2))+ '月'
   +convert(char(2),day(@date2))+ '日'
```

```
--输出雇员'王孔若'完成的订单明细
SELECT customer.公司名称,customer.联系人姓名,
product.产品名, P_order.数量,P_order.订货日期,
   employee.姓名, product.单价
FROM employee,customer,product,P_order
WHERE employee.雇员 id= @emp_Id and
      P_order.雇员 id=employee.雇员 id and
      P_order.产品 id=product.产品 id and
      P_order.客户 id=customer.客户 id
--输出雇员'王孔若'完成的订单数目以及订单总金额
SELECT count(*) as 订单数目,sum(P_order.数量*product.单价) as 总金额
FROM employee,product,P_order
WHERE employee.雇员 id= @emp_Id and
      P_order.雇员 id=employee.雇员 id and
  P_order.产品 id=product.产品 id
```

执行结果如图 7-7 所示。

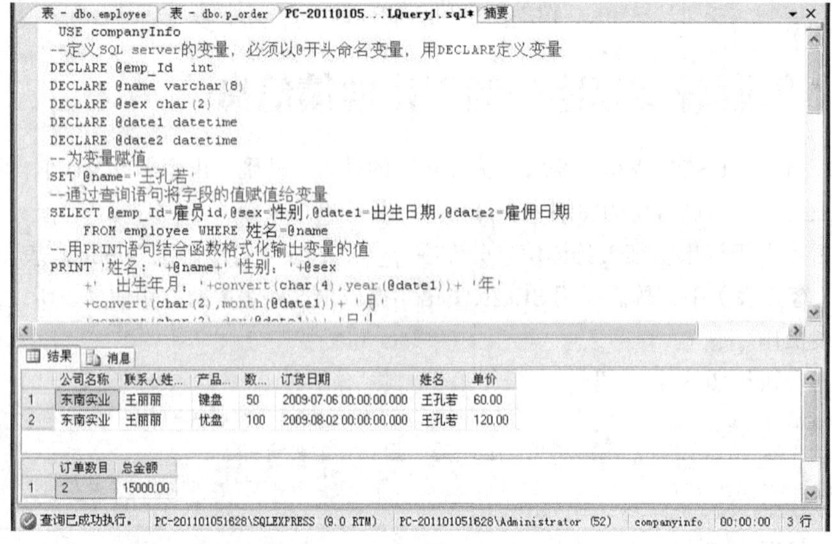

图 7-7　显示雇员工作业绩信息

7.3 编程实现订购订单

例 7.19　雇员“王孔若”签订了一个供应给“鹿城中学”50 个优盘的订单，编程实现将订单涉及的相关信息写入数据库中。

实例分析：一条订单会涉及产品、客户及雇员的有关信息，且这些信息分别存放在不同的表中，所以，要将订单涉及的相关信息写入数据库中，需要完成以下几方面的操作。

先要获取该订单的相关信息。然后在将这条订单信息添加到订单表（p_order）中的同时，还必须修改其他表中的信息，包括在客户表（customer）中添加对应于该订单记录对应的客户信息，在产品表（product）中修改产品的库存量，其值必须为当前库存量的值减去刚增加的订单记录中包含的数量值。

同理，如果某雇员取消了一个订单，在各表中也必须修改或删除相应的记录信息。

在查询分析器中执行如下 SQL 语句。

```
USE companyInfo
DECLARE @userId int  --保存雇员 ID
DECLARE @max_cusId int --保存客户 ID 的最大值
DECLARE @max_ordId int --保存订单 ID 的最大值
DECLARE @storePro int  --保存产品的库存量
DECLARE @id_product int  --保存供应产品的产品编号
SELECT @max_cusId=max(客户 ID) FROM customer
SELECT @max_cusId=@max_cusId+1 --获取新插入客户的 ID
INSERT customer VALUES(@max_cusId, '鹿城中学', '李汉明',
          '05778235423','温州市学院路号','325000')
SELECT @storePro=库存量,@id_product=产品 ID FROM product WHERE 产品名='优盘'
SELECT @max_ordId=max(订单 ID) FROM P_order
SELECT @max_ordId=@max_ordId+1  --获取要插入的订单信息的订单 ID
SELECT @userId=雇员 ID FROM employee WHERE 姓名='王孔若'
IF @storePro<50
   PRINT '库存量不够'
ELSE
BEGIN
   INSERT P_order VALUES(@max_ordId,@id_product,
          50,@userId,@max_cusId,getdate())
   UPDATE product SET 库存量=库存量-50 WHERE 产品 ID=@id_product
END
```

7.4 实训

7.4.1　实训目的

（1）编写简单的 T-SQL 语句进行基本语法练习。

（2）根据项目需求分析编写简单的 T-SQL 语句，以提高系统的效率。

7.4.2　实训要求

（1）能正确理解和使用 SQL Server 变量。

（2）能正确理解和使用 SQL Server 函数。

（3）能使用流程控制语句编写顺序结构、选择结构和循环结构的程序。

7.4.3　实训内容与步骤

1. 函数及基本语句

（1）计算你来到人世的总天数。

（2）计算年龄为 77 岁对应的总天数。

（3）计算出生日期为 1983 年 12 月 21 日的人的年龄。

（4）将数值型数据转换成字符型。

（5）查询课程表中课程类别是 4 个字的课程信息。

（6）查询课程表中课程名称的第 3 个字是“信”的课程信息。

（7）利用变量和打印语句显示最大报名人数和最小报名人数。

（8）求 10!。

2. 综合编程

（1）对课程进行分类统计，要求显示课程类别、课程名称和报名人数，计算各类课程的平均报名人数。查询结果要按照课程类别、报名人数升序排序。

该题显示效果如图 7-8 所示。

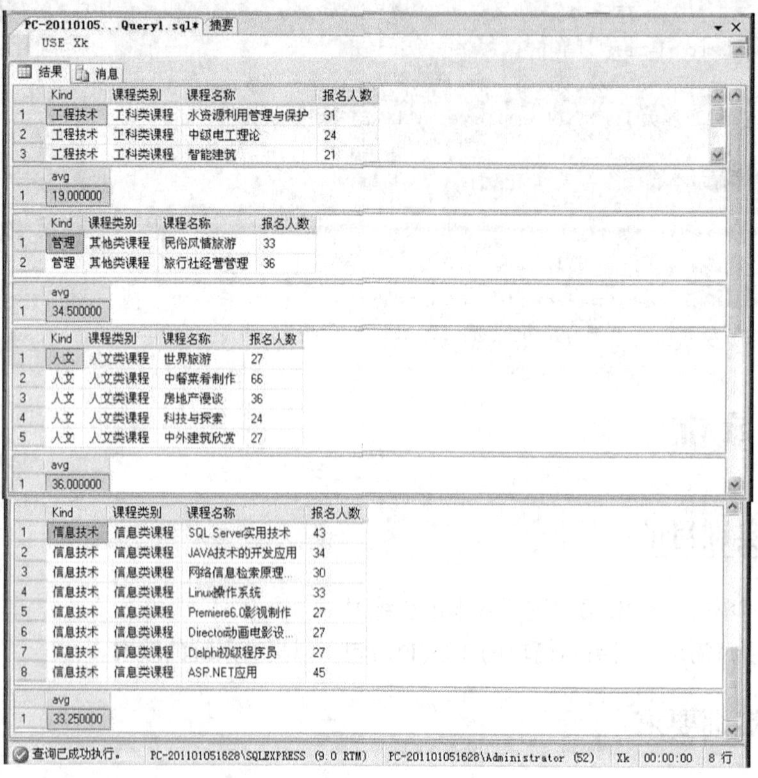

	Kind	课程类别	课程名称	报名人数
1	工程技术	工科类课程	水资源利用管理与保护	31
2	工程技术	工科类课程	中级电工理论	24
3	工程技术	工科类课程	智能建筑	21

	avg
1	19.000000

	Kind	课程类别	课程名称	报名人数
1	管理	其他类课程	民俗风情旅游	33
2	管理	其他类课程	旅行社经营管理	36

	avg
1	34.500000

	Kind	课程类别	课程名称	报名人数
1	人文	人文类课程	世界旅游	27
2	人文	人文类课程	中餐菜肴制作	66
3	人文	人文类课程	房地产漫谈	36
4	人文	人文类课程	科技与探索	24
5	人文	人文类课程	中外建筑欣赏	27

	avg
1	36.000000

	Kind	课程类别	课程名称	报名人数
1	信息技术	信息类课程	SQL Server实用技术	43
2	信息技术	信息类课程	JAVA技术的开发应用	34
3	信息技术	信息类课程	网络信息检索原理...	30
4	信息技术	信息类课程	Linux操作系统	33
5	信息技术	信息类课程	Premiere6.0影视制作	27
6	信息技术	信息类课程	Director动画电影设...	27
7	信息技术	信息类课程	Delphi初级程序员	27
8	信息技术	信息类课程	ASP.NET应用	45

	avg
1	33.250000

图 7-8　显示课程分类统计信息

（2）编写程序，用户可查询任意课程的报名人数，并把它返回给用户。用户调用该过程（分别用两门课程“世界旅游”和“智能建筑”测试），如报名人数大于 25，则显示：“××课程可以开班”，否则显示：“抱歉，××课程不能开班”。

小结

本项目首先介绍了 T-SQL 的编程知识，着重介绍了批处理及流控语句。在此基础上详细介绍了两个能够提高公司管理效率的实用程序，从而进一步达到综合编程的目的。

项目8

公司管理数据库系统中存储过程的应用

【教学目标】

（1）了解存储过程的概念。

（2）了解使用存储过程的优点。

（3）了解系统存储过程的特点及用途。

【能力目标】

（1）能够创建、管理存储过程。

（2）能够掌握执行存储过程的方法。

（3）能够灵活运用存储过程来提高系统工作效率。

【学习导航】

本项目在介绍了存储过程的概念、优点及其与视图区别的基础上，着重讲解了利用Management Studio和T-SQL语句两种方式创建、执行无参数和有参数存储过程的方法，并对存储过程的重命名、修改和删除进行了介绍。在图8-1中，可以看到本项目在公司管理数据库系统开发中的环节及位置。

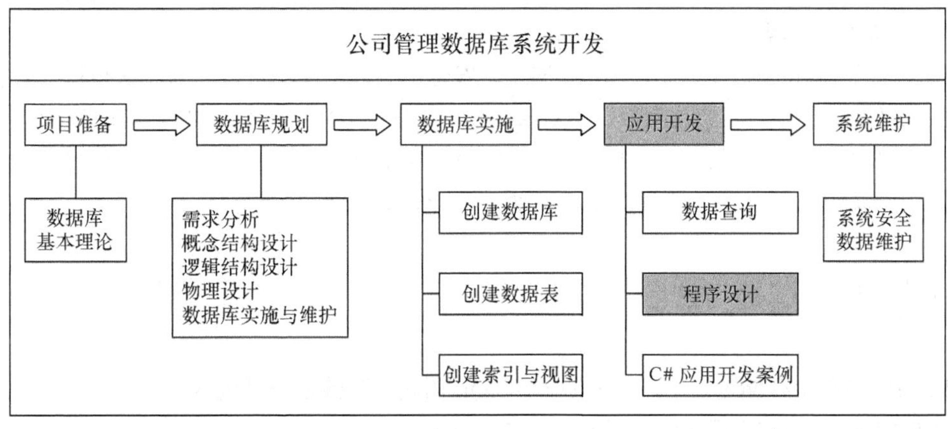

图8-1　本项目在公司管理数据库系统开发中的环节及位置

【工作任务】

为了完成公司管理数据库系统的开发，需要创建相应的存储过程，以实现产品、产品订单、客户等信息的添加、删除、修改和查询等功能。

8.1 理论知识准备

8.1.1 存储过程的概念

存储过程是 T-SQL 语句和流程控制语句的集合，存储过程能被编译和优化。当首次执行存储过程时，SQL Server 为其产生查询计划并将其保留在内存中，以后在调用该存储过程时就不必再进行编译，这在一定程度上能改善系统的性能。

当客户程序需要访问服务器上的数据时，如果直接执行 T-SQL 语句，一般要经过如下几个步骤。

（1）将 T-SQL 语句发送到服务器。

（2）服务器编译 T-SQL 语句。

（3）优化产生查询执行计划。

（4）数据库引擎执行查询计划。

（5）执行结果返回客户程序。

使用存储过程可以将一些固定的操作集中起来交给 SQL Server 数据库服务器，以完成某个任务。

存储过程有 3 种：用户自定义存储过程、系统存储过程、扩展存储过程。

8.1.2 存储过程的优点

（1）通过本地存储、代码预编译和缓存技术实现高性能的数据操作。

（2）通过通用编程结构和过程重用实现编程框架。如果业务规则发生了变化，可以通过修改存储过程来适应新的业务规则，而不必修改客户端应用程序。这样所有调用该存储过程的应用程序就会遵循新的业务规则。

（3）通过隔离和加密的方法提高了数据库的安全性。数据库用户可以通过获得权限来执行存储过程，而不必授予用户直接访问数据库对象的权限。这些对象将由存储过程来进行操作。另外，存储过程可以加密，这样用户就无法阅读存储过程中的 T-SQL 命令。这些安全特性将数据库结构和数据库用户隔离开来，进一步保证了数据的完整性和可靠性。

8.1.3 存储过程与视图的比较

（1）可以在单个存储过程中执行一系列 T-SQL 语句。存储过程可包含程序流、逻辑以及对数据库查询的 T-SQL 语句，而视图中只包含 SELECT 语句。

（2）视图不能接收参数，只能返回结果集，而存储过程可以接收参数，包括输入、输出参数，并能返回单个或多个结果集以及返回值，这样大大提高了应用的灵活性。

一般，将经常用到的多个表的连接查询定义为视图，而由存储过程完成复杂的一系列处理，在存储过程中也会经常用到视图。

8.2 创建存储过程

8.2.1 利用 Management Studio 创建存储过程

利用 Management Studio 创建存储过程的步骤如下。

（1）展开“数据库”→“可编程性”→“存储过程”节点，用鼠标右键单击“存储过程”选项，在弹出的快捷菜单中选择“新建存储过程”命令，如图 8-2 所示。

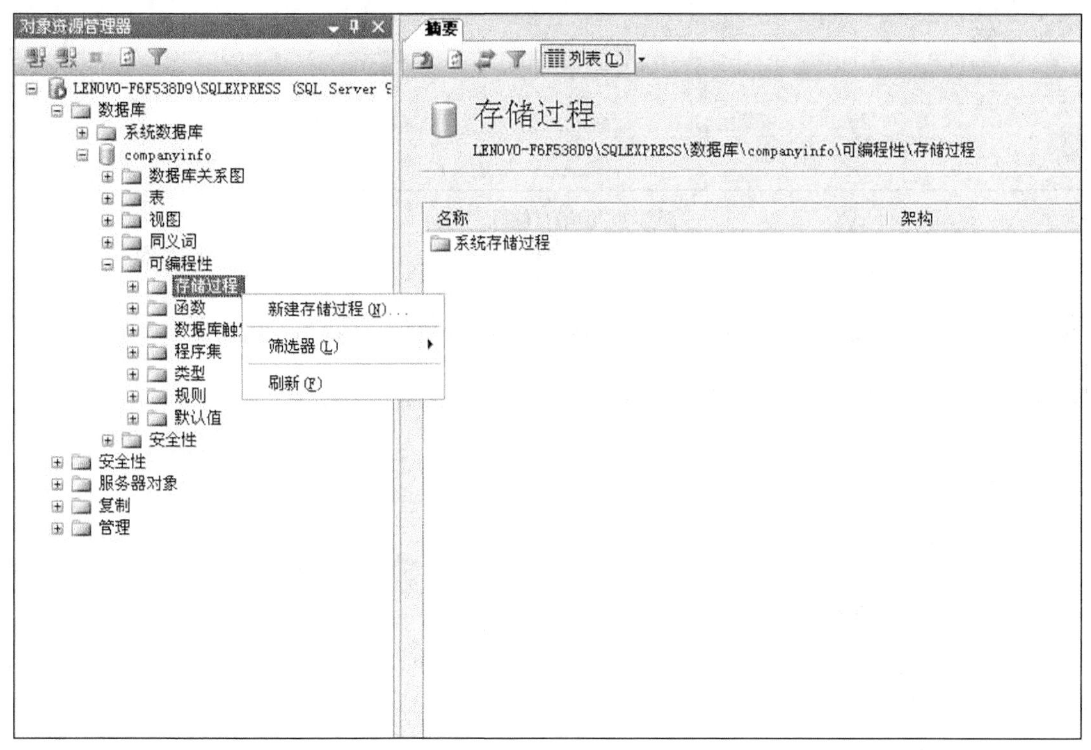

图 8-2　选择“新建存储过程”命令

（2）打开“新建存储过程”对话框，在查询分析器中输入定义存储过程的 T-SQL 语句，如图 8-3 所示。

（3）单击“执行”按钮或按【Alt】+【X】组合键执行存储过程，结果如图 8-4 所示。

（4）用鼠标右键单击“存储过程”选项，在弹出的快捷菜单中选择“刷新”命令，查看存储过程，如图 8-5 所示。

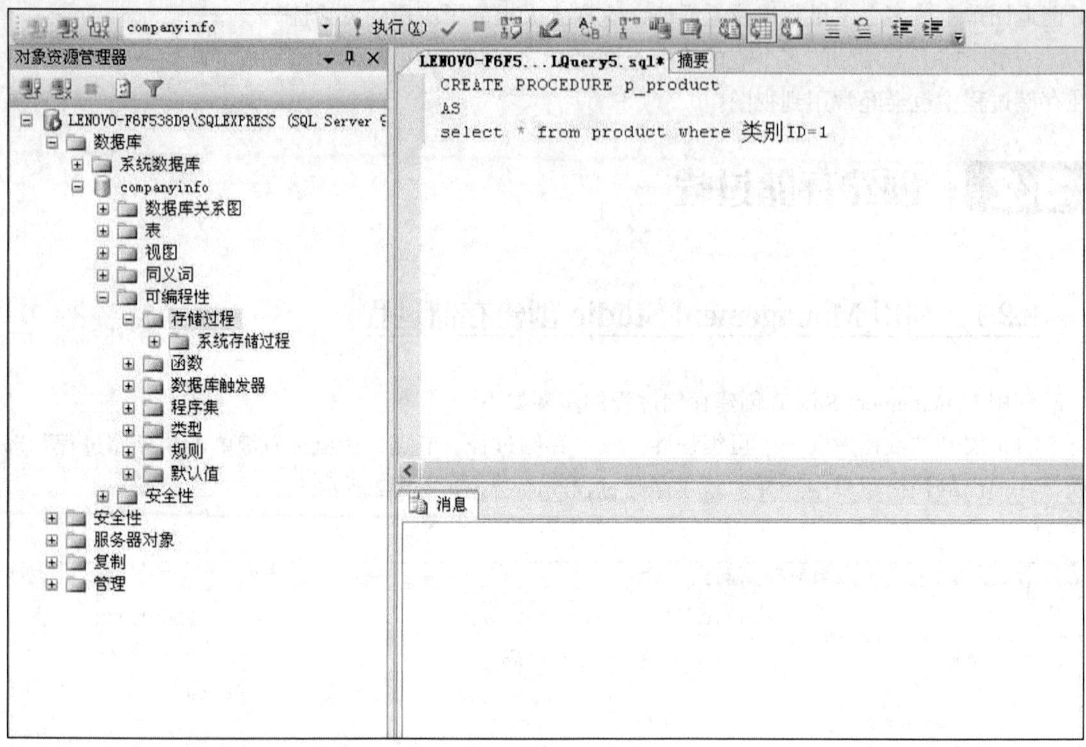

图 8-3 编辑存储过程窗口

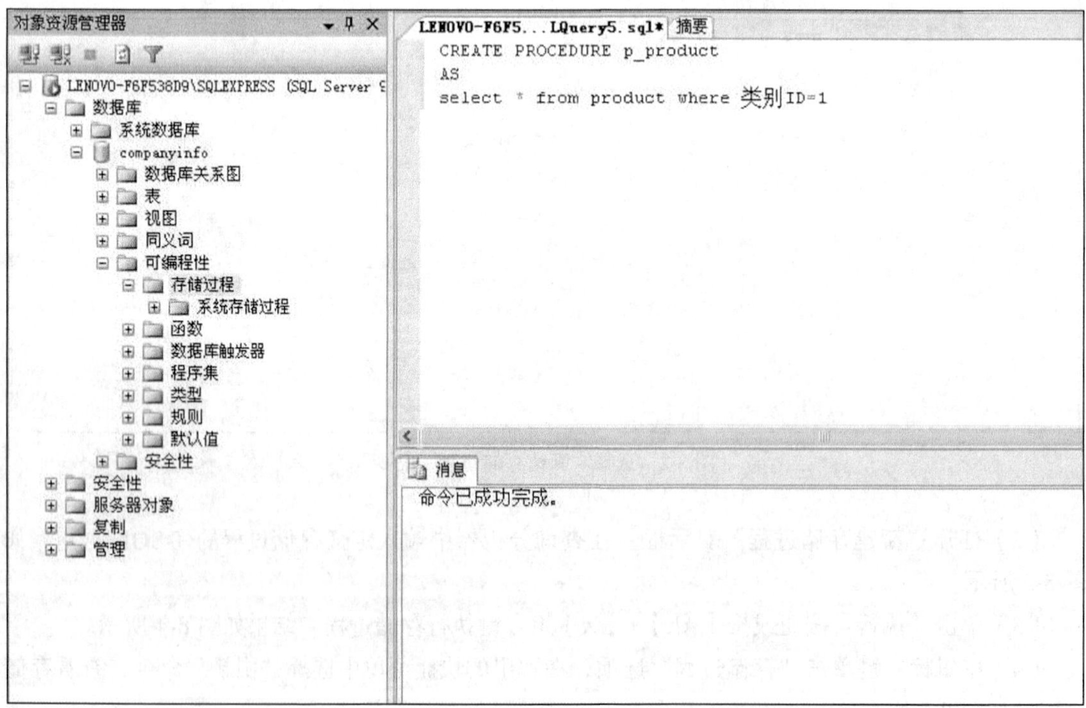

图 8-4 创建存储过程窗口

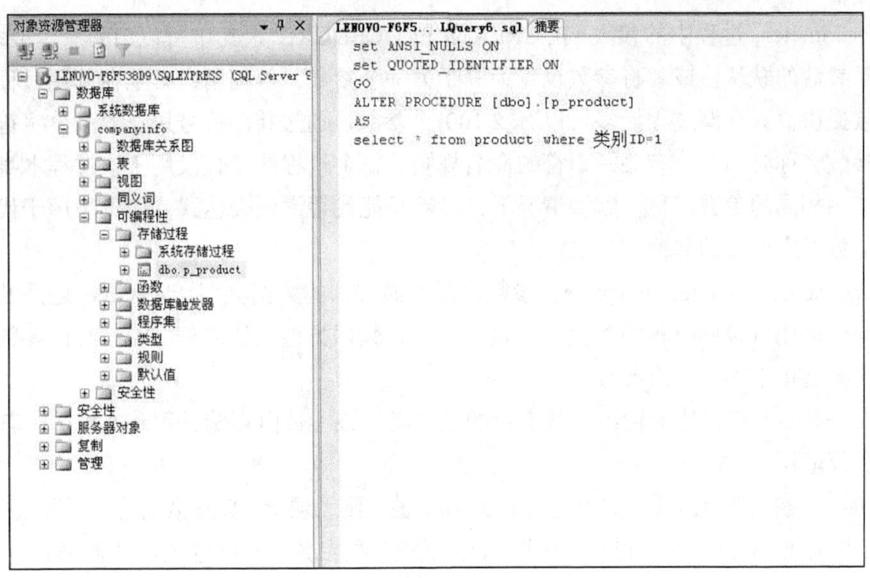

图 8-5　查看存储过程

8.2.2　利用 T-SQL 语句创建存储过程

可以使用 T-SQL 语句中的 CREATE PROCEDURE 命令创建存储过程，创建存储过程前，应该注意下列几个事项。

- CREATE PROCEDURE 语句不能与其他的 SQL 语句在单个批处理中组合使用。
- 必须具有数据库的 CREATE PROCEDURE 权限，以及对架构（在其下创建过程）的 ALTER 权限。
- 存储过程是架构作用域内的对象，它们的名称必须遵循标识符的命名规则。
- 只能在当前数据库中创建存储过程。
- 不要创建任何使用 sp_作为前缀的存储过程。SQL Server 使用 sp_前缀指定系统存储过程。

利用 T-SQL 语句创建存储过程的基本语法如下。

```
CREATE { PROC | PROCEDURE } [schema_name.] procedure_name
    [ { @parameter [ type_schema_name. ] data_type }
        [ VARYING ] [ = default ] [ OUT | OUTPUT]
    ] [ ,...n]
    [WITH ENCRYPTION]
    [WITH RECOMPILE]
    AS
    {<sql_statement> [;] [ ...n] }
    [;]
    <sql_statement> ::=
    {[ BEGIN ] statements [END] }
```

其中，各参数的意义如下。

- schema_name：过程所属架构的名称。
- procedure_name：新存储过程的名称。过程名称必须遵循有关标识符的命名规则，并且在架构中必须唯一。

● @parameter：过程中的参数。在 CREATE PROCEDURE 语句中可以声明一个或多个参数。除非定义了参数的默认值或者将参数设置为等于另一个参数，否则用户必须在调用过程时为每个声明的参数提供值。存储过程最多可以有 2 100 个参数。通过将@符号用作第一个字符来指定参数名称。参数名称必须符合有关标识符的命名规则。每个过程的参数仅用于该过程本身，其他过程中可以使用相同的参数名称。默认情况下，参数只能代替常量表达式，而不能用于代替表名、列名或其他数据库对象的名称。

● [type_schema_name.]data_type：参数以及所属架构的数据类型。除 table 之外的其他所有数据类型均可以用做存储过程的参数。但是，cursor 数据类型只能用于 OUTPUT 参数。可以为 cursor 数据类型指定多个输出参数。

● VARYING：指定作为输出参数支持的结果集。该参数由存储过程动态构造，其内容可能发生改变。仅适用于 cursor 参数。

● default：参数的默认值。如果定义了 default 值，则无须指定此参数的值，即可执行过程。默认值必须是常量或 NULL。如果过程使用带 LIKE 关键字的参数，则可包含通配符：%、_、[]和[^]。

● OUTPUT：指定参数是输出参数。此选项的值可以返回给调用 EXECUTE 的语句。使用 OUTPUT 参数将值返回给过程的调用方。

● ENCRYPTION：指示 SQL Server 将 CREATE PROCEDURE 语句的原始文本加密。

● RECOMPILE：对存储过程重新编译。

● <sql_statement>：要包含在过程中的一条或多条 T-SQL 语句。

例 8.1 使用 T-SQL 语句在 companyinfo 数据库中创建一个名为 p_product 的存储过程。该存储过程返回 product 表中商品类别 ID 为“1”的所有记录。

在查询分析器中执行如下 T-SQL 语句。

```
USE companyinfo
GO
CREATE PROCEDURE p_product
AS
SELECT * FROM product WHERE 类别ID=1
GO
```

8.3 执行存储过程

存储过程创建成功后，保存在数据库中。在 SQL Server 中可以使用 EXECUTE 命令来直接执行存储过程。

执行存储过程的基本语法如下。

```
[ [ EXECUTE] ] ]
    {
    [ @return_status = ]
        { procedure_name | @procedure_name_var }
        [ [ @parameter = ] { value | @variable [ OUTPUT ] | [DEFAULT]}
            [,…n]
            ]
    }
```

其中，各参数的含义如下。

● EXECUTE：执行存储过程的命令关键字，如果此语句是批处理中的第一条语句，可以省

略此关键字。

- @return_status：是一个可选的整型变量，保存存储过程的返回状态。这个变量在使用前，必须在批处理、存储过程或函数中声明。
- procedure_name：指定执行的存储过程的名称。
- @ procedure_name_var：定义局部变量名，代表存储过程名。
- @parameter：是在创建存储过程时定义的过程参数。调用时由 value 参数或@variable 变量提供向存储过程所传递的参数值，或使用 DEFAULT 关键字指定使用该参数的默认值，OUTPUT 参数说明指定参数为返回参数。

例 8.2　使用 T-SQL 语句执行例 8.1 中创建的存储过程 p_product。在查询分析器中执行如下 SQL 语句。

```
USE companyinfo
GO
EXEC p_product
```

执行完毕后，在查询分析器的结果窗口中返回的结果如图 8-6 所示，表示存储过程创建成功并返回相应存储过程的结果。

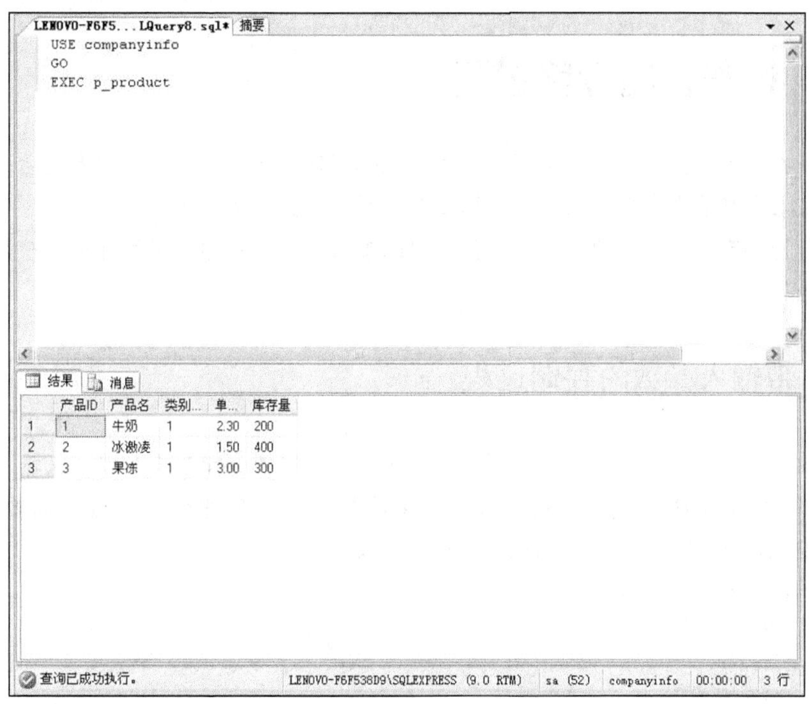

图 8-6　存储过程 p_product 的执行结果

存储过程创建成功后，用户还可以在 Management Studio 中修改存储过程。

例 8.3　在 Management Studio 中查看存储过程 p_product 的属性。

具体操作步骤如下。

（1）在对象资源管理器中展开 companyinfo 数据库。

（2）展开“可编程性”→“存储过程”节点，可以看到名为“p_product”的存储过程。

（3）用鼠标右键单击“p_product”存储过程，在弹出的快捷菜单中选择“修改”选项，如图 8-7 所示，此时可以修改存储过程的定义。

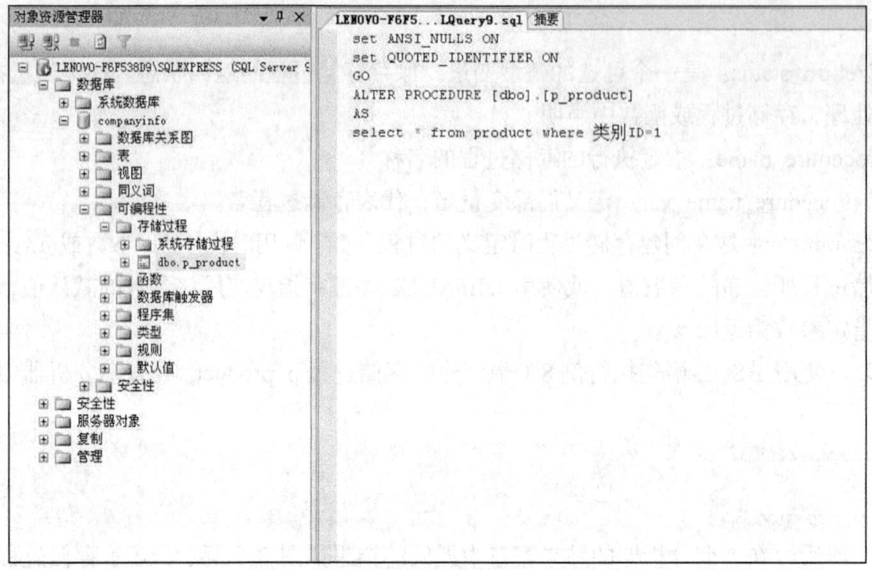

图 8-7　修改存储过程 p_product

8.4 带参数的存储过程

在视图中不能带参数，对于数据行的查询只能绑定在视图定义中，程序不灵活；在存储过程中可以带输入参数和输出参数，从而可以提高系统开发的灵活性。

在存储过程中定义输入参数、输出参数，可以多次使用同一存储过程并按用户给出的要求查询所需要的结果。

8.4.1 带输入参数的存储过程

输入参数是指由调用程序向存储过程传递的参数，在创建存储过程时要定义输入参数，在执行存储过程时要给出输入参数的值。为了定义接收输入参数的存储过程，需要在 CREATE PROCEDURE 语句中声明一个或多个变量作为参数。

声明存储过程输入参数的语法如下。

```
CREATE PROCEDURE procedure_name
@parameter_name datatype = [ default ]
[WITH ENCRYPTION]
[WITH RECOMPILE]
```

其中，各参数的含义如下。

- @parameter_name：存储过程的参数名，必须以符号@ 开始。
- datatype：参数的数据类型。
- default：参数的默认值，如果执行存储过程时未提供该参数的变量值，则使用 default 值。

在例 8.1 中，存储过程 p_product 只能查询类别 ID 为“1”的产品信息。要使用户能够灵活地按照自己的需要查询指定类别 ID 的产品信息，使存储过程更加实用，查询的类别 ID 应该是可变的，这里就需要定义一个输入参数。

例 8.4　使用 T-SQL 语句在 companyinfo 数据库中创建一个名为 p_ProductPara 的存储过程。该存储过程能根据给定的产品 ID，返回该类别 ID 对应的所有产品信息。

实例分析：在例 8.1 中，AS 后的语句 SELECT * FROM product WHERE 类别 ID = 1，将固定的类别 ID "1" 用输入参数@category 替代，写为 SELECT * FROM product WHERE 类别 ID = @category，其中注意变量名@category 要以@ 开头。

在查询分析器中执行如下 SQL 语句。

```
USE companyinfo
GO
CREATE PROCEDURE p_ProductPara
@category int
AS
SELECT * FROM product WHERE 类别 ID = @category
GO
```

8.4.2　执行带有输入参数的存储过程

1. 使用参数名传递参数值

在执行存储过程时，通过语句@parameter_name = value 给出参数的传递值。当存储过程含有多个输入参数时，参数值可以按任意顺序指定，对于允许空值和具有默认值的输入参数可以不给出参数的传递值。

使用存储过程参数名传递参数值的语法如下。

```
EXECUTE procedure_name
[ @parameter_name = value ]
[ , … , n ]
```

例 8.5　使用参数名传递参数值的方法执行存储过程 p_ProductPara，分别查找产品 ID 为"1"、"2" 的所有产品信息。

在查询分析器中执行如下 SQL 语句。

```
USE companyinfo
GO
EXECUTE p_ProductPara @category = 1
GO
EXECUTE p_ProductPara @category = 2
GO
```

图 8-8 显示了执行带不同参数时该存储过程的返回结果。可以看出，使用参数后，用户可以方便、灵活地根据需要查询信息。

2. 按位置传递参数值

在执行存储过程的语句中按照输入参数的位置直接给出参数值。当存储过程含有多个输入参数时，参数值的顺序必须与存储过程中定义的输入参数的顺序一致。按位置传递参数时，也可以忽略允许空值和具有默认值的输入参数，但不能因此破坏输入参数的指定顺序。例如，在一个含有 4 个输入参数的存储过程中，用户可以忽略第三个和第四个输入参数，但不能在忽略第三个输入参数的情况下指定第四个输入参数的输入值。

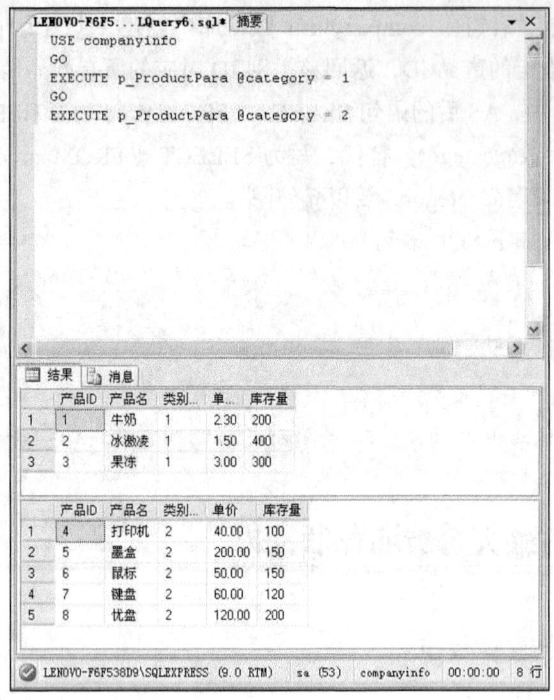
图 8-8　带输入参数存储过程 p_ProductPara 的执行结果

按位置传递存储过程参数值的语法如下。

```
EXECUTE procedure_name
[ value1 , value2 , … ]
```

例 8.6　按位置传递参数值执行存储过程 p_ProductPara，分别查找产品 ID 为“1”、“2”的所有产品信息。

在查询分析器中执行如下 SQL 语句。

```
USE companyinfo
GO
EXECUTE p_ProductPara 1
GO
EXECUTE p_ProductPara 2
GO
```

可以看出，按位置传递参数比按参数名传递参数值简洁，它比较适合参数数量较少的情况。但按参数名传递参数值使程序可读性增强，特别是在输入参数数量较多时，建议使用按参数名传递参数值的方法，这样的程序易读、易维护。

8.4.3　带输出参数的存储过程

如果需要从存储过程中返回一个或多个值时，可以在创建存储过程的语句中定义这些输出参数，需要在 CREATE PROCEDURE 语句中使用 OUTPUT 关键字说明是输出参数。

声明输出参数的语法如下。

```
@parameter_name datatype = [ default ] OUTPUT
```

例 8.7　创建存储过程 p_ProductNum，它能够根据用户给定的类别 ID 统计具有该 ID 的产品名称数，并将产品名称数返回给用户。

在查询分析器中执行如下 SQL 语句。

```
USE companyinfo
GO
CREATE PROCEDURE p_ProductNum
@category int , @ProductNum smallint OUTPUT
AS
SET @ProductNum =
(
    SELECT COUNT(*) FROM product
    WHERE 类别 ID = @category
)
PRINT @ProductNum
GO
```

例 8.8　执行存储过程 p_ProductNum。

由于在存储过程 p_ProductNum 中定义了输入参数@category、输出参数@ProductNum，所以在测试时需要先定义这两个局部变量，并需要给输入参数@category 赋值。输出参数@ProductNum 不需要赋值，它从存储过程中获得返回值供用户进一步使用。

在查询分析器中执行如下 SQL 语句。

```
USE companyinfo
GO
DECLARE @category int ,@ProductNum smallint
SET @category = 1
EXEC p_ProductNum @category,@ProductNum OUTPUT
SELECT @ProductNum
GO
```

存储过程执行结果如图 8-9 所示。

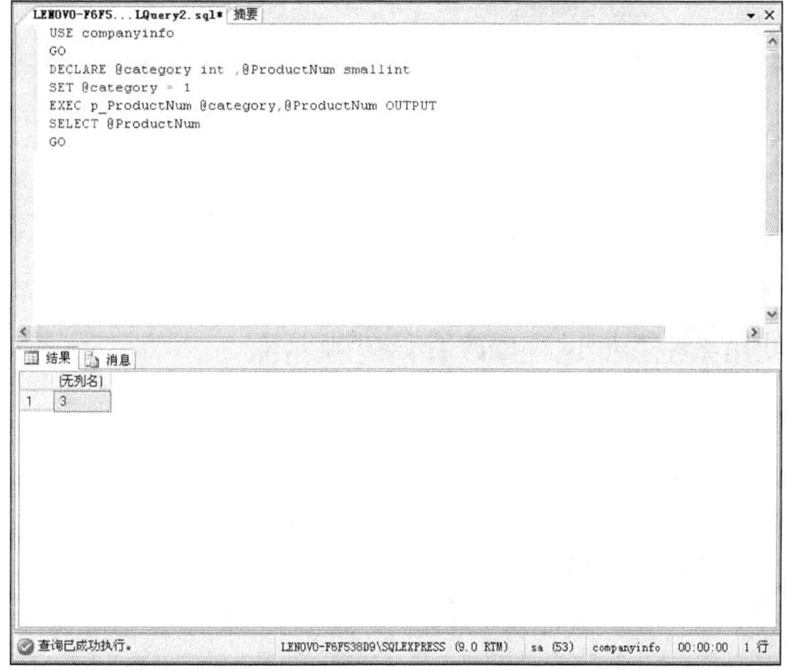

图 8-9　带输出参数存储过程 p_ProductPara 的执行结果

说明：这里是在 SQL Server 环境下进行测试的，在实际进行应用系统开发时，局部变量的定义、赋值和使用往往都是在应用程序中进行的。存储过程 p_ProductNum 中的 PRINT @ProductNum 语句只是为了在 SQL Server 环境中显示测试结果而设计的。

8.5 重命名存储过程

8.5.1 使用 Management Studio 修改存储过程名称

通过 Management Studio 可以修改存储过程的名称。方法是：在 Management Studio 中用鼠标右键单击要修改的存储过程，从弹出的快捷菜单中选择“重命名”选项，如图 8-10 所示。当存储过程名称变成可输入状态时，可以直接修改该存储过程的名称。

图 8-10 重命名存储过程窗口

8.5.2 使用系统存储过程修改存储过程名称

修改存储过程的名称也可以使用系统存储过程 sp_name，其语法形式如下。

sp_rename 原存储过程名称，新存储过程名称

例 8.9 使用系统存储过程将 p_product 存储过程的名称修改为 p_product_info。

在查询分析器中执行如下 SQL 语句。

```
USE companyinfo
GO
sp_rename p_product,p_product_info
GO
```

8.6 修改存储过程

8.6.1 使用 Management Studio 修改存储过程

使用 Management Studio 可以很方便地修改存储过程的定义。在 Management Studio 中展开“存储过程”，用鼠标右键单击要修改的存储过程，从弹出的快捷菜单中选择“修改”选项，如图 8-11 所示，则会出现与创建存储过程时类似的窗口。在该窗口中，可以直接修改定义该存储过程的 T-SQL 语句，如图 8-12 所示。

图 8-11　选择快捷菜单中的“修改”选项

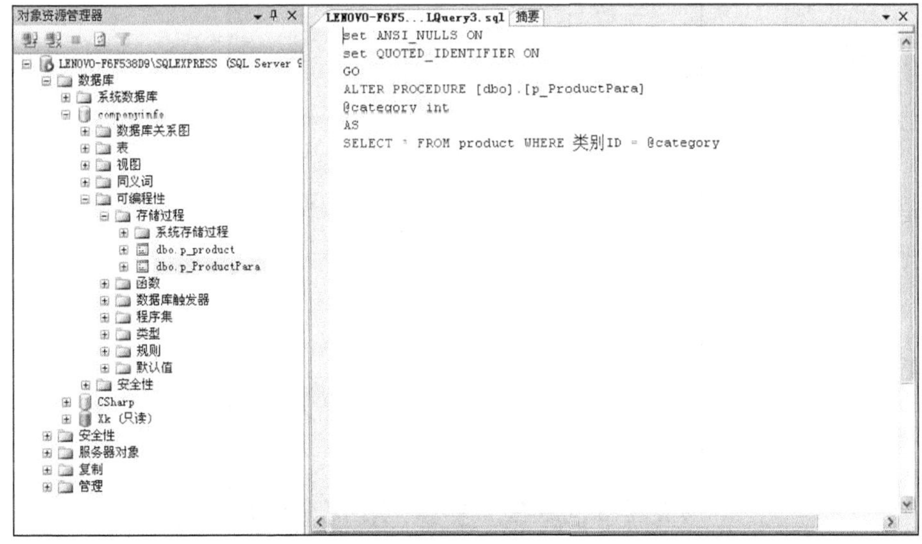

图 8-12　修改存储过程

8.6.2 使用 T-SQL 语句修改存储过程

使用 T-SQL 中的 ALTER PROCEDURE 语句可以更改先前通过执行 CREATE PROCEDURE 语句创建的过程，而不会更改权限，也不影响相关的存储过程。其语法形式如下。

```
ALTER { PROC | PROCEDURE } [ schema_name. ] procedure_name
      [ { @parameter [type_schema_name. ] data_type }]
      [ VARYING ] [ = default ] [ [ OUT [ PUT ] ] [ ,…n ]]
      [ WITH ENCRYPTION ]
AS
sql_statment [ …n ]
```

修改存储过程时，应该注意以下几点。

- 如果原来的存储过程是使用 WITH ENCRYPTION 创建的，那么只有在 ALTER PROCEDURE 中也包含 WITH ENCRYPTION 这个选项时，这个选项才有效。
- 每次只能修改一个存储过程。
- 用 ALTER PROCEDURE 更改的存储过程的权限保持不变。

例 8.10 使用 T-SQL 语句修改存储过程 p_product，使其能根据用户提供的参数，返回库存量小于用户参数的产品信息，并要求加密存储过程。

在查询分析器中执行如下 SQL 语句。

```
USE companyinfo
GO
ALTER PROCEDURE p_product
@stock int
WITH ENCRYPTION
AS
SELECT * FROM product
WHERE 库存量 < @stock
GO
```

执行该存储过程，结果如图 8-13 所示。

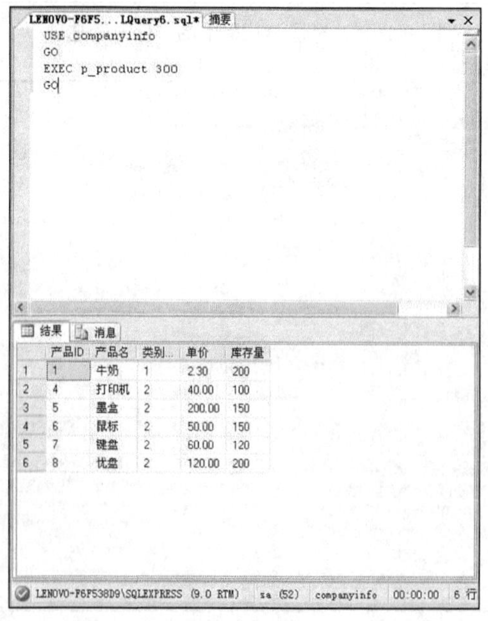

图 8-13 已修改的存储过程 p_product 的执行结果

8.7 删除存储过程

8.7.1 使用 Management Studio 删除存储过程

使用 Management Studio 可以很方便地删除存储过程。在 Management Studio 中用鼠标右键单击要删除的存储过程，这里鼠标右键单击 p_product 存储过程，在弹出的快捷菜单中选择“删除”选项，如图 8-14 所示。之后会弹出“删除对象”窗口，如图 8-15 所示。在该窗口中单击“确定”按钮，即可完成删除操作。在删除该对象之前，单击“显示依赖关系”按钮，可以查看与该存储过程有依赖关系的其他数据库对象的名称。

图 8-14　选择快捷菜单中的“删除”选项

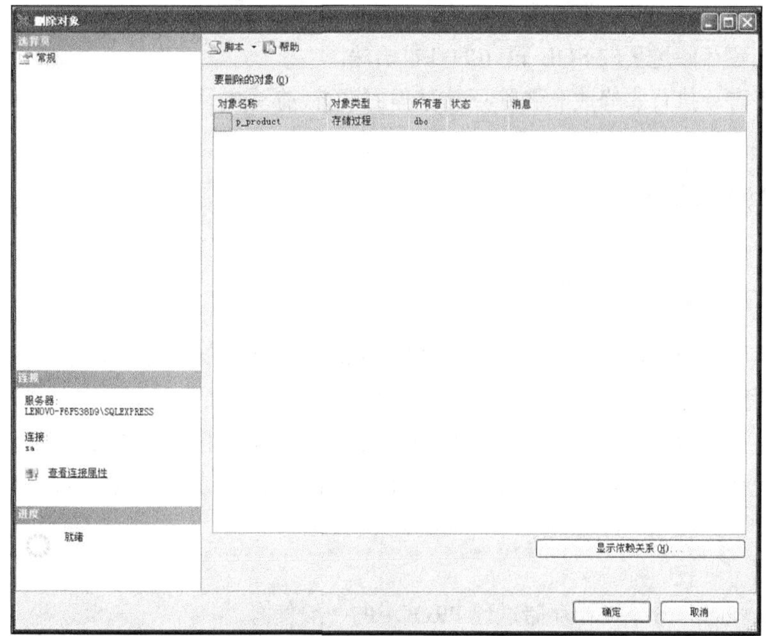

图 8-15　“删除对象”窗口

8.7.2 使用 T-SQL 语句删除存储过程

删除存储过程也可以使用 T-SQL 中的 DROP 命令，DROP 命令可以将一个或多个存储过程或者存储过程组从当前的数据库中删除，其语法形式如下。

```
DROP { PROC | PROCEDURE } { [ schema_name. ] procedure } [ ,…n]
```

例 8.11 使用 DROP 命令删除 p_product 和 p_ProductNum 两个存储过程。

程序清单如下。

```
USE companyinfo
GO
DROP procedure p_product , p_ProductNum
GO
```

8.8 实训

8.8.1 实训目的

（1）理解存储过程的作用。

（2）掌握创建存储过程的方法和步骤。

（3）掌握存储过程的使用方法。

8.8.2 实训要求

（1）了解存储过程的基本概念和类型。

（2）了解创建存储过程的 SQL 语句的基本语法。

（3）了解查看、执行、修改和删除存储过程的 SQL 命令的用法。

8.8.3 实训步骤

1. 创建和执行存储过程

（1）为学生选课数据库 Xk 中的学生选课表 StuCou 创建存储过程 PROC1，用于返回选课志愿号为“1”的所有学生的学号，并执行该存储过程，观察结果是否正确。

（2）为学生选课数据库 Xk 中的学生表 Student 创建存储过程 PROC2，要求能根据用户给定的班级编号，统计该班级学生的学号和姓名，执行该存储过程，观察结果是否正确。

2. 查看、修改和删除存储过程

（1）使用 sp_help 命令查看存储过程 PROC1 的一般信息。

（2）使用 sp_helpText 命令查看存储过程 PROC2 的文本信息。

（3）使用 sp_rename 将存储过程 PROC1 重命名为“过程 1”。

（4）删除存储过程 PROC2。

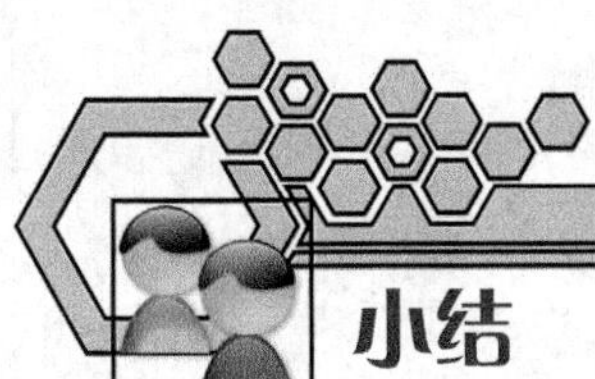

小结

在 SQL Server 2005 应用中，存储过程扮演着相当重要的角色，使用存储过程可以完成对数据库的复杂操作。基于预编译并存储在 SQL Server 数据库中的特性，存储过程不仅能提高应用效率，确保一致性，更能提高系统执行的速度。本项目将结合公司管理数据库系统，介绍存储过程的作用，并讨论如何使用 Management Studio 和 T-SQL 语句这两种方法来创建、修改、删除存储过程。

项目9 触发器的使用

【教学目标】

（1）能正确理解触发器的概念、功能和类型。

（2）掌握触发器的创建、修改、删除等操作。

【能力目标】

（1）能够使用 Management Studio 和 T-SQL 语句创建触发器。

（2）能够使用 Management Studio 和 T-SQL 语句修改、删除触发器。

（3）能够根据项目逻辑设计中的数据完整性要求设计触发器。

【学习导航】

本项目介绍触发器的使用，包括使用 SQL Server Management Studio 和 T-SQL 语句两种方法进行触发器的创建、修改和删除。在图 9-1 中，可以看到本项目在公司管理数据库系统开发中的环节及位置。

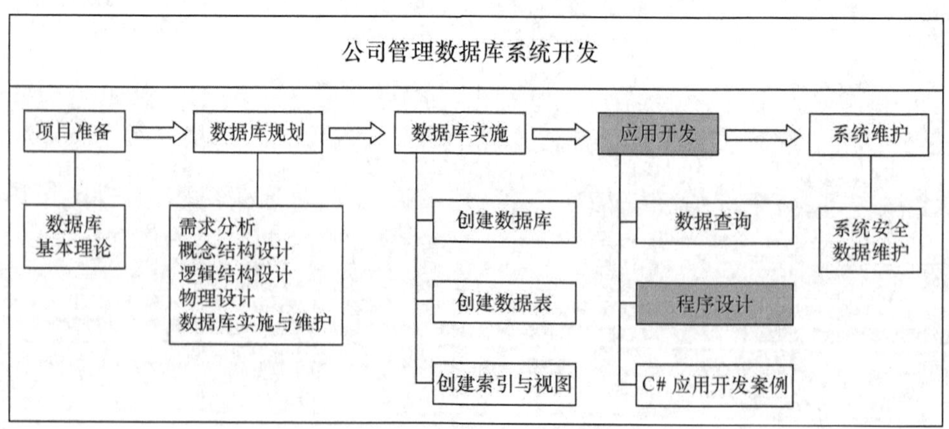

图 9-1　本项目在公司管理数据库系统开发中的环节及位置

【工作任务】

利用触发器操作 companyinfo 数据库的数据，从而达到简化数据处理操作和提高数据安全性的目的。

9.1 理论知识准备

9.1.1 触发器的概念

触发器是一个 T-SQL 命令集，它作为一个对象存储在数据库中。触发器是 Microsoft SQL Server 为应用程序开发人员和数据库分析人员提供的一种保证数据完整性的方法，它是一种特殊类型的存储过程，当有操作影响到触发器保护的数据时，触发器就自动执行。因此，触发器是在特定表或视图上进行定义的，这些表或视图也称为触发器表或触发器视图。当有操作针对触发器表或触发器视图时，例如，在表中插入、删除、修改数据时，如果该表有相应操作类型的触发器就自动触发执行。因为触发器在操作有效之后才能执行，如果导致触发器的一个请求失败的话，SQL Server 系统将拒绝更新数据，并且向那些事物处理的应用程序返回一个错误信息。

1. 触发器的作用

SQL Server 主要提供了两种机制来强制业务规则和数据完整性：约束和触发器。触发器在指定的表进行 INSERT、UPDATE 或 DELETE 操作时被触发。触发器可以查询其他表，并可以包含复杂的 T-SQL 语句。SQL Server 将触发器和触发它的语句作为可在触发器内回滚的单个事物对待，如果检测到严重错误，则整个事务即自动回滚，恢复到原来的状态。

2. 触发器的特点

（1）约束和触发器在特殊情况下各有优势。触发器的主要优点在于它可以包含使用 T-SQL 代码的复杂处理逻辑。因此，触发器可以支持约束的所有功能，但它在所给的功能上并不一定是最好的方法。

（2）约束只能通过标准的系统错误信息传递错误信息。如果应用程序需要使用自定义信息和较为复杂的错误处理，则必须使用触发器。

（3）触发器可以实现比 CHECK 约束更为复杂的约束。与 CHECK 约束不同，CHECK 约束只能根据逻辑表达式或同一表中的另一列来验证列值，而触发器可以引用其他表中的列。例如，在触发器中可以参照另一个表中某列的值，以确定是否插入或更新数据，或者是否执行其他操作。

（4）触发器可通过数据库中的相关表实现级联更改，不过，通过级联引用完整性约束可以更有效地执行这些更改。

（5）如果触发器表上存在约束，则在 INSTEAD OF 触发器执行后但在 AFTER 触发器执行前检查这些约束。如果约束被破坏，则回滚 INSTEAD OF 触发器操作，并且不执行 AFTER 触发器。

9.1.2 触发器中的 INSERTED 表和 DELETED 表

每个触发器都有两个特殊的表：INSERTED 表和 DELETED 表。这两个表是逻辑表，由系统创建和维护，存储在内存中，而不是存储在数据库中，因此不允许用户直接对其进行修改。这两个表的结构总是与该触发器作用的表的结构相同，而且它们是只读的，用户可以引用表中的数据但不能向这两个表写入数据，当触发器工作完成时，这两个表也被删除。

1. INSERTED 表

INSERTED 表存放由执行 INSERT 或 UPDATE 语句而要向表中插入的所有行，即 INSERTED 表用来存储向原表插入的内容的副本。

2. DELETED 表

DELETED 表存放由执行 DELETE 或 UPDATE 语句而要从表中删除的所有行，被删除的行从原表中被移动到 DELETED 表。这两个表不会有共同的行。这样做的目的是，一旦触发器遇到了强迫它中止的语句被执行时，删除的那些行可以从删除表中得以恢复。

可以定义一个无论何时用 INSERT 语句向表中插入数据时都会执行的触发器，当触发 INSERT 触发器时，新的数据行就会被插入触发器和 INSERTED 表中。触发器通过检查 INSERTED 表来确定是否执行触发器动作或如何执行它。

当触发 DELETE 触发器后，从受影响的表中删除的行将被放置到 DELETED 表中。DELETED 表保留已被删除数据行的一个副本。

当触发 UPDATE 触发器时，可以将 UPDATE 语句看做先执行了一个 DELETE 操作，然后执行了一个 INSERT 操作，被修改的行首先移动到 DELETED 表，而新行同时插入原表和 INSERTED 表。触发器检查 DELETED 表和 INSERTED 表以及被更新的表，来确定是否更新了多行以及如何执行触发器动作。当它检查到指定列已经更新时，触发器就会进一步执行适当的动作，例如，发出错误信息指出该列不能更新。

9.2 创建触发器

9.2.1 利用 Management Studio 创建触发器

启动 Mangement Studio，登录到指定服务器上。在对象资源管理器中展开“数据库”，→“companyinfo”→“表”→“dbo. product”节点，如图 9-2 所示，然后在右侧窗口用鼠标右键单击“触发器”，在弹出的快捷菜单中选择“新建触发器”选项。此时会自动弹出查询分析器，在“查询分析器”的编辑区里 SQL Server 已经预写了一些建立触发器相关的 SQL 语句，如图 9-3 所示。

图 9-2　定位到触发器

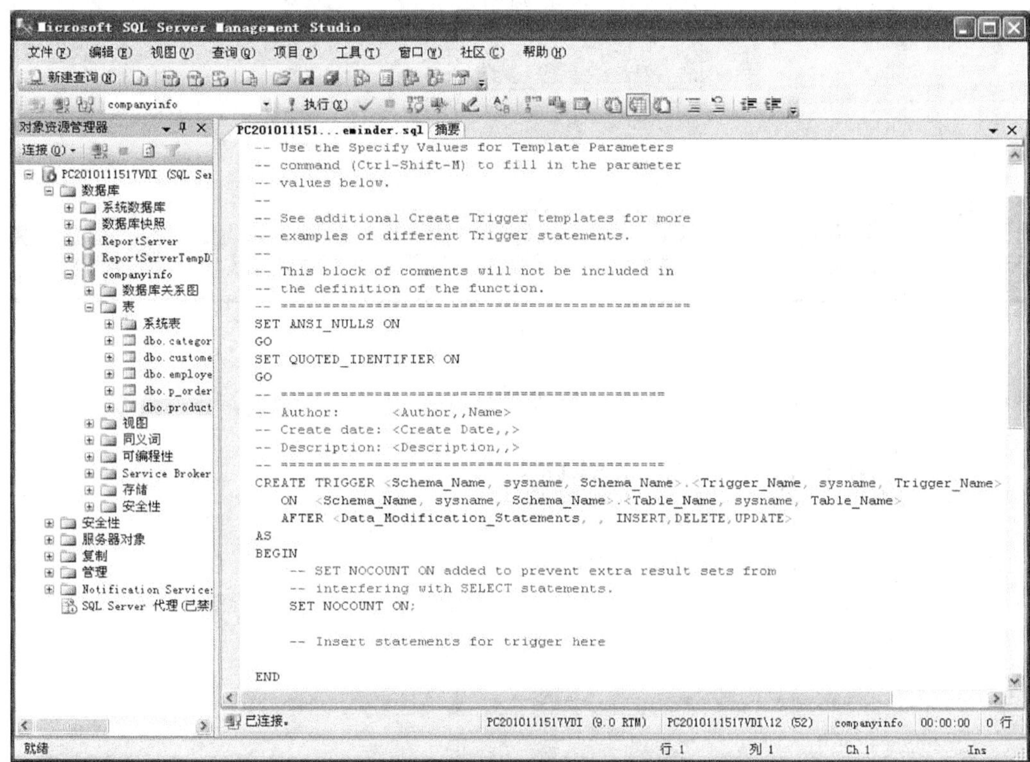

图 9-3　SQL Server 2005 预写的触发器代码

修改查询分析器中的代码，将从“CREATE”开始到“GO”结束的代码改为以下代码。

```
CREATE TRIGGER reminder
ON P_ORDER
FOR INSERT, UPDATE
AS  RAISERROR ('修改数据? ? ? ' , 16, 10)
GO
```

单击工具栏中的“分析”按钮，检查是否有语法错误。如图 9-4 所示，如果在下面的“结果”窗口中显示“命令已成功完成”，则表示语法没有错误。

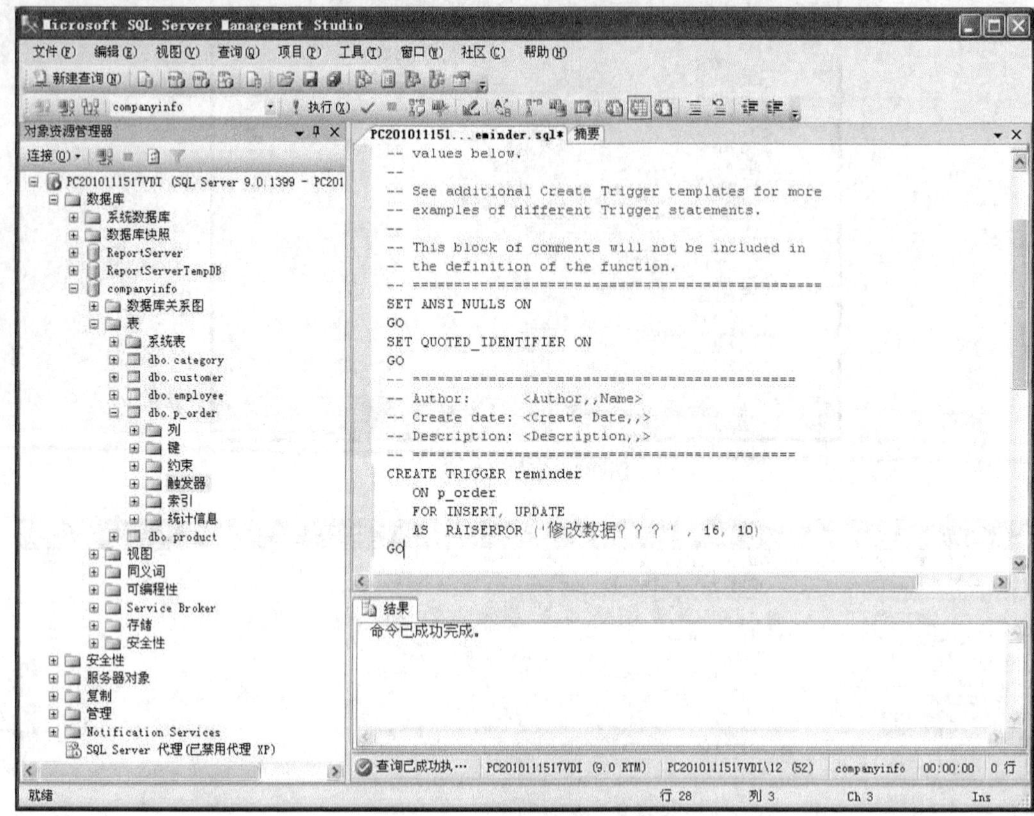

图 9-4 检查语法

语法检查无误后，单击“执行”按钮，生成触发器。

9.2.2 利用 T-SQL 语句创建触发器

利用 T-SQL 语句创建触发器的基本语法如下。

```
  CREATE  TRIGGER  trigger_name
  ON   {table|view}
  {FOR | AFTER | INSTEAD OF }
  {[INSERT], [UPDATE], [DELETE]}
[WITH ENCRYPTION]
AS
    [IF UPDATE (cotumn_name)
    [{AND| OR} UPDATE(cotumn_name)…]
   Sql_statements
```

其中，各参数的含义如下。

trigger_name：是触发器的名称，用户可以选择是否指定触发器所有者的名称。

table|view：是执行触发器的表或视图，可以选择是否指定表或视图所有者的名称。

AFTER：是指在对表的相关操作正常执行后，触发器被触发，如果仅指定 FOR 关键字，则

AFTER 是默认设置。

INSTEAD OF：指定执行触发器而不是执行触发语句，从而替代触发语句的操作，可以为表或视图中的每个 INSERT、UPDATE 或 DELETE 语句定义一个 INSTEAD OF 触发器。如果在定义一个可更新的视图时，使用了 WITH CHECK OPTION 选项，则 INSTEAD OF 触发器不允许在这个视图上定义。用户必须用 ALTER VIEW 删除选项后，才能定义 INSTEAD OF 触发器。

[INSERT]，[UPDATE]，[DELETE]：是指在表或视图上执行哪些数据修改语句时激活触发器的关键字。这其中必须至少指定一个选项。在触发器定义中允许使用以任意顺序组合的关键字，如果指定的选项多于一个，需要用逗号分隔。对于 INSTEAD OF 触发器，不允许在具有 ON DELETE 级联操作引用关系的表上使用 UPDATE 选项。

ENCRYPTION：是加密含有 CREATE TRIGGER 语句正文文本的 syscomments 项，这是为了满足数据安全的需要。

Sql_statements：定义触发器被触发后，将执行数据库操作。它指定触发器执行的条件和动作。触发器条件是除引起触发器执行的操作外的附加条件；触发器动作是指当前用户执行激发器的某种操作并满足触发器的附件条件时，触发器所执行的动作。

IF UPDATE：指定对表内某列进行增加或修改内容时，触发器才起作用，它可以指定两个以上列，列名前可以不加表名。在 IF 子句中，多个触发器可以放在 BEGIN 和 END 之间。

1. INSERT 触发器

例 9.1　创建一个触发器，要求每当在 employee 表中插入数据时，向客户端显示一条“记录已添加!”的消息。

在查询分析中执行如下 SQL 语句，创建触发器。

```
CREATE  TRIGGER  tri_InsertEmp
ON Employee
FOR  INSERT
AS
PRINT '记录已添加! '
GO
```

在查询分析器中执行如下 SQL 语句，测试触发器是否被触发。

```
INSERT INTO employee  (雇员 ID,姓名,性别,出生日期,雇用日期,特长,薪水)
VALUES(11,'于守红','男',1970-11-10,1996-7-1,'绘画',1500)
```

从图 9-5 中可以看到返回消息“记录已添加!”，说明在插入记录时触发器已触发。

例 9.2　创建一个触发器，要求每当用户在 employee 表中插入记录时，自动显示表中所有内容。

在查询分析器中执行如下 SQL 语句，创建触发器。

```
CREATE  TRIGGER  tri_InsertEmp1
ON Employee
FOR  INSERT
AS
BEGIN
  SELECT *  FROM  EMPLOYEE
  LIST
END
GO
```

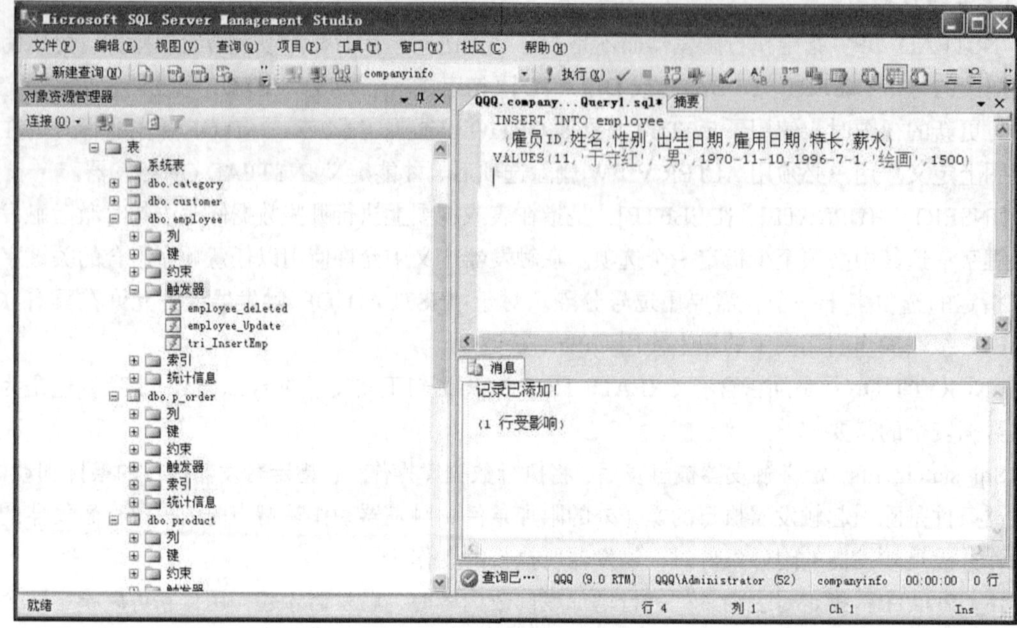

图 9-5　验证触发器结果

在查询分析器中执行如下 SQL 语句，测试触发器是否被触发。

```
INSERT INTO employee
VALUES(11,'张山','男',1970-11-10,1998-10-11,'美术',1500)
```

从图 9-6 中可以看到表 EMPLOYEE 中的所有内容，说明触发器已经被触发。

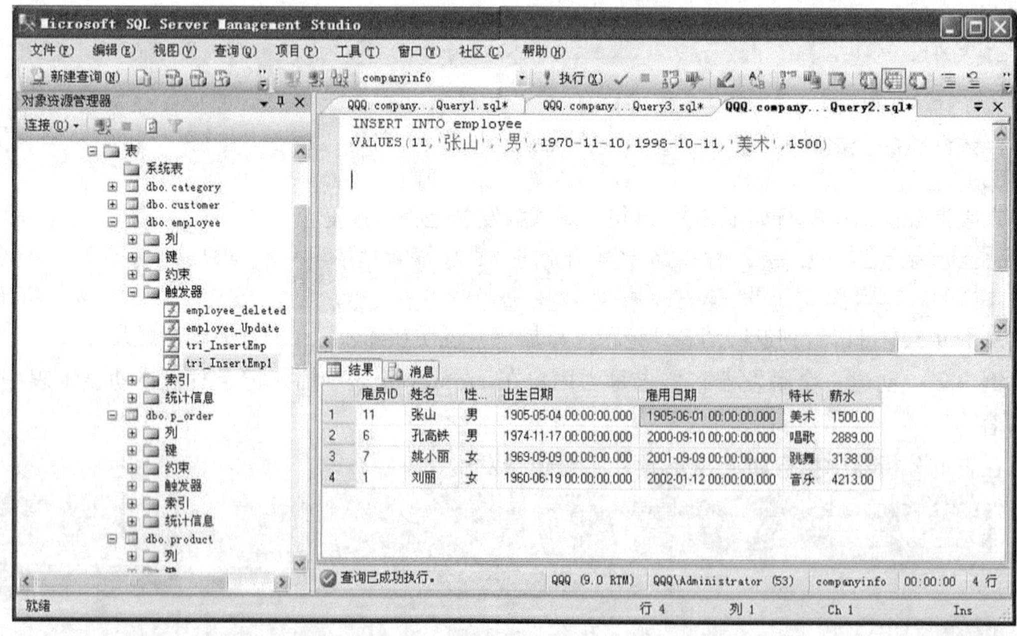

图 9-6　验证触发器结果

例 9.3　将例 9.2 中 tri_InsertEmp1 中的 FOR INSERT 修改为 INSTEAD OF INSERT。

在查询分析器中执行如下 SQL 语句，创建触发器。

```
CREATE  TRIGGER  tri_InsertEmp1
ON Employee
INSTEAD OF  INSERT
AS
BEGIN
  SELECT *  FROM  EMPLOYEE
  LIST
END
GO
```

在查询分析器中执行如下 SQL 语句，测试触发器。

```
INSERT INTO employee
VALUES(12,'张宏','男',1970-11-10,1998-10-11,'美术',1500)
```

在图 9-7 中可以看到表中内容，但要插入的记录并没有显示。因为 INSTEAD OF 用执行触发器的语句替代了执行触发 SQL 语句。

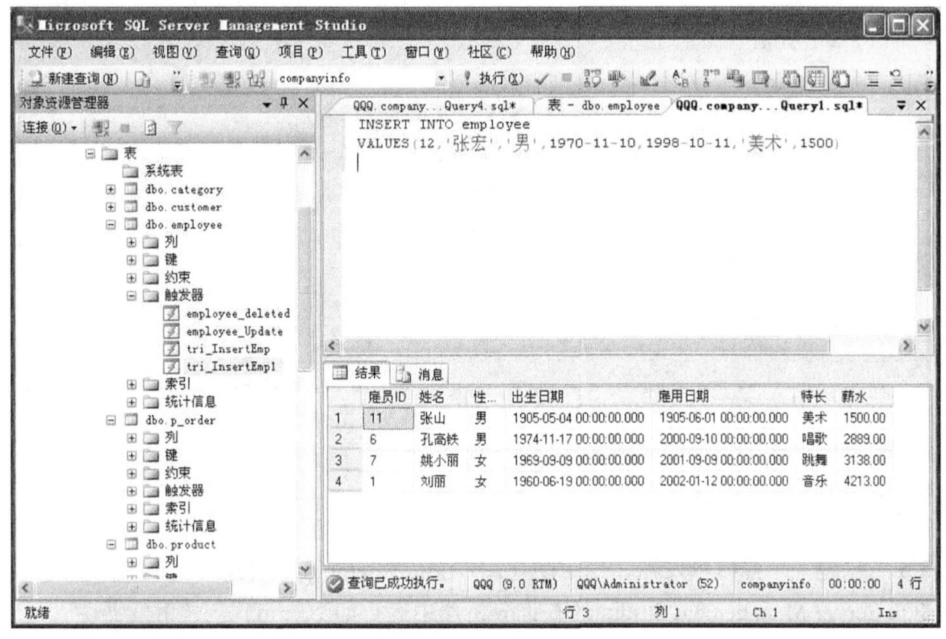

图 9-7　验证替代触发结果

2. 使用 DELETE 触发器

例 9.4　创建一个名为 employee_deleted 的触发器，其功能是：当对 employee 表进行删除操作时，首先检查订单表，如果删除的雇员没有接受订单，可以删除该雇员的消息，否则撤销删除，显示无法修改的信息。

在 SQL Server Management Studio 查询分析器中运行如下语句，创建触发器。

```
CREATE TRIGGER employee_deleted
ON employee
FOR DELETE
AS
IF EXISTS(SELECT  * FROM  P_ORDER  JOIN  DELETED
```

```
ON  P_ORDER.雇员 id=deleted.雇员 id)
BEGIN
    PRINT '此雇员接收订单无法删除记录'
 END
```

在查询分析器中执行如下 SQL 语句，测试触发器是否被触发。

```
DELETE  FROM  employee  WHERE 特长= '会计'
```

从图 9-8 中可以看到返回信息“此雇员接受订单无法删除记录”，说明删除记录时触发器被触发。

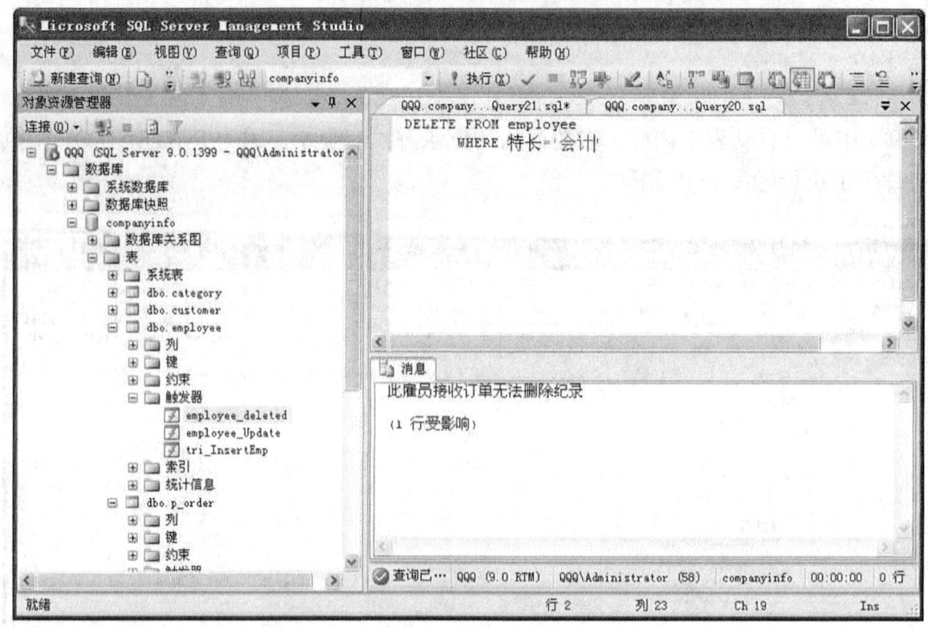

图 9-8　验证 DELETE 触发器结果

3. 使用 UPDATE 触发器

例 9.5　创建一个修改触发器，用于防止用户修改表 employee 的雇员 ID。

在 SQL Server Management Studio 的查询分析器中运行如下语句，创建触发器。

```
CREATE TRIGGER employee_Update
ON employee
FOR UPDATE
AS
IF UPDATE (雇员 ID)
BEGIN
  RAISERROR ('You can not update this column.',10,1)
END
```

在查询分析器中执行如下 SQL 语句，测试触发器是否被触发。

```
UPDATE  employee  SET  雇员 ID=1  WHERE 姓名= '刘丽'
```

从图 9-9 中可以看到返回信息“You can not update this column.”，说明触发器被触发。

例 9.6　在 product 表上创建一个修改触发器，用于防止用户修改产品的库存量过大，如果库存量的变化超过 100 时给出错误提示，并回滚。

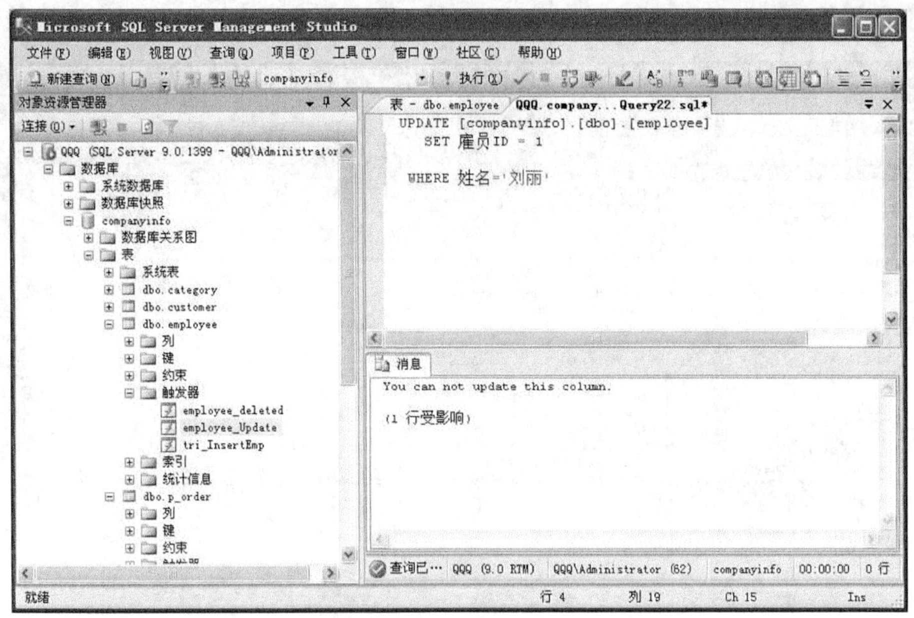

图 9-9　验证 UPDATE 触发器结果

在 SQL Server Management Studio 查询分析器中运行如下命令，创建触发器。

```
CREATE TRIGGER  PRODUCT_INSERT_库存量
ON PRODUCT
FOR UPDATE
AS
IF (SELECT MAX(ABS(INSERTED.库存量-DELETED.库存量))
    FROM INSERTED JOIN DELETED
    ON INSERTED.产品 ID=DELETED.产品 ID )>100
BEGIN
   PRINT  '库存量修改过大! '
   ROLLBACK TRANSACTION
END
```

9.3　管理触发器

1. 在 Management Studio 中查看触发器

在 Management Studio 中查看触发器的步骤如下。

（1）启动 Management Studio，登录到指定的服务器上。

（2）在对象资源管理器中选择“COMPANYINFO”数据库，定位到要查看触发器的数据表上，并找到“触发器”项。

（3）单击“触发器”，在右边的“摘要”窗口中，可以看到已经建好的该数据表的触发器。

（4）双击要查看的触发器，在弹出的查询分析器中显示该触发器的内容。

2. 修改触发器

在 Management Studio 中修改触发器和查看触发器类似，如图 9-10 所示。

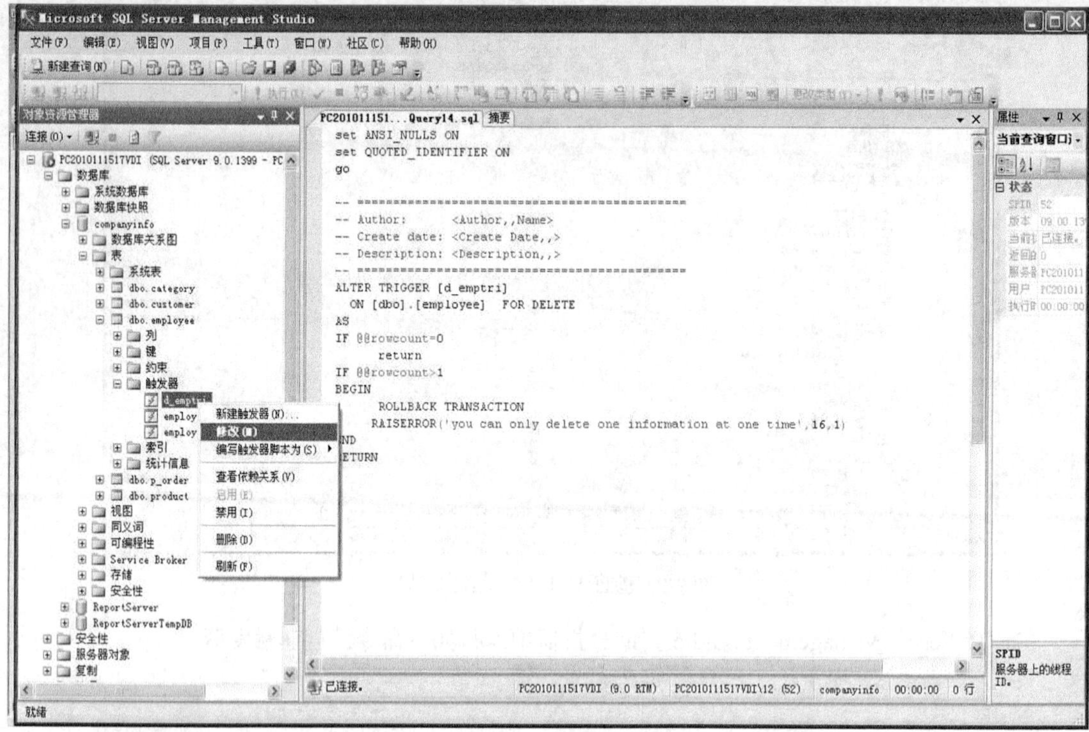

图 9-10　修改触发器

使用 T-SQL 语句修改触发器的语法如下。

```
ALTER  TRIGGER  trigger_name
    ON  table_name
   [ WITH ENCRYPTION ]
FOR  [AFTER | INSTEAD OF ]  [ DELETE | INSERT | UPDATE ]
AS
sql_statements
```

3. 删除触发器

按照前面查看触发器的方法，找到要删除的触发器后，用鼠标右键单击，在弹出的快捷菜单中选择“删除”选项，弹出“删除对象”对话框，在该对话框中单击“确定”按钮，删除操作完成。用以下 SQL 语句也可以删除触发器。

```
Drop Trigger trigger_name
```

9.4 实训

9.4.1 实训目的

使用触发器实现数据完整性。

9.4.2　实训要求

（1）理解触发器的作用。
（2）学会使用对象资源管理器和查询分析器创建触发器。
（3）学会触发器的管理方法。

9.4.3　实训步骤

1. 创建 insert 触发器

（1）创建一个触发器，要求每当在 StuCou 表中插入数据时，向客户端显示一条“记录已添加!”的消息。

（2）创建一个触发器，要求每当用户插入 Student 表的记录时，自动显示表中所有内容。

（3）创建一个触发器，要求每当用户插入 Student 表的记录后，自动显示 Student 表中插入的记录。

2. 创建 delete 触发器

在 Student 表上创建触发器 del_trg，当删除表中某一个学生的记录时，能自动删除该学生在 StuCou 表中所报的选修课程。

3. 创建 update 触发器

（1）为 Course 表创建一个 UPDATE 触发器，当更新了某门课程的课程号信息时，就激活该触发器级联更新 Xk_Course 表中相关的课程号信息，并使用 PRINT 语句返回一个提示信息。

（2）创建触发器，当修改 Student 表中的“学号”字段后，自动修改 StuCou 表中相应的学号。（以前采用外键方式）

4. 管理触发器

（1）修改触发器。
（2）删除触发器。

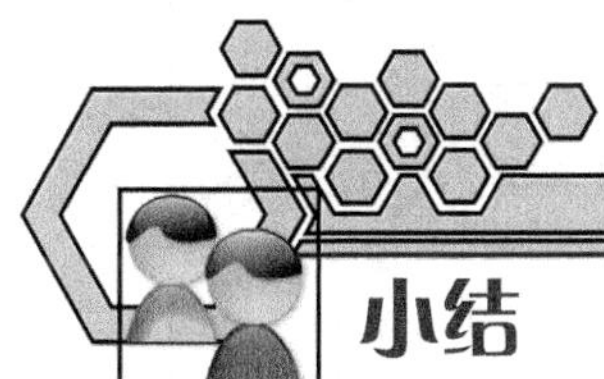

小结

本项目通过对触发器的学习，了解了触发器的概念，熟悉了触发器的创建、修改等管理和操作，详细介绍了 INSERT 触发器、UPDATE 触发器和 DELETE 触发器。在 SQL Server 应用操作中，触发器扮演着相当重要的角色，它不仅能提高应用效率，确保数据的完整性，更能提高系统执行的速度。同时，使用触发器来完成业务规则，能达到简化程序的目的。

项目 10

公司管理数据库系统的安全管理

【教学目标】

（1）理解及使用数据库的安全管理机制。

（2）掌握用户、角色和权限的管理操作。

【能力目标】

（1）能够正确设置 SQL Server 2005 的登录身份验证模式。

（2）能够创建并管理用户和角色。

（3）能够正确设置数据库权限。

【学习导航】

本项目介绍数据库的安全管理机制及其应用，主要从安全性的角度对 SQL Server 2005 数据库的管理进行分析，包括数据库的安全认证模式设置、用户账户和角色管理以及数据库权限设置。在图 10-1 中，可以看到本项目在公司管理数据库系统开发中的环节及位置。

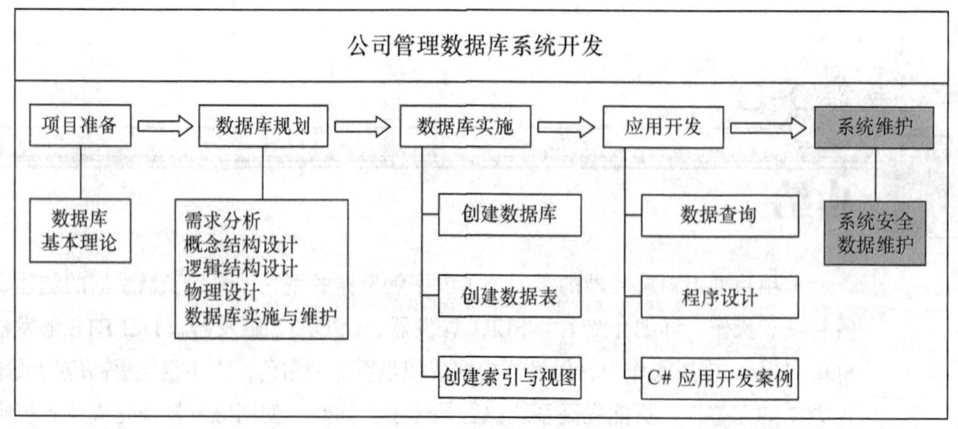

图 10-1　本项目在公司管理数据库系统开发中的环节及位置

【工作任务】

安全性对于任何数据库管理系统来说都是至关重要的，对公司管理数据库系统的安全管理主要包括以下内容。

（1）设置系统身份验证模式。

（2）添加/删除登录账户。

（3）创建和管理 companyinfo 数据库的用户、角色及其相应权限。

10.1 理论知识准备

10.1.1 SQL Server 2005 的安全管理机制

SQL Server 2005 的安全管理机制包括验证和授权两种类型。验证是指检验用户的身份标识；授权是指允许用户做些什么。验证过程在用户登录操作系统和 SQL Server 2005 时进行，授权过程在用户试图访问数据或执行命令的时进行。SQL Server 2005 的安全机制分为 4 层，如图 10-2 所示。其中，第一层和第二层属于验证过程，第三层和第四层属于授权过程。

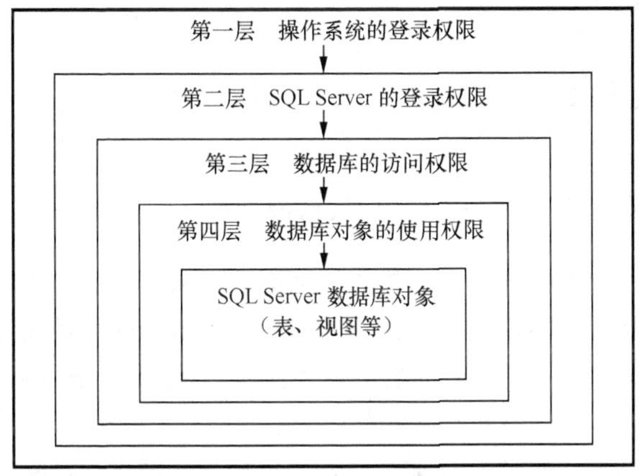

图 10-2　SQL Server 的四层安全机制

第一层的安全权限指用户必须登录到操作系统；第二层的安全权限控制用户是否能登录 SQL Server；第三层的安全权限允许用户与一个特定的数据库相连接；第四层的安全权限允许用户拥有对指定数据库中某个对象的访问权限。

10.1.2 身份验证

SQL Server 2005 有两种验证：Windows 身份验证模式和混合身份验证模式。

1. Windows 身份验证模式

Windows 身份验证模式使用 Windows 操作系统的安全机制来验证用户身份，只要用户能够通过 Windows 用户身份验证，即可连接到 SQL Server 2005 服务器，这种验证模式适用于能够提供

有效身份验证的 Windows 操作系统。

2. 混合身份验证模式

混合身份验证模式是指用户可以使用 Windows 身份验证或 SQL Server 身份验证连接 SQL Server 2005 服务器。在此模式下，系统将区分用户账号在 Windows 操作系统下是否可信，对于可信连接用户，系统直接采用 Windows 身份验证机制，否则 SQL Server 2005 会通过账户的存在性和密码的匹配性自行进行验证。

10.1.3 权限认证

为保证数据的安全性，防止因非法使用而造成数据的泄密和破坏，SQL Server 2005 除使用身份验证方法来限制用户进入数据库系统外，还使用权限认证来控制用户对数据库的操作。

当用户通过身份验证登录 SQL Server 2005 服务器后，并不自动拥有对所有数据库的访问权限，在用户可以访问的每个数据库中都要求单独的用户账号，对于没有账户的数据库，将无法访问。此外，用户发送的各种 T-SQL 语句能否在数据库中成功执行，还取决于该用户账户在该数据库中对这些操作的权限设置。因此，若没有通过数据库的权限认证，即使连接到 SQL Server 2005 服务器，也无法使用数据库。

10.2 登录管理

1. 使用对象资源管理器创建 SQL Server 2005 登录账户

如果要设置 SQL Server 2005 身份验证模式为 Windows 身份验证，并且将一个新的系统用户作为 SQL Server 2005 服务器的登录账户，那么首先需要创建该 Windows 系统用户，操作过程如下。

选择“开始”→“设置”→“控制面板”→“管理工具”→“计算机管理”命令，打开“计算机”管理窗口。展开“本地用户和组”选项，选中“用户”并用鼠标右键单击，在弹出的快捷菜单中选择“新用户”命令，如图 10-3 所示，在弹出的“新用户”对话框中输入用户名 manager 和密码，如图 10-4 所示。

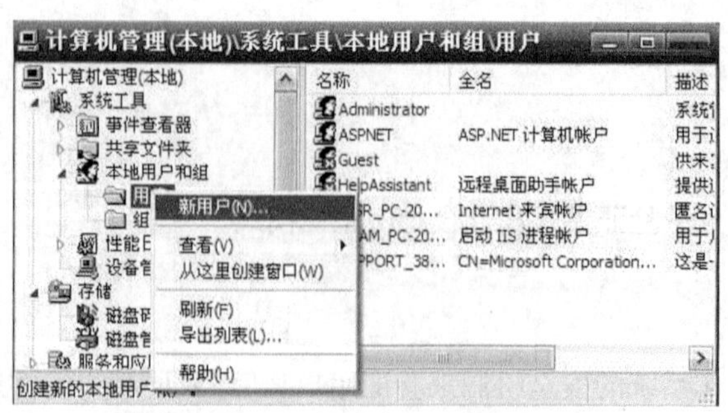

图 10-3　新建 Windows 系统用户

图 10-4　“新用户”对话框

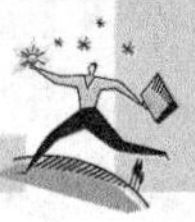

例 10.1　使用对象资源管理器为 SQL Server 2005 设置不同的身份验证。

（1）在对象资源管理器中，展开服务器对应的“安全性”选项，用鼠标右键单击“登录名”选项，在弹出的快捷菜单中选择“新建登录名”命令，打开“登录名-新建”窗口，如图 10-5 所示。

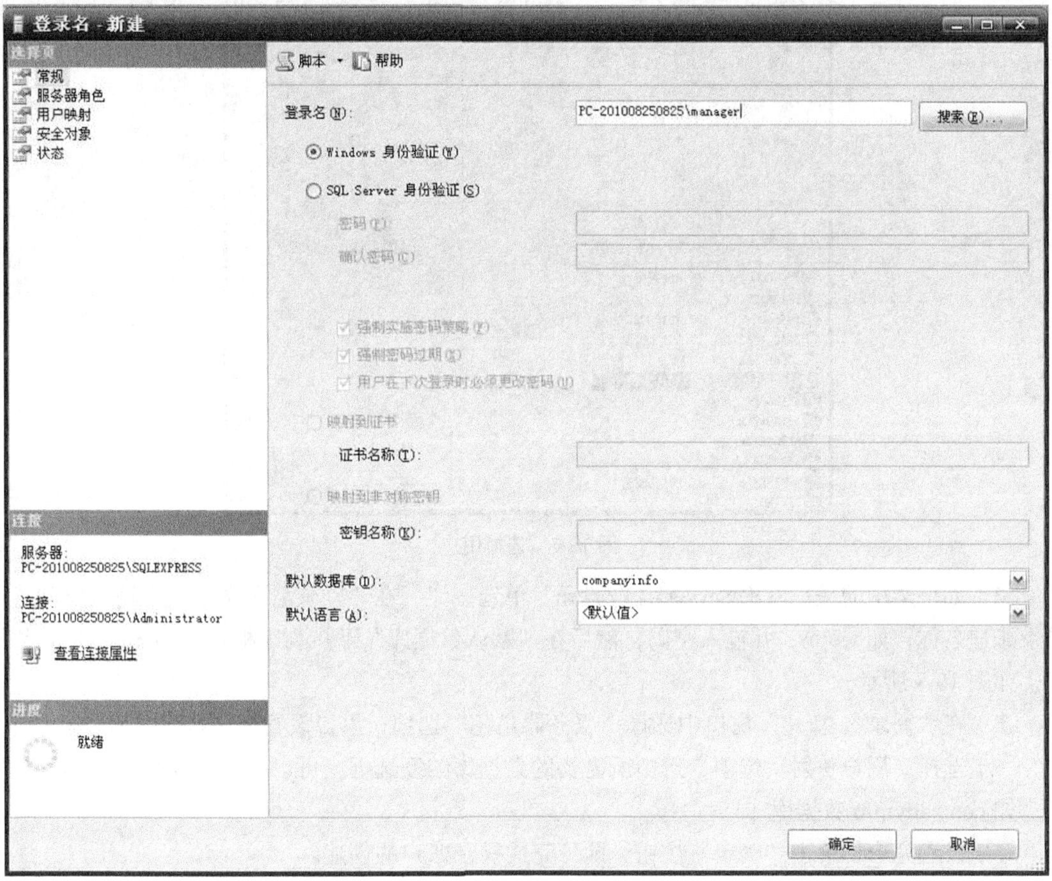

登录名 - 新建
选择页
常规
服务器角色
用户映射
安全对象
状态
脚本
帮助
登录名(N):
PC-201008250825\manager
搜索(E)...
Windows 身份验证(W)
SQL Server 身份验证(S)
密码(P):
确认密码(C):
强制实施密码策略(F)
强制密码过期(X)
用户在下次登录时必须更改密码(U)
映射到证书
证书名称(T):
映射到非对称密钥
密钥名称(K):
默认数据库(D):
companyinfo
默认语言(A):
<默认值>
连接
服务器:
PC-201008250825\SQLEXPRESS
连接:
PC-201008250825\Administrator
查看连接属性
进度
就绪
确定
取消
图 10-5　“登录名-新建”窗口

（2）如果选中“Windows 身份验证”单选按钮，单击“搜索”按钮，打开“选择用户或组”对话框，如图 10-6 所示。单击“高级”按钮，在打开“选择用户或组”对话框中选择之前创建的 Windows 系统用户 manager 作为 SQL Server 2005 服务器的登录账户，如图 10-7 所示。

选择用户或组
选择对象类型(S):
用户或内置安全性原则
对象类型(O)...
查找位置(F):
PC-201008250825
位置(L)...
输入要选择的对象名称(例如)(E):
检查名称(C)
高级(A)...
确定
取消
图 10-6　“选择用户或组”对话框

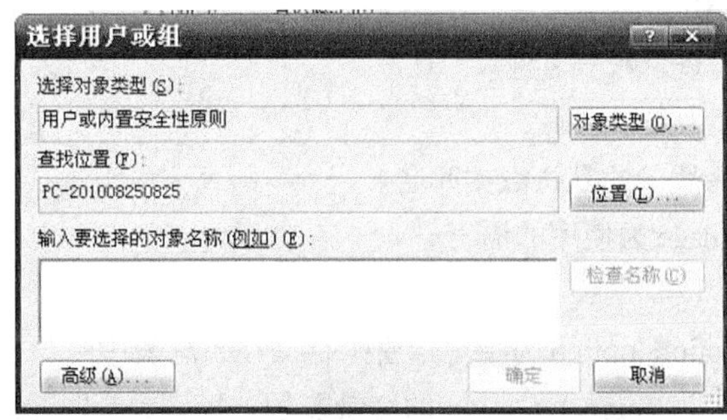

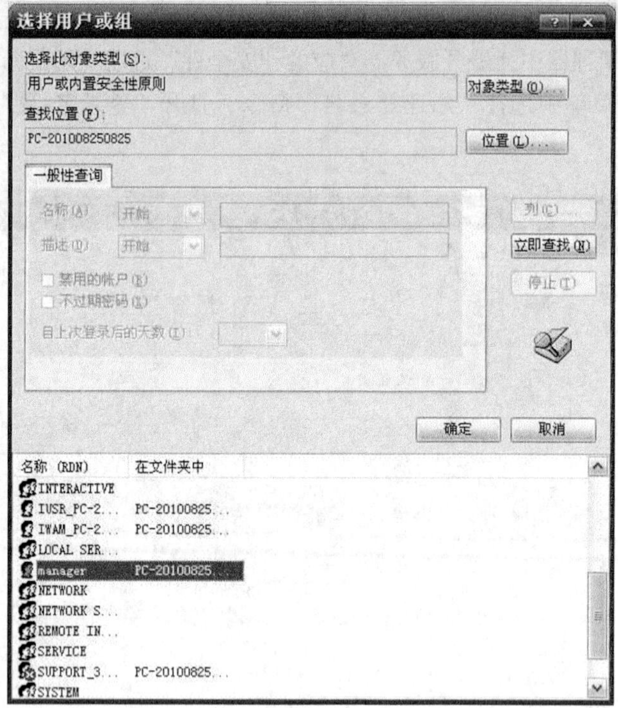

图 10-7　选择用户

（3）如果选中的是“SQL Server 身份验证”单选按钮，在“登录名”文本框中输入要创建的登录账户名称，如 wujin，并输入密码，然后在“默认数据库”下拉列表框中，companyinfo 数据库，如图 10-8 所示。

（4）在“登录名-新建”窗口中选择“服务器角色”选项，可以设置登录账号的服务器角色。

（5）选择“用户映射”选项，选中所需要的数据库的复选框，可以选择登录账户访问的数据库，如 companyinfo 数据库。

（6）设置完毕，单击“确定”按钮，即可完成登录账户的创建。

2. 使用存储过程创建登录账户

使用存储过程创建登录账号的语法格式如下。

SP_ADDLOGIN[@loginame=]'login'[,[@passwd=]'password'][,[@defdb=] 'database']

[,[@deflanguage=]'language'][,[@sid=]sid][,[@encryptopt=]'encryption_option']

其中，各参数的含义如下。

[@loginame=]'login'为登录账号名称。

[@passwd=]'password'为登录密码。

[@defdb=] 'database'为登录的默认数据库名。

[@deflanguage=]'language'为使用的语言。

[@sid=]sid 为安全标识号。

[@encryptopt=]'encryption_option'为指定当密码存储在系统表中时，密码是否需要加密。

例 10.2　建立一个名为 company_login 的登录账号，将该登录账号加入 companyinfo 数据库中，即能连接 companyinfo 数据库。

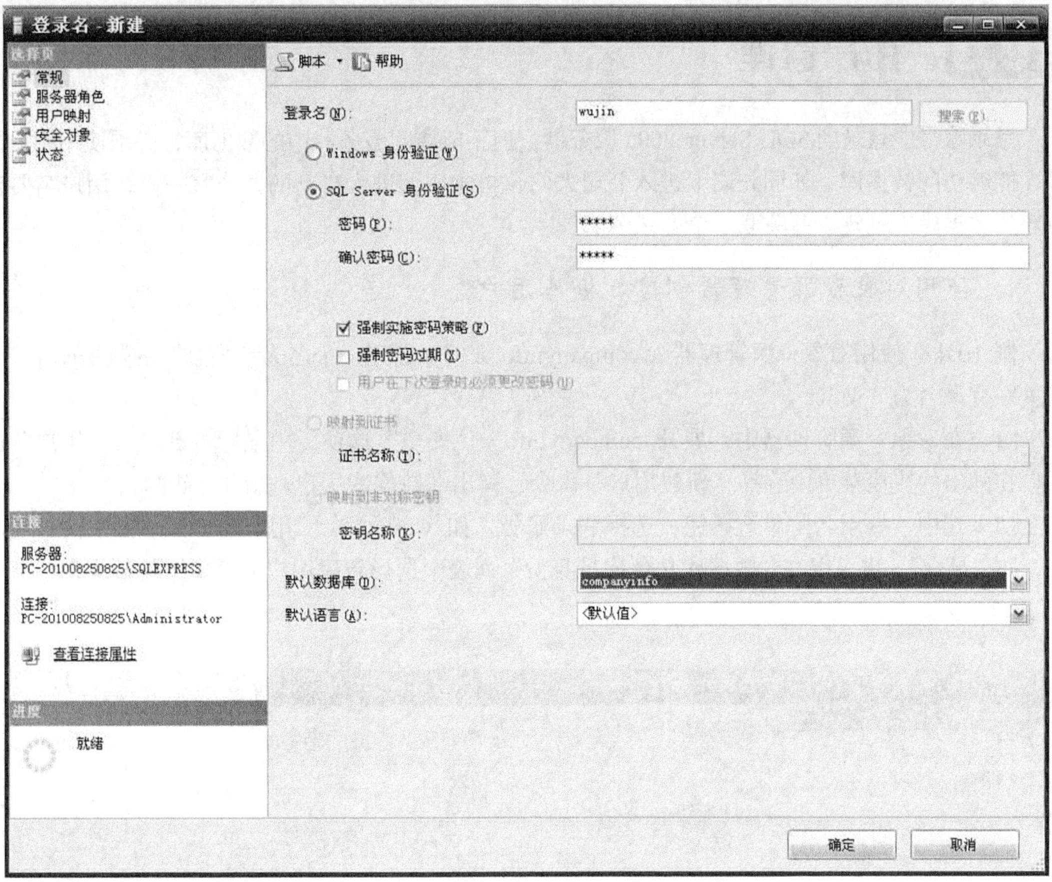

图 10-8 设置 SQL Server 身份验证

在 SQL Server Management Studio 的查询分析器中运行以下代码。

```
USE companyinfo
GO
EXEC SP_ADDLOGIN 'company_login','companyinfo'
GO
```

3. 删除登录账号

（1）使用对象资源管理器删除登录账号。在对象资源管理器中，展开服务器对应的“安全性”→“登录名”选项，用鼠标右键单击要删除的登录名，在弹出的快捷菜单中选择“删除”命令。

（2）使用存储过程删除登录账号。

使用存储过程删除登录账号的语法格式如下。

SP_DROPLOGIN 'login'

其中，'login'表示被删除的登录账号。

例 10.3 从数据库 companyinfo 中删除 company_login 登录账号。

在 SQL Server Management Studio 的查询分析器中运行以下代码。

```
USE companyinfo
GO
EXEC SP_DROPLOGIN 'company_login'
```

10.3 用户管理

登录账号能登录到 SQL Server 2005 服务器，但不能访问服务器中的数据库，必须使用用户账号才能够访问数据库，如同先刷卡进入公司大门，再拿钥匙进入自己的办公室一样，用户名要在特定的数据库内创建，并关联一个登录名。

1. 使用对象资源管理器创建数据库用户

例 10.4 使用对象资源管理器为 companyinfo 数据库新建一个名为“吴金”的数据库用户，其关联登录名为“wujin”。

（1）在对象资源管理器中，展开 companyinfo→“安全”选项，用鼠标右键单击“用户”选项，在弹出的快捷菜单中选择“新建用户”命令，弹出“数据库用户—新建”窗口。

（2）选中“登录名”单选按钮，选择登录账号，如 wujin，在“用户名”文本框中输入用户名，如“吴金”，也可以在“数据库角色成员身份”列表中选择新建用户应该属于的数据角色，如图 10-9 所示。

图 10-9 创建数据库用户

（3）设置完成，单击“确定”按钮，即可在 companyinfo 数据库中创建一个新的用户账号。

2. 使用存储过程创建数据库用户

（1）使用 SP_GRANTDBACCESS。语法格式如下。

SP_GRANTDBACCESS [@loginame=]'login'[，[@name_in_db=]'name_in_db']

[@loginame=]'login'表示当前数据库中新账户的登录名称。

[@name_in_db=]'name_in_db'表示数据库中账户的名称。

（2）使用 SP_ADDUSER。语法格式如下。

SP_ADDUSER[@loginame=]'login'[，[@name_in_db=]'user'][，[@grpname=]'group']

其中，各参数的含义如下。

Sp_Adduser[@loginame=]'login'表示登录名称。

[@name_in_db=]'user'表示用户账号。

[@grpname=]'group'表示组或所属的数据库角色，新用户自动成为成员。

例 10.5　在 companyinfo 数据库中，添加一个名为“苏灿”的用户账号。

在 SQL Server Management Studio 的查询分析器中运行以下代码。

```
USE companyinfo
GO
EXEC SP_ADDLOGIN 'sucan', 'companyinfo'
GO
EXEC SP_ADDUSER 'sucan', '苏灿',db_owner
```

3. 修改登录账户属性

（1）使用对象资源管理器修改登录账户属性。

例 10.6　在 companyinfo 数据库中修改登录账户“sucan”的属性值。

① 在对象资源管理器中，展开“安全性”→“登录名”选项，用鼠标右键单击要修改属性的用户名，在弹出的快捷菜单中选择“属性”命令，如图 10-10 所示。

② 在打开的“登录属性-sucan”窗口中，选择“常规”选项，可以修改密码和使用的默认数据库和默认语言，如图 10-11 所示。

③ 选择“服务器角色”、“用户映射”及“状态”选项，可完成其中各项的修改，过程与创建登录的操作类似，最后，单击“确定”按钮，完成登录账户的修改。

（2）使用存储过程修改登录属性。

① 用 SP_PASSWORD 改变登录账号的密码。

语法格式如下。

EXEC SP_PASSWORD 'old_password'，'new_password'，'login'

其中，'old_password'表示旧密码，'new_password'表示新密码，'login'表示登录账号名称。

例 10.7　将登录账号 wujin 的密码由原来的“wujin”改为“wj”。

在 SQL Server Management Studio 的查询分析器中运行以下代码。

```
USE companyinfo
GO
EXEC SP_PASSWORD 'wujin','wj','wujin'
```

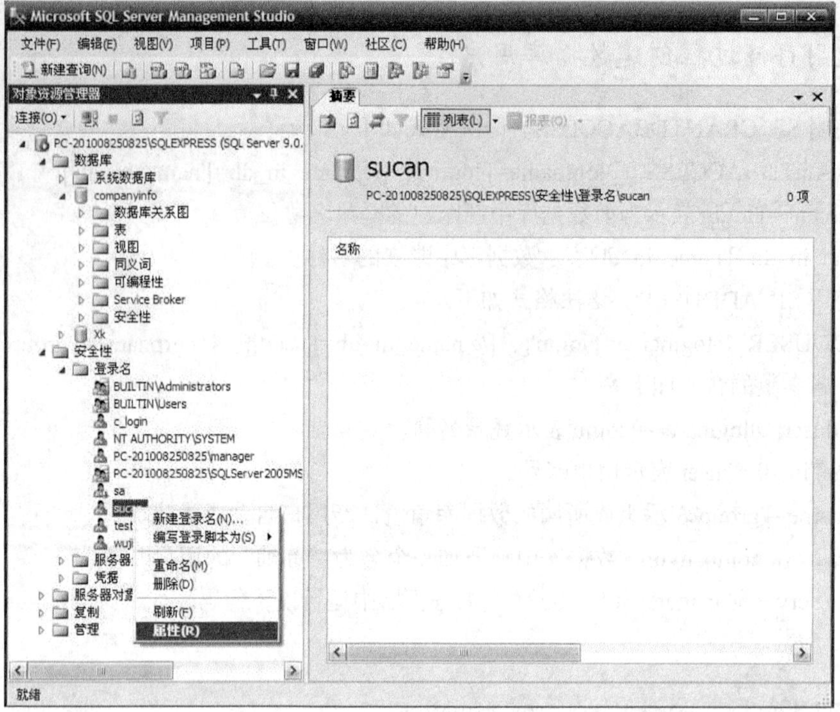

图 10-10　选择“属性”命令

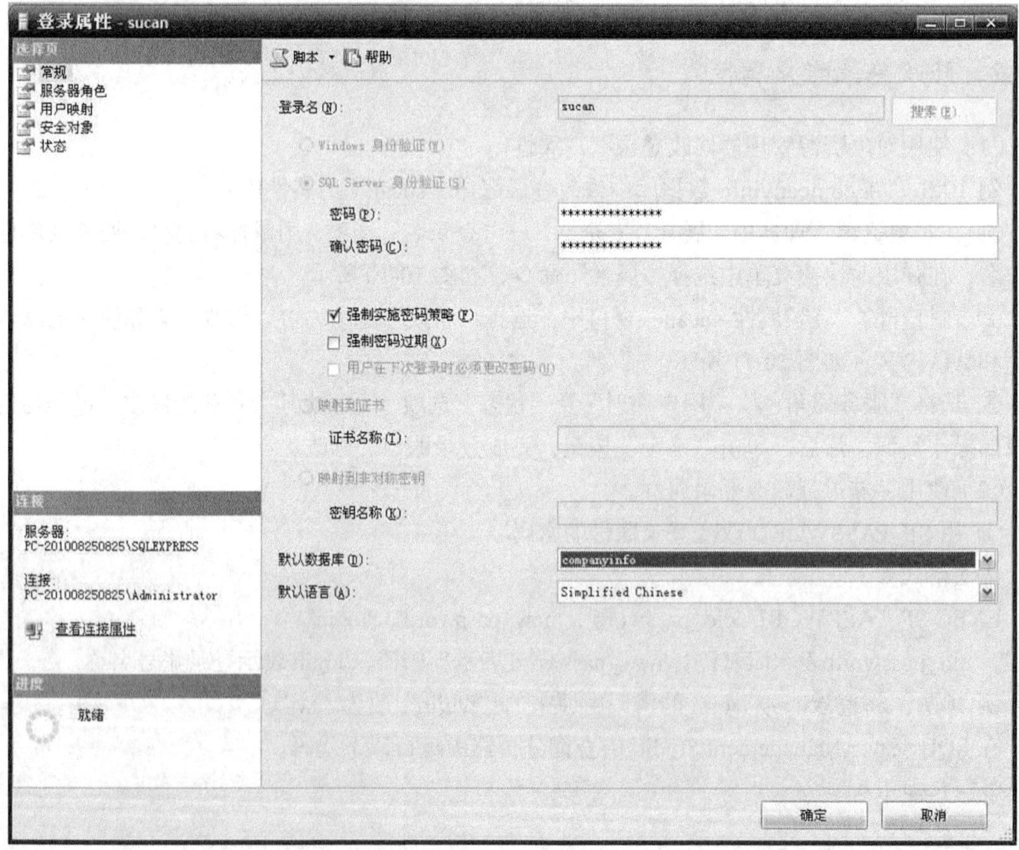

图 10-11　修改登录账户属性

② 用 SP_ADDSRVROLEMEMBER 将登录账号加入服务器角色。语法格式如下。

EXEC SP_ADDSRVROLEMEMBER 'Login'，'role'

其中，'login'表示添加到服务器角色的登录名称，'role'表示服务器角色名称。

例 10.8　将登录账号 wujin 加入 dbcreator 服务器角色中。

在 SQL Server Management Studio 的查询分析器中运行以下代码。

```
USE companyinfo
GO
EXEC SP_ADDSRVROLEMEMBER 'wujin','dbcreator'
```

4. 删除用户账号

（1）使用对象资源管理器删除用户账号。在对象资源管理器中，展开 companyinfo→“安全性”→“用户”选项，用鼠标右键单击要删除的用户，在弹出的快捷菜单中选择“删除”命令，在弹出的对话框中，单击“确定”按钮，即可完成操作。

（2）使用 SP_REVOKEDBACCESS 删除用户账号。语法格式为

SP_REVOKEDBACCESS 'name'

其中，'name'表示被删除的用户账号。

例 10.9　从 companyinfo 数据库中将苏灿用户删除。

在 SQL Server Management Studio 的查询分析器中运行以下代码。

```
USE companyinfo
GO
EXEC SP_REVOKEDBACCESS '苏灿'
```

10.4 角色管理

为了方便权限管理，SQL Server 2005 设置了一个管理单位——角色。角色由一组用户组成，当需要对一组功能类似的用户群体授予、修改或删除权限时，只需要对该用户群所属的角色进行管理、设置即可，而不必对每一个用户进行管理。一个用户可以属于不同的角色，不同的角色具有不同的权限，这样更便于分类管理。角色分为服务器角色和数据库角色。

10.4.1 服务器角色

服务器角色负责管理和维护 SQL Server 2005，在 SQL Server 2005 安装时就预定义创建了，其权限不能被修改，故也称为固定服务器角色，各种服务器角色的权限如表 10-1 所示。

表 10-1　服务器角色的权限

角色名称	权限描述
sysadmin	可以在 SQL Server 中执行任何活动
serveradmin	可以设置服务器范围的配置选项，还可以关闭服务器
setupadmin	可以管理连接服务器和启动过程

续表

角 色 名 称	权 限 描 述
securityadmin	可以管理登录和创建数据库的权限，还可以读取错误日志和更改密码
processadmin	可以管理在 SQL Server 中运行的进程
dbcreator	可以创建、更改和删除数据库
diskadmin	可以管理磁盘文件
bulkadmin	可以执行 BULK INSERT(大容量插入)语句

10.4.2 数据库角色

数据库角色的作用限制在其对应的单个数据库的范围之内，数据库角色又分为标准角色和应用程序角色。

1. 标准角色

在创建数据库时，系统默认创建 10 个固定的标准角色，其权限如表 10-2 所示。

表 10-2 数据库标准角色权限

角 色 名 称	权 限 描 述
db_owner	在数据库中有全部权限
db_accessadmin	可以添加和删除用户 ID
db_securityadmin	可以管理全部权限、对象所有权限，拥有角色和角色成员资格
db_ddladmin	可以发出除 GRANT、REVOKE、DENY 之外的所有数据定义语句
db_backupoperator	可以发出 DBCC、CHECKPOINT 和 BACKUP 语句
db_datareader	可以选择数据库内任何用户表中的所有数据
db_datawriter	可以更改数据库内任何表中的所有数据
db_denydatareader	不能选择数据库内任何用户表中的任何数据
db_denydatawriter	不能更改数据库内任何用户表中的任何数据
public	最基本的数据库角色

当在数据库中添加新用户账号时，SQL Server 2005 会自动将新用户账号加入 public 数据库角色中。

2. 应用程序角色

应用程序角色控制应用程序存取数据，本身不包括任何成员。用户只在相应程序中具有相关权限，不能使用查询分析器或任何其他工具访问 SQL Server 2005。

在编写数据库的应用程序时，可以自定义应用程序角色，让应用程序的操作能够通过编写相应的程序来存取 SQL Server 2005 的数据。

3. 创建角色

（1）使用对象资源管理器创建角色。

例 10.10 在 companyinfo 数据库中创建一个名为 dbadmin 的角色。

在对象资源管理器中，展开“数据库”→companyinfo→“安全性”节点，用鼠标右键单击“角色”选项，在弹出的快捷菜单中选择“新键”→“新建数据库角色”命令，如图 10-12 所示，在弹出的“数据库角色-新建”窗口中，输入相应的角色名称“dbadmin”和所有者，选择角色拥有的架构及添加相应的角色成员即可，如图 10-13 所示。

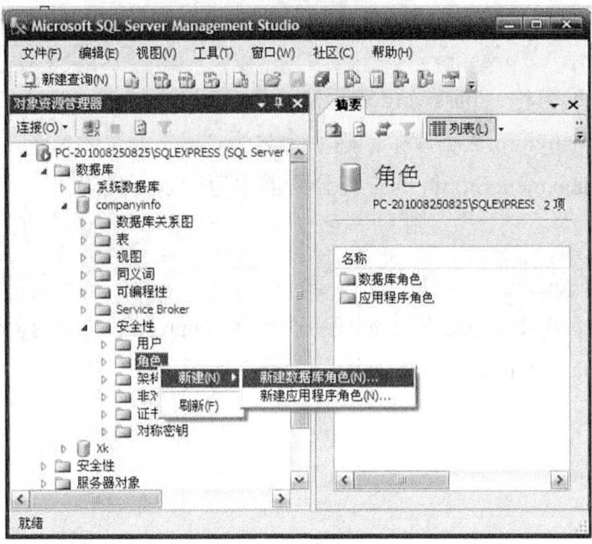

图 10-12　创建新角色

图 10-13　设置新角色选项

（2）使用存储过程创建角色。使用存储过程 SP_ADDROLE 在当前数据库中创建新角色，其语法格式如下。

```
SP_ADDROLE 'role','owner'
```

其中，'role'表示新角色的名称，'owner'表示新建角色的拥有者。

如果创建应用程序角色，需要使用 SP_ADDAPPROLE 存储过程，其语法格式如下。

```
SP_ADDAPPROLE 'role','password'
```

其中，'role'表示新角色的名称，'password'表示激活角色所需的密码，以加密形式存储。

例 10.11 在 companyinfo 数据库中创建一个名为“myrole”的角色。

在 SQL Server Management Studio 的查询分析器中运行以下代码。

```
USE companyinfo
GO
EXEC SP_ADDROLE 'myrole','dbo'
```

例 10.12 在 companyinfo 数据库中创建一个名为“cprole”的应用程序角色。

在 SQL Server Management Studio 的查询分析器中运行以下代码。

```
USE companyinfo
GO
EXEC SP_ADDAPPROLE 'cprole','123456'
```

4. 删除角色

（1）使用对象资源管理器删除角色。在“对象资源管理器”窗口中，依次展开 companyinfo 数据库→“安全性”→“角色”选项，用鼠标右键单击 dbadmin 角色，在弹出的快捷菜单中选择“删除”命令。

（2）使用存储过程删除角色。使用 SP_DROPROLE 命令从当前数据库删除指定的角色，其语法如下。

```
SP_DROPROLE 'role'
```

其中，'role'表示将要从当前数据库中删除的角色名称。

例 10.13 在 companyinfo 数据库中删除名为“myrole”的角色。

在 SQL Server Management Studio 的查询分析器中运行以下代码。

```
USE companyinfo
GO
EXEC SP_DROPROLE 'myrole'
```

10.5 权限管理

10.5.1 权限管理分类

角色和用户的权限决定对数据库所能执行的操作，SQL Server 2005 中的权限分为 3 类：对象权限、语句权限和隐含权限。

1. 对象权限

对象权限决定用户操作的数据库对象，相应的操作及作用的数据库对象如表 10-3 所示。

表 10-3　　对象权限操作语句及作用的数据库对象

语　句	数据库对象
SELECT	表、视图、列
UPDATE	表、视图、列
INSERT	表、视图
DELETE	表、视图
REFERENCE	表
EXECUTE	存储过程

2. 语句权限

语句权限用于创建数据库或数据库中的项目，包括以下几种。

BACKUP DATABASE：备份数据库。

BACKUP LOG：备份数据库日志。

CREATE DATABASE：创建数据库。

CREATE DEFAULT：在数据库中创建默认对象。

CREATE FUNCTION：创建函数。

CREATE PROCEDURE：在数据库中创建存储过程。

CREATE RULE：在数据库中创建规则。

CREATE TABLE：在数据库中创建表。

CREATE VIEW：在数据库中创建视图。

3. 隐含权限

隐含权限控制预定义系统角色的成员或数据库对象所有者执行的活动。例如，sysadmin 固定服务器角色成员自动继承在 SQL Server 2005 安装中进行操作或查看的全部权限。

数据库对象所有者及服务器固定角色均具有隐含权限，可以对所拥有的对象执行一切活动。例如，拥有表的用户能够查看、添加和删除数据，更改表定义和控制允许其他用户对表进行操作的权限。

10.5.2　使用对象资源管理器设置权限

例 10.14　使用对象资源管理器为 companyinfo 数据库的各个用户设置权限。

（1）在对象资源管理器中用鼠标右键单击 companyinfo 数据库，在弹出的快捷菜单中选择“属性”命令，然后在弹出的“数据库属性-companyinfo”窗口中选择“权限”选项，如图 10-14 所示。

（2）在图 10-14 中列出了 companyinfo 数据库的所有用户、组、角色以及可以设置权限的对象，包括创建表、创建视图、创建 SP、创建规则、备份数据库等操作，用户可以单击复选框设置权限。

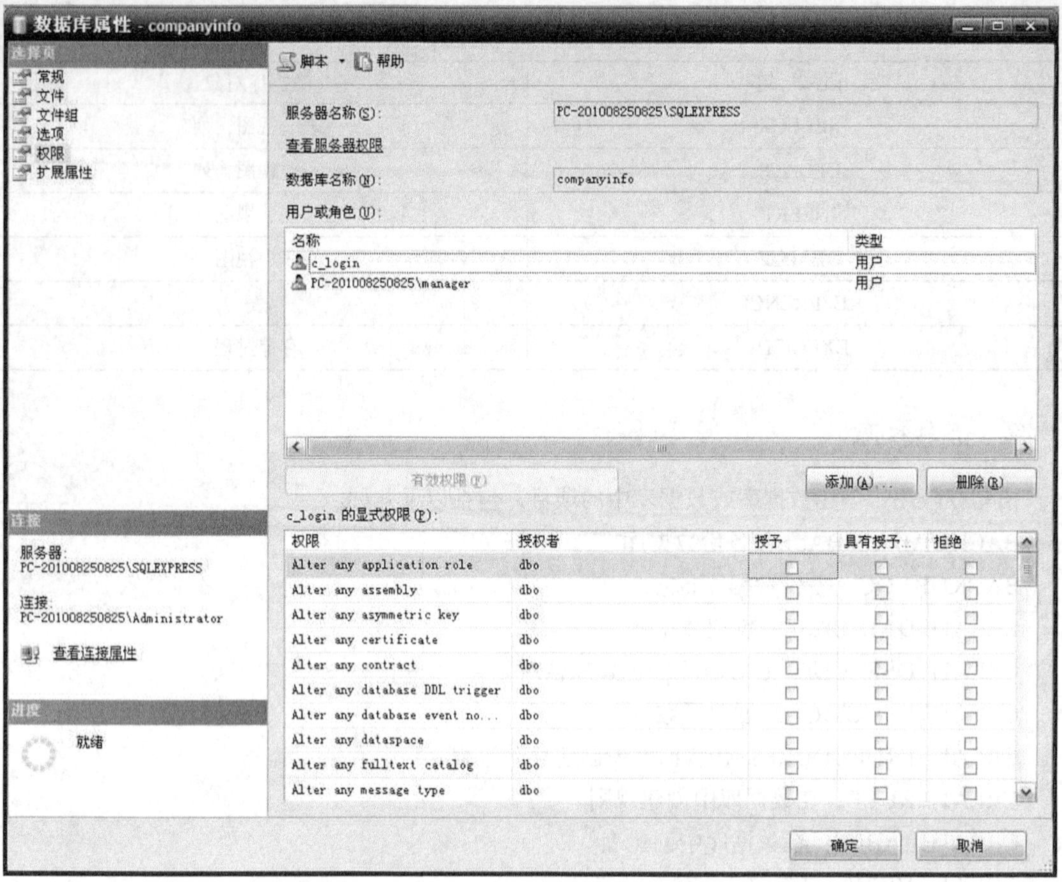

图 10-14　设置权限

10.5.3　使用 SQL 语句设置权限

1. 授予权限

授予权限分为授予语句权限和授予对象权限，可用 GRANT 语句完成。

（1）授予语句权限的语法格式如下。

```
GRANT{ALL|statement[, …n]}
TO security_account[, …n]
```

（2）授予对象权限的语法格式如下。

```
GRANT
{ALL[PRIVILEGES]| permission[, …n]}
{
[(column[, …n])] ON {table|view}
| ON {table|view}[(column[, …n])]
| ON {stored_procedure|extended_procedure}
| ON {user_defined_function}
}
```

```
TO security_account[, …n]
[WITH GRANT OPTION]
[AS {group | role}]
```

如果包含 WITH GRANT OPTION 子句，则获得某种权限的用户还可以把这种权限再授予其他用户；如果不包含 WITH GRANT OPTION 子句，则获得某种权限的用户只能使用该权限，不能传播权限。

例 10.15　给用户 c_login 授予创建 companyinfo 数据库表的权限。若无该用户请读者自行添加。

在 SQL Server Management Studio 的查询分析器中运行以下代码。

```
USE companyinfo
GO
GRANT  CREATE TABLE TO c_login
GO
```

例 10.16　给 public 角色授予 SELECT 权限，并给用户 sucan 和 wujin 授予对表 p_order 的 INSERT、UPDATE、DELETE 权限，且他们也具有向其他用户授予访问数据对象的权限。若无该用户请读者自行添加。

在 SQL Server Management Studio 的查询分析器中运行以下代码。

```
USE companyinfo
GO
GRANT SELECT ON p_order TO public WITH GRANT OPTION
GO
GRANT INSERT,UPDATE,DELETE
ON p_order TO wujin,sucan WITH GRANT OPTION
```

2. 拒绝权限

此设置拥有最高优先权，只要制订一个保护对象拒绝某个用户或角色访问，即使该用户或者角色被明确授予某种权限，仍然不允许执行相应操作。

（1）拒绝语句权限的语法如下。

```
DENY {ALL|statement[,…n]} TO security_account[,…n]
```

（2）拒绝对象权限的语法如下。

```
DENY
{ALL[PRIVILEGES]|permission[,…n]}
{
[(column[,…n])] ON {table|view}
| ON {table|view}[(column[,…n])]
| ON {stored_procedure|extended_procedure}
| ON {user_defined_function}
}
TO security_account[, …n]
[CASCADE]
```

例 10.17　拒绝给用户 c_login 授予创建数据库和表的权限。

在 SQL Server Management Studio 的查询分析器中运行以下代码。

```
USE master
GO
DENY  CREATE DATABASE,CREATE TABLE
TO c_login
```

例 10.18　删除 public 角色的 SELECT 权限，拒绝给用户 sucan、wujin 授予 SELECT、INSERT、UPDATE、DELETE 权限，使这些用户不具有 companyinfo 数据库下的 p_order 表的相应对象权限。

在 SQL Server Management Studio 的查询分析器中运行以下代码。

```
USE companyinfo
GO
REVOKE SELECT ON p_order TO public CASCADE
GO
DENY INSERT,UPDATE,DELETE ON p_order TO wujin,sucan CASCADE
```

3. 撤销权限

通过 REVOKE 语句撤销以前在当前数据库内的用户上授予或拒绝的权限，或不允许该用户针对数据库对象的某些操作。

例 10.19 撤销授予用户账户 c_login 的 CREATE TABLE 权限。

在 SQL Server Management Studio 的查询分析器中运行以下代码。

```
USE companyinfo
GO
REVOKE CREATE TABLE FROM c_login
```

10.6 实训

10.6.1 实训目的

（1）理解 SQL Server 2005 的身份验证模式。

（2）会创建和管理登录账户。

（3）会创建和管理角色。

（4）会授予、拒绝或撤销权限。

10.6.2 实训要求

（1）为学生选课数据库 XK 设置身份验证模式。

（2）为学生选课数据库 XK 创建登录账户。

（3）为学生选课数据库 XK 创建数据库用户和角色。

（4）为学生选课数据库 XK 中的用户设置相应权限。

10.6.3 实训内容与步骤

1. 创建登录账户

（1）使用对象资源管理器创建 SQL Server 2005 身份验证模式的登录，其中，登录名是 xk_login1，密码是 123456，默认数据库是 XK，其他保持默认值。

（2）使用对象资源管理器创建 Windows 身份验证模式的登录。

首先创建系统用户 xk_login2，密码为 123456，然后在对象资源管理器中将该用户添加到 SQL Server 2005 登录中。

（3）使用存储过程 SP_ADDLOGIN 创建登录，登录名为 xk_login3，密码为 123456，默认数据库为 XK，在查询分析器中输入和执行语句。

（4）使用对象资源管理器删除 xk_login1 和 xk_login2。

（5）使用存储过程 SP_DROPLOGIN 从 SQL Server 2005 中删除登录账户 xk_login3，在查询分析器中输入和执行语句。

2. 创建和管理数据库用户和角色

（1）创建一个新用户，登录名是 xk_user1，密码是 123456，默认数据库为 XK，并能连接到 XK 数据库。

（2）使用对象资源管理器创建数据库角色（标准角色），角色名为 xk_role1，然后将角色成员 xk_user1 添加到标准角色中，最后在对象资源管理器中删除角色 xk_role1。

（3）使用系统存储过程 SP_ADDROLE，添加名为 xk_role2 的标准角色到 XK 数据库，再使用系统存储过程 SP_DROPROLE 删除角色 xk_role2。

（4）使用系统存储过程 SP_ADDAPPROLE 创建名为 xk_role3 的应用程序角色，授权其具有 Department 表的 SELECT 权限。

（5）创建一个应用程序角色 xk_approle,使之能够访问 XK 数据库，并具有读取、修改数据表的权限。

3. 管理权限

（1）把 Department 表的权限授给用户 xk_user1。

（2）把对 Department 表的全部操作权限授予用户 xk_user1。

（3）把对 Department 表的 INSERT 权限授予用户 xk_user1，并允许将此权限再授予其他用户。

（4）撤销所有用户对 Department 表的查询权限。

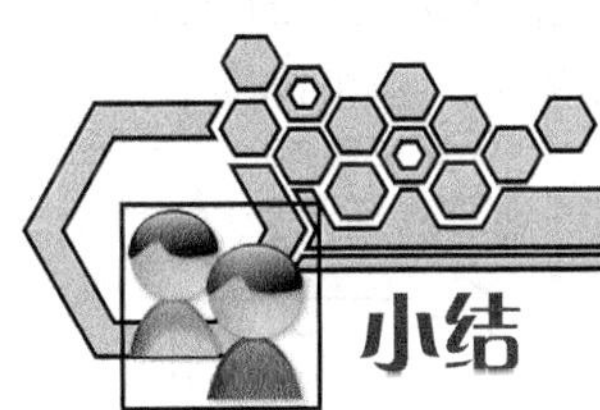

小结

SQL Server 2005 提供了有效的数据访问安全机制，本项目从安全账户、数据库用户、角色和权限等方面进行了安全性的操作管理，使读者能够掌握 SQL Server 2005 服务器的安全性机制及其运用，并能熟练掌握各种安全设置操作。

项目11 公司管理数据库的管理与维护

【教学目标】

（1）理解数据库备份、数据导入/导出的意义及其重要性。

（2）掌握对数据库进行日常维护和管理的各种方法及操作。

【能力目标】

（1）能够正确备份和还原数据库。

（2）能够正确导入/导出数据。

（3）能够正确附加和分离数据库。

【学习导航】

数据库的日常维护和管理涉及多方面的知识和操作，本项目重点介绍数据的导入/导出、数据库的备份和还原、数据库的附加和分离等常用且重要的内容。在图 11-1 中，可以看到本项目在公司管理数据库系统开发中的环节及位置。

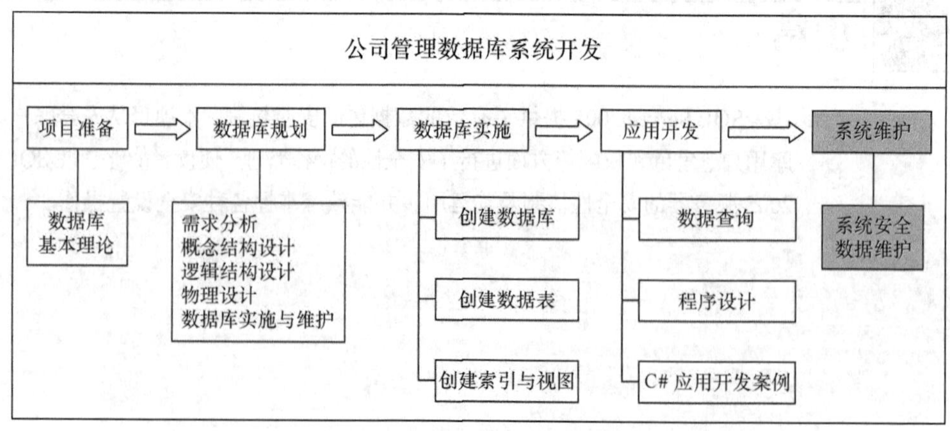

图 11-1　本项目在公司管理数据库系统开发中的环节及位置

【工作任务】

任何系统都不可避免地会出现各种形式的故障，从而可能导致数据库灾难性的破坏，因此做好数据库的备份工作至关重要。根据公司管理数据库系统的实际管理设置，需要进行数据库的维护与管理，具体内容如下。

（1）备份/还原 companyinfo 数据库。

（2）分离/附加 companyinfo 数据库。

（3）为 companyinfo 数据库导入和导出数据。

11.1 理论知识准备

备份与还原是 SQL Server 的重要组成部分，为 SQL Server 数据库中的数据存储提供了重要的保护。

11.1.1 数据库的备份

数据库备份是对 SQL Server 数据库或事务日志进行拷贝，记录了在进行备份操作时数据库中所有数据的状态，当数据库遭到破坏时，这些备份文件可用来恢复数据库。执行备份操作必须具有对数据库备份的权限，在 SQL Server 2005 中，只允许系统管理员、数据库所有者和数据库备份执行者来备份数据库。

在备份数据库之前，需要从以下几个方面进行规划。

1. 备份类型

备份内容主要包括系统数据库、用户数据库和事务日志。

（1）系统数据库记录了 SQL Server 系统配置参数、用户资料以及所有用户数据库等重要信息，主要包括 master、msdb 和 model 数据库。

（2）用户数据库中存储了用户的数据。由于用户数据库具有很强的区别性，即每个用户数据库之间的数据一般都有很大差异，所以对用户数据库的备份尤为重要。

（3）事务日志记录了用户对数据的各种操作，平时系统会自动管理和维护所有的数据库事务日志。相比数据库备份，事务日志备份所需要的时间较少，但是还原需要的时间较多。

2. 备份频率

一般情况下，数据库的备份频率取决于数据库修改的频繁程度，以及数据丢失的可能性大小。备份是十分耗费时间和资源的操作，不宜频繁操作，应根据数据库的使用情况确定适当的备份周期，并进行有效的数据管理。

3. 备份设备

在进行备份前必须指定或创建备份设备，备份设备是用来存储数据库、事务日志或文件和文件组备份的存储介质，常用的有硬盘、磁带或命名管道。当使用磁盘时，SQL Server 允许将本地主机硬盘和远程主机上的硬盘作为备份设备，备份设备在硬盘中以文件的形式存储。

根据备份内容的不同，SQL Server 2005 提供 4 种方式来备份数据库中的数据。

（1）完整数据库备份。完全数据库备份是对数据库的完整备份，包括所有的数据以及数据库对象，该备份复制在一个文件中。在对数据库进行完全备份时，从开始备份到开始恢复期间，所有针对数据库的修改都将无法恢复，因此，该备份类型总是在一定的要求或条件下才使用。

（2）差异数据库备份。差异备份又称为增量备份，只记录最近一次数据库备份以来所发生的数据变化，与完全数据库备份相比，增量备份进行备份与恢复所用的时间较短。

（3）事务日志备份。事务日志备份包含了自上次备份事务日志后数据库中所发生的所有事务的记录。该备份方式可将数据库恢复到特定的即时点或恢复到故障点。一般情况下，事务日志备份比数据库备份使用的资源少，因此可经常创建事务日志备份，降低数据丢失的风险。

（4）数据库文件或文件组备份。数据库文件或文件组备份是针对某一个文件或文件组的备份，从而加快了恢复速度。

11.1.2　数据库的还原

备份是防止数据库发生意外最容易和最有效的方法，与之相对应的是还原。还原数据库是一个装载最近备份的数据库和应用事务日志，重建数据库到失效点的过程。

如果数据库进行过完全备份和事务日志备份，那么还原它是很容易的。在还原一个失效的数据库之前，调查失效的原因是很重要的，如果数据库的损坏是由介质错误引起的，那么就需要替换失败的介质，如果是由于用户问题引起的，就需要针对发生的问题采取相应的对策。

在数据库的还原过程中，用户不能进入数据库，当数据库被还原后，数据库中的所有数据都被替换掉。

11.2　数据库的备份与还原

11.2.1　利用 Management Studio 备份数据库

例 11.1　使用对象资源管理器创建 companyinfo 数据库的完整备份。

（1）展开“数据库”选项。

（2）用鼠标右键单击 companyinfo 数据库，在弹出的快捷菜单中选择“任务”→“备份”命令，弹出“备份数据库-companyinfo”窗口。

（3）在“数据库”下拉列表框中选择 companyinfo 数据库作为准备备份的数据库，在“备份类型”下拉列表框中选择需要的类型，这是第一次备份，选择“完整”选项，在“名称”文本框中输入要备份的名称，如图 11-2 所示。

（4）在“目标”选项，选择备份设备为“磁盘”。单击“添加”按钮，重新选择备份路径，如图 11-3 所示。

（5）单击窗口左边的“选项”选项，在“备份到现有媒体集”选项中选中“追加到现有备份集”单选按钮，如图 11-4 所示。

“备份到现有媒体集”有两个选项：“追加到现有备份集”和“覆盖所有现有备份集”。其中，“追加到现有备份集”是媒体上原有的内容保持不变，新的备份在媒体上次备份的结尾处写入。“覆

盖所有现有备份集”是重写备份设备中任何现有的备份，备份媒体的现有内容被新备份重写。

（6）单击“确定”按钮，数据备份完成，如图 11-5 所示。

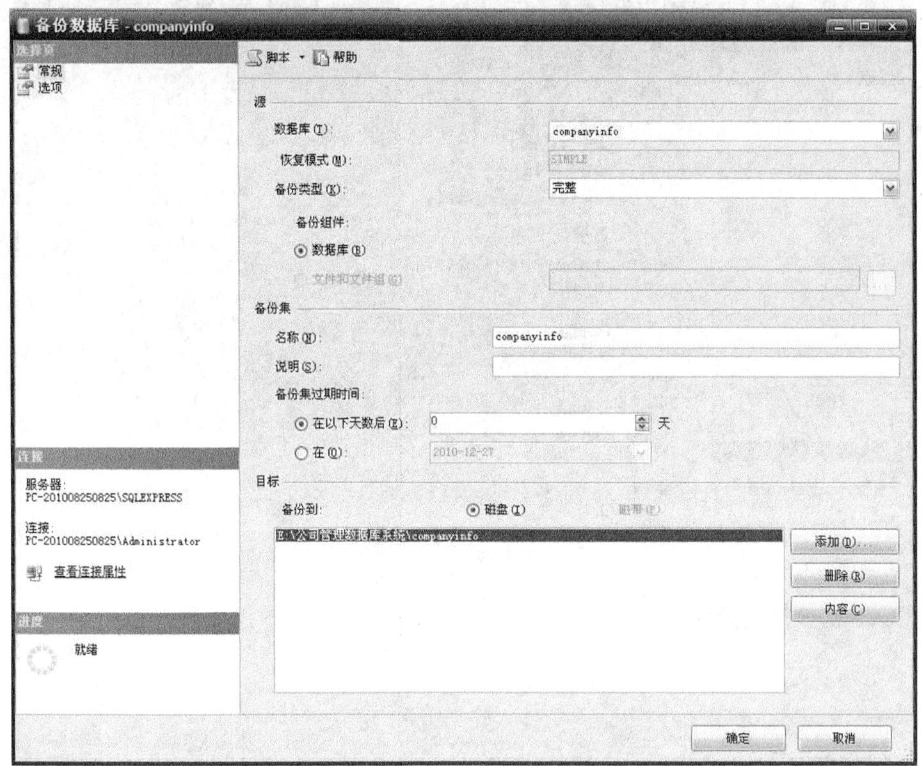

图 11-2　“备份数据库-companyinfo”窗口

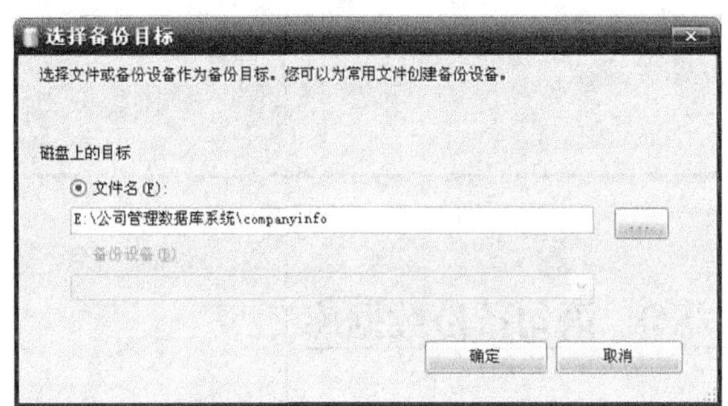

图 11-3　选择备份设备和路径

例 11.2　使用对象资源管理器创建 companyinfo 事务日志备份。

（1）展开“数据库”选项。

（2）用鼠标右键单击 companyinfo 数据库，在弹出的快捷菜单中选择“任务”→“备份”命令，弹出“备份数据库-companyinfo”窗口。

（3）在“数据库”下拉列表框中选择 companyinfo 数据库作为准备备份的数据库，在“备份类型”下拉列表框中选择“事务日志”选项，在“名称”文本框中输入备份的日志名称，单击“添加”按钮，选择备份路径，并输入名称。

（4）选择左边的“选项”，选中“追加到现有备份集”单选按钮。

（5）单击“确定”按钮。

（6）再次单击“确定”按钮完成。

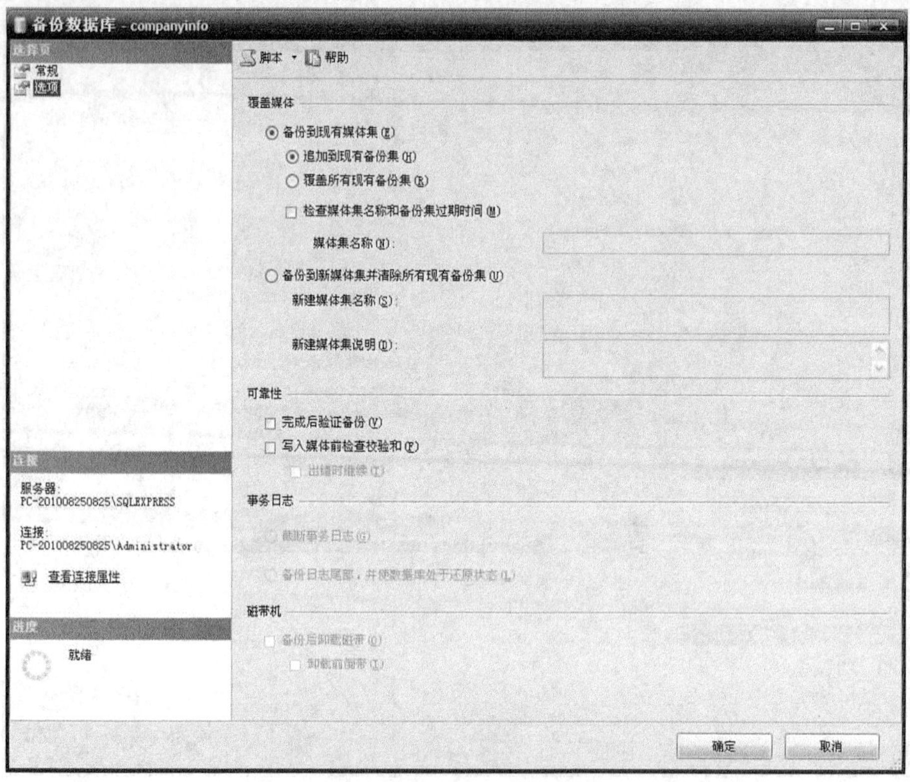

图 11-4　选择备份方式

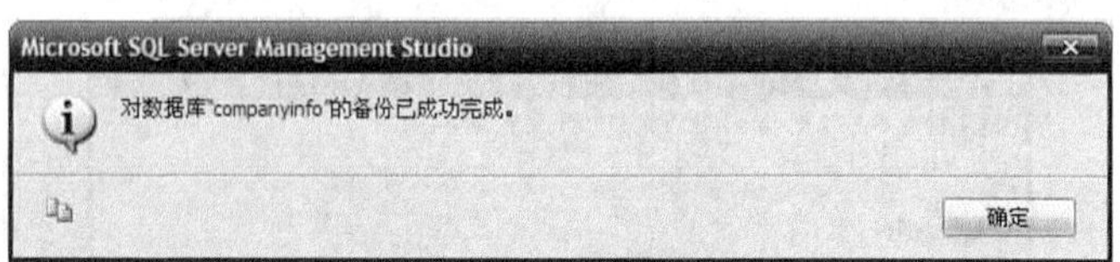

图 11-5　备份完成

11.2.2　利用 T-SQL 语句备份数据库

在 SQL Server 2005 中，也可以使用 BACKUP 命令来进行数据库备份，其语法格式如下。

```
BACKUP DATABASE database_name TO backup_device
```

其中，backup_device 表示由 SP_ADDUMPDEVICE（将备份设备添加到 SQL Server）创建的备份设备的逻辑名称。其中，SP_ADDUMPDEVICE 的语法如下。

```
SP_ADDUMPDEVICE  'device_type', 'logical_name', 'physical_name'
```

其中，各参数的含义如下。

device_type：备份设备的类型，如果是以硬盘作为备份设备，则为 disk。

logical_name：备份设备的逻辑名称。

physical_name：备份设备的物理名称，必须包括完整的路径。

一般先使用 SP_ADDUMPDEVICE 创建备份设备，然后再使用 BACK DATABASE 备份数据库。

例 11.3　使用 BACKUP DATABASE 创建 companyinfo 数据库的完整备份，将数据库备份到名为 companyinfo_bak1 的逻辑设备（物理文件为 e:\ companyinfo_bak1）上。

在 SQL Server Management Studio 的查询分析器中运行如下命令。

```
--使用 SP_ADDUMPDEVICE 创建数据库备份设备
USE master
GO
EXEC SP_ADDUMPDEVICE 'disk','companyinfo_bak1','e:\companyinfo_bak1'
--使用 BACKUP DATABASE 备份数据库
BACKUP DATABASE companyinfo TO companyinfo_bak1
```

运行结果如图 11-6 所示，备份成功。

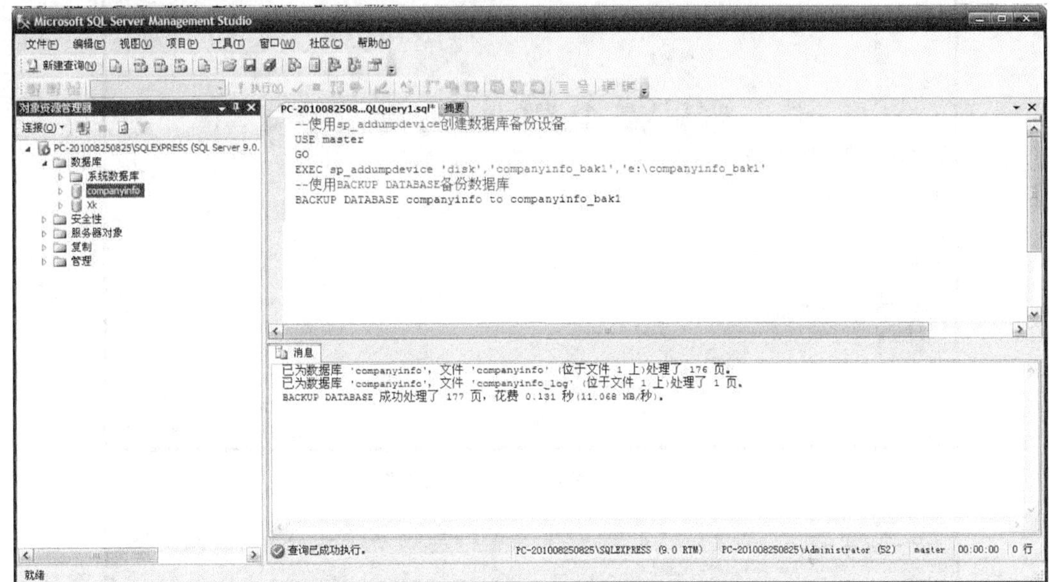

图 11-6　使用 T-SQL 语句备份数据库

例 11.4　使用 BACKUP LOG 创建 companyinfo 数据库事务日志的完整备份，将事务日志备份到名为 companyinfo_log_bak2 的逻辑设备（物理文件为 e:\ companyinfo_log_bak2）上。

在 SQL Server Management Studio 的查询分析器中运行如下命令。

```
--创建日志备份设备
USE companyinfo
GO
EXEC SP_ADDUMPDEVICE 'disk','companyinfo_log_bak2','e:\companyinfo_log_bak2'
--备份日志
BACKUP LOG companyinfo TO companyinfo_log_bak2
```

11.2.3　利用 Management Studio 还原数据库

例 11.5　使用对象资源管理器，利用例 11.1 的数据库备份还原数据库。

（1）展开“数据库”选项，用鼠标右键单击 companyinfo 数据库，在弹出的快捷菜单中选择“任务”→“还原”→“数据库”命令，弹出“还原数据库- companyinfo”窗口，如图 11-7 所示。

（2）选择窗口左边的“选项”选项，如图 11-8 所示。在“还原选项”区域中，选择需要的选

项；在“将数据库文件还原为”区域中，查看或修改“原始文件名”和“还原为”；在“恢复状态”区域选择需要的状态。单击“确定”按钮完成还原操作。

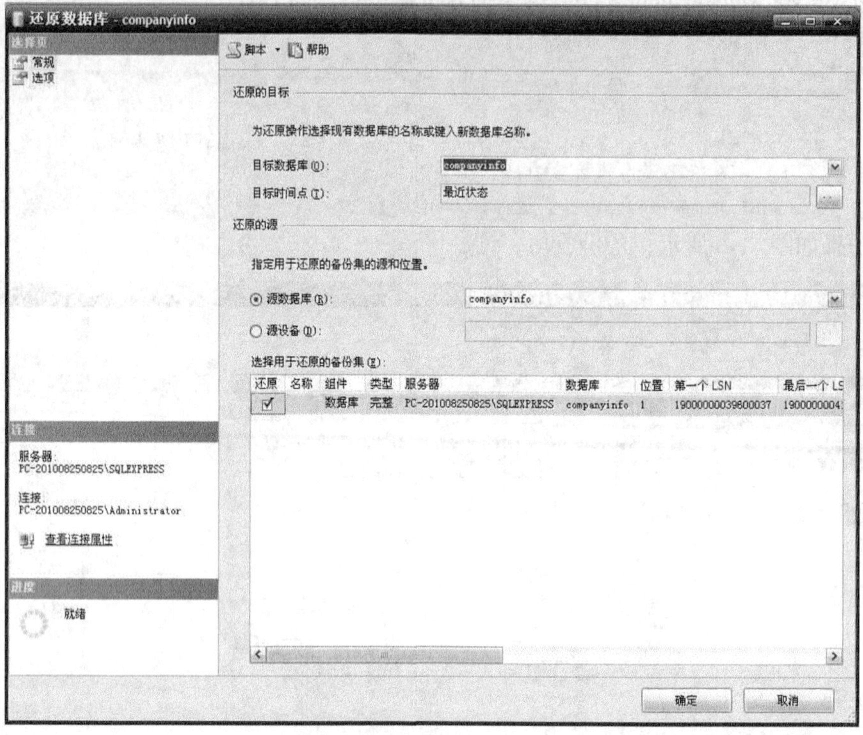

图 11-7 “还原数据表-Companyinfo”窗口

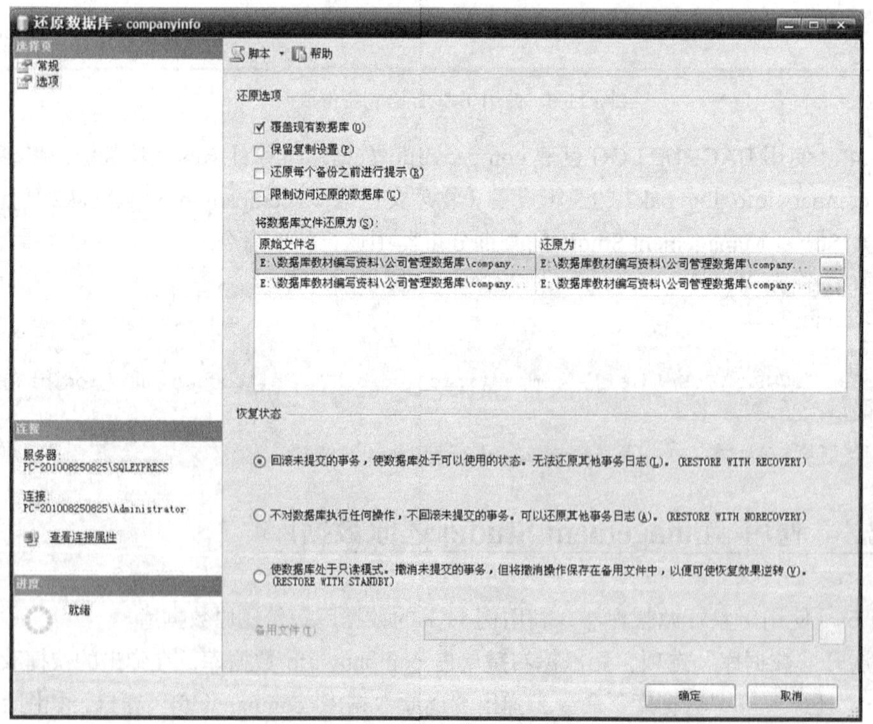

图 11-8 选择“选项”选项

11.2.4　利用 T-SQL 语句还原数据库

还原整个数据库的语法如下。

```
RESTORE DATABASE database_name FROM backup_device
(with move'logical_file_name'to'operating_system_file_name')
```

例 11.6　使用 RESTORE DATABASE 语句，利用例 11.3 的数据库备份还原数据库。

在 SQL Server Management Studio 的查询分析器中运行如下命令。

```
USE master
GO
RESTORE DATABASE companyinfo FROM disk='e:\companyinfo_bak1'
```

11.3　数据库的分离与附加

在 SQL Server 数据库管理过程中，经常要分离数据库的数据文件和事务日志文件，再将其附加到另一台服务器或同一台服务器，以达到移动数据库或备份数据库的目的。

11.3.1　分离 companyinfo 数据库

（1）展开“数据库”选项。

（2）用鼠标右键单击 companyinfo 数据库，在弹出的快捷菜单中选择“任务”→“分离”命令，打开“分离数据库”窗口，如图 11-9 所示。

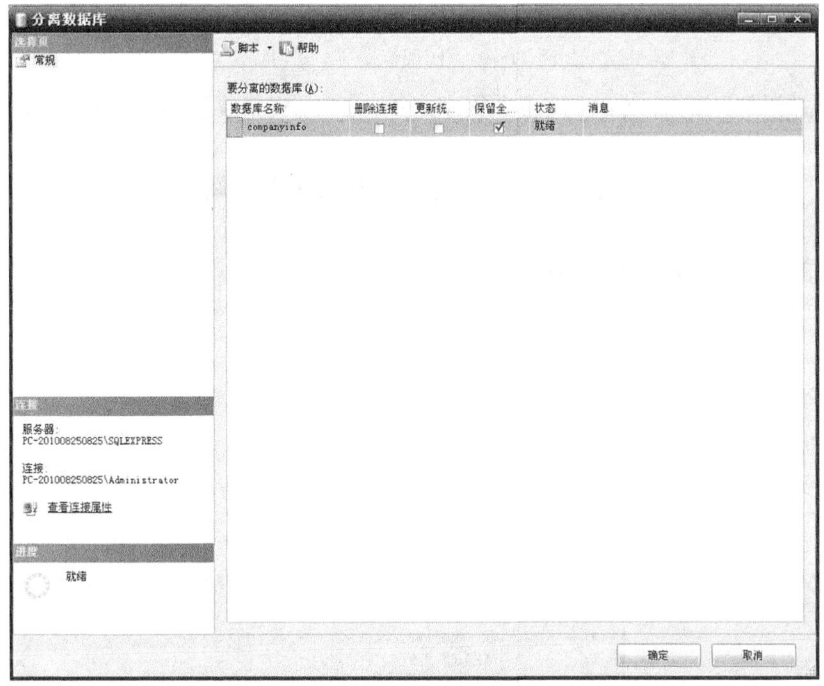

图 11-9　“分离数据库”窗口

（3）单击“确定”按钮，完成数据库的分离。

11.3.2 附加 companyinfo 数据库

（1）将 companyinfo 数据库移动到目标计算机，展开服务器。

（2）用鼠标右键单击“数据库”选项，在弹出的快捷菜单中选择“附加”命令，打开“附加数据库”窗口，如图 11-10 所示。

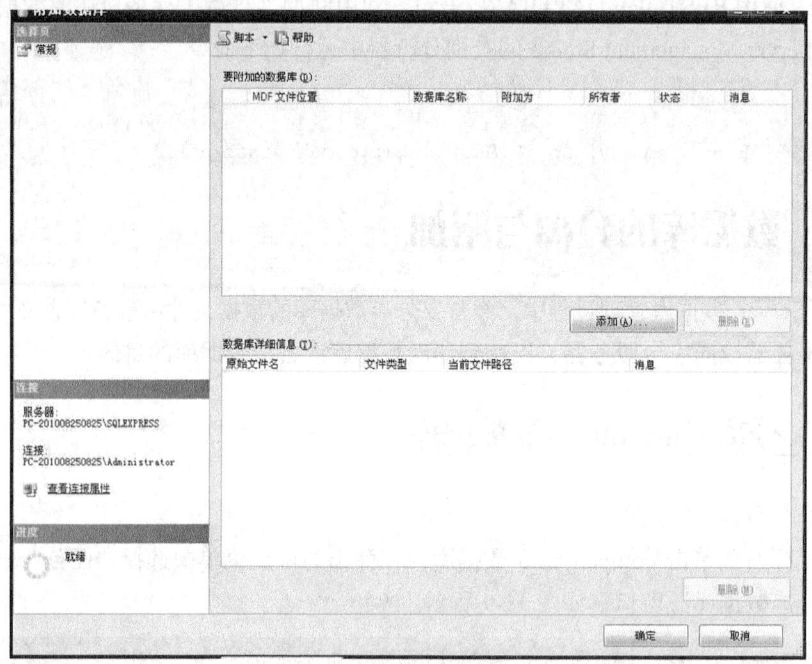

图 11-10 “附加数据库”窗口

（3）单击“添加”按钮，弹出“定位数据库文件”窗口，选择要附加的数据库文件，如图 11-11 所示。

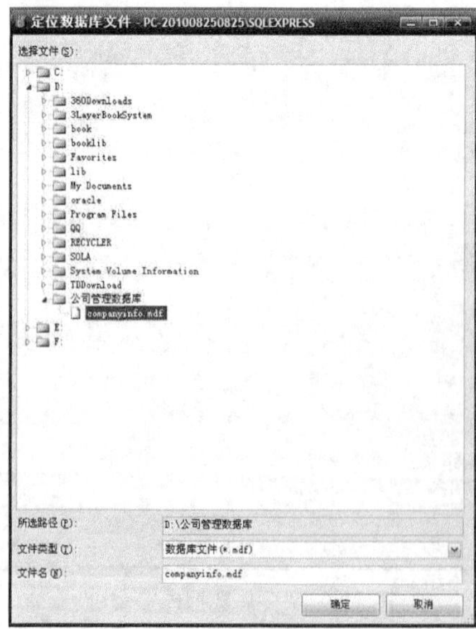

图 11-11 选择数据库文件 companyinfo

（4）单击“确定”按钮，完成数据库的附加，此时可在展开的“数据库”下看到附加的数据库。

11.4 数据的导入与导出

数据的导入和导出是指将数据从一种数据环境传输到另一种数据环境。导入数据是从 SQL Server 2005 的外部数据源中检索数据，并将其插入 SQL Server 2005 表的过程。导出数据是将 SQL Server 2005 实例中的数据转换为某些用户指定格式的过程。

SQL Server 2005 提供多种工具完成数据的导入和导出，其中导入和导出向导图形界面既直观又简单，下面介绍使用导入和导出向导来完成导入 Excel 工作表和导出 ACCESS 数据库的过程。

11.4.1 导入数据

例 11.7　在 companyinfo 数据库中导入 Excel 工作表。

（1）在对象资源管理器中展开服务器，用鼠标右键单击 companyinfo 数据库，在弹出的快捷菜单中选择“任务”→“导入数据”命令，打开“SQL Server 导入和导出向导”窗口，如图 11-12 所示。

图 11-12　“窗口”SQL Server 导入和导出向导

（2）单击“下一步”按钮，在弹出的“选择数据源”窗口中选择数据源，这里，计划将 Excel 工作表中的数据导入数据库，因此在“数据源”下拉列表框中选择“Microsoft Excel”选项，单击“Excel 文件路径”右边的“浏览”按钮，选择要导入的 Excel 文件名，最后在“Excel 版本”下拉列表框中选择“Microsoft Excel 97-2005”选项，如图 11-13 所示。

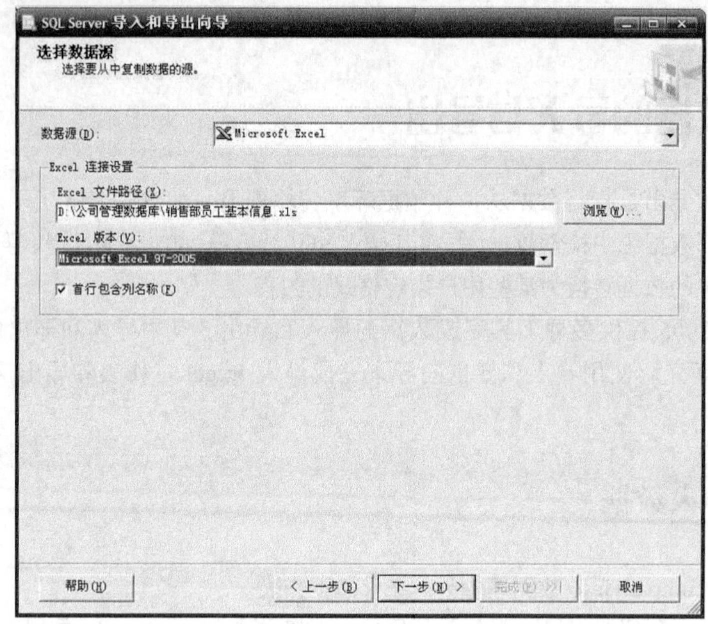

图 11-13　选择数据源

（3）单击“下一步”按钮，弹出“选择目标”窗口，选择把数据导入哪里。如图 11-14 所示，在“目标”下拉列表框中可以选择将数据导入 SQL Server、Excel 表格或 Access 等其他数据库中，选择服务器（这里取默认服务器名），最后选择数据库（这里取默认的 companyinfo）。单击“下一步”按钮，弹出“指定表复制或查询”窗口，选中“复制一个或多个表或视图的数据”单选按钮。单击“下一步”按钮，在“选择源表和源视图”窗口中选择需要复制的表和视图，这里选择第一个工作簿，如图 11-15 所示。

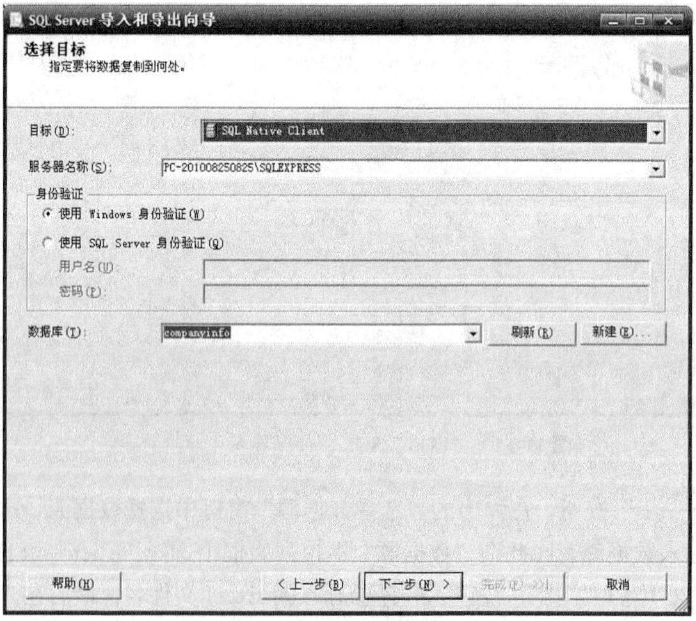

图 11-14　选择目标

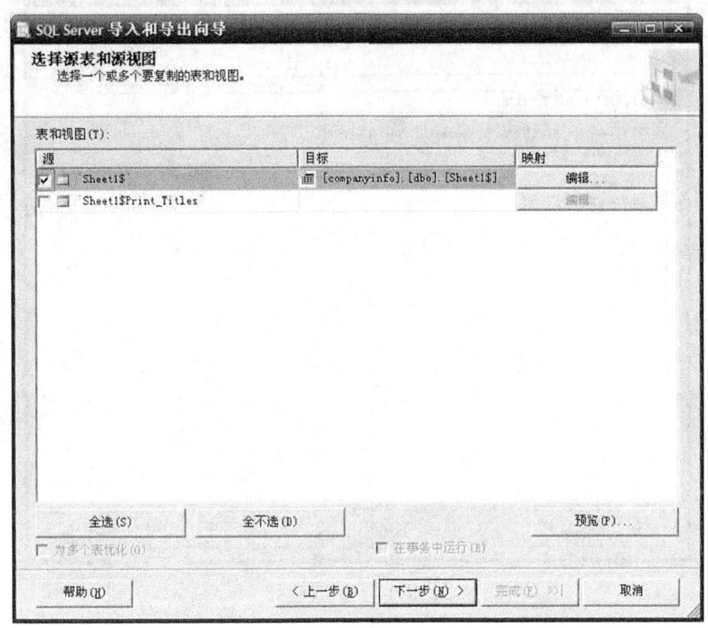

图 11-15　选择源表和源视图

（4）单击“下一步”按钮，弹出如图 11-16 所示的“保存并执行包”窗口，这里选中“立即执行”复选框，也可以选择是否保存 SSIS 包，以便以后执行相同的任务。

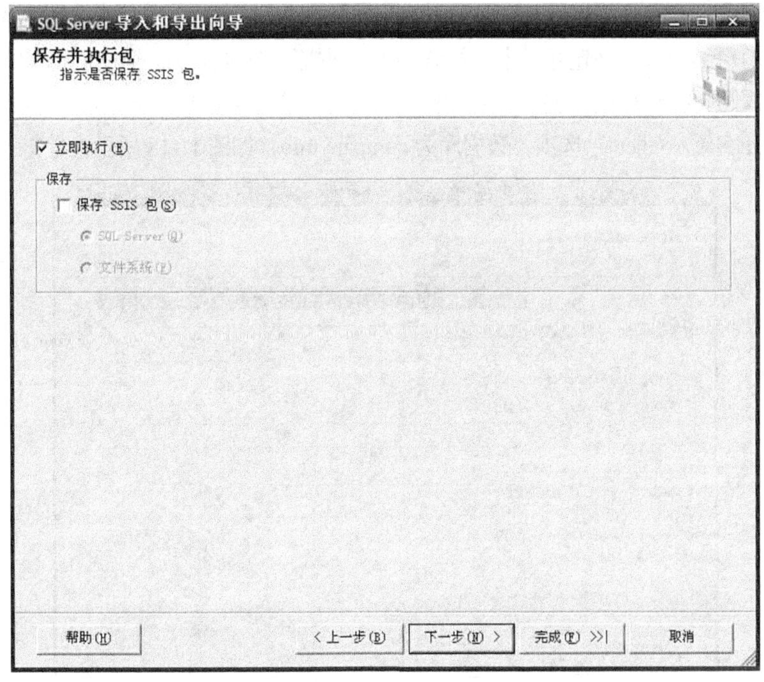

图 11-16　“保存并执行包”窗口

（5）单击“下一步”按钮，弹出如图 11-17 所示的窗口，单击“完成”按钮即可。

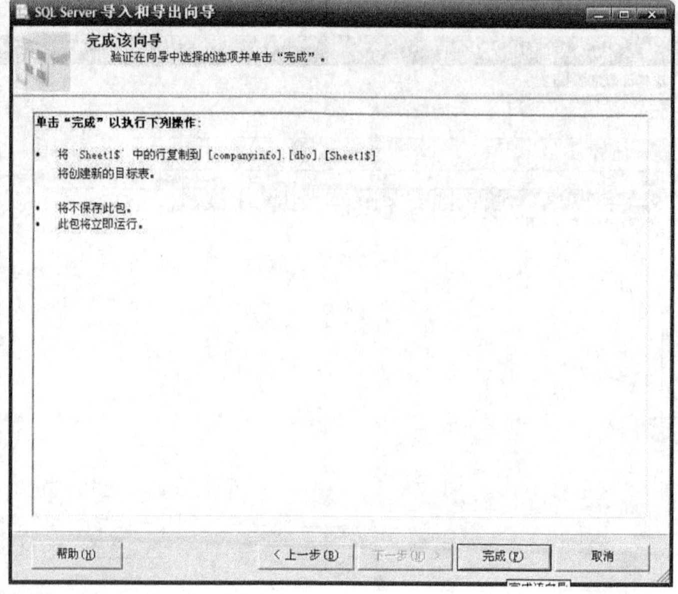

图 11-17　完成向导

11.4.2　导出数据

将数据导出至 Access 的过程与将 Access 数据导入数据库的过程相似，只是导入/导出的源和目的不同。

例 11.8　将 SQL Server 服务器上的 companyinfo 数据库导出到 Access 中，如果 Access 目的文件不存在，则要先打开 Access，并建立一个空的 Access 数据库，命名为 companyinfo. mdb（为保持一致）。

（1）与导入数据的步骤一样，选择“导出数据”命令，在“SQL Server 导入和导出向导”窗口中选择数据源为“SQL Native Client”选项，数据库为 companyinfo，如图 11-18 所示，单击“下一步”按钮。

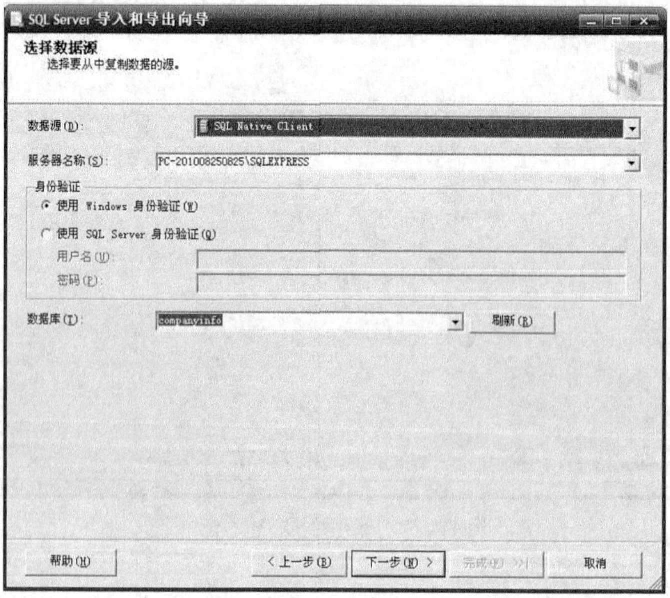

图 11-18　选择数据源

（2）在“选择目标”窗口中，“目标”选择“Microsoft Access”选项，“文件名”选择刚新建的 Access 数据库文件 companyinfo. mdb，如图 11-19 所示，单击“下一步”按钮。

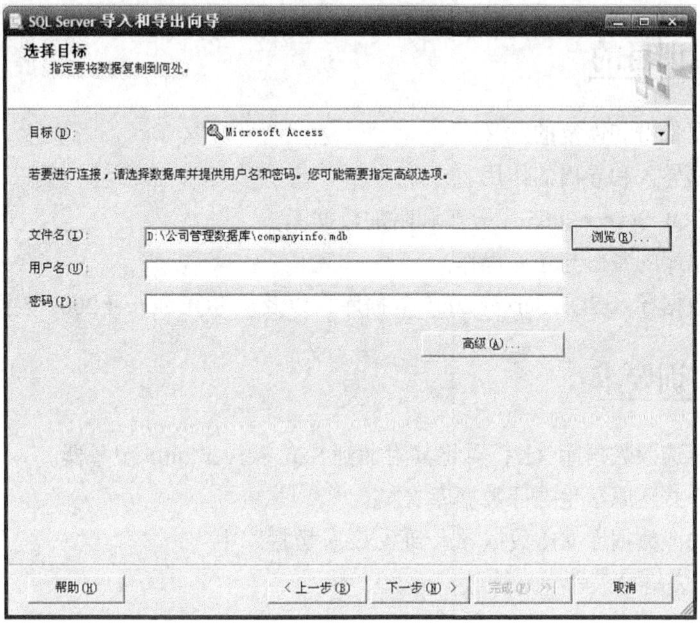

图 11-19　选择目标

（3）在弹出的“选择源表和源视图”窗口中选择要导出的数据表或视图，这里全选，如图 11-20 所示。

图 11-20　选择源表和源视图

（4）其他步骤与数据导入操作基本一致，按照向导提示即可完成数据库导出到 Access 的操作。

11.5 实训

11.5.1 实训目的

（1）理解数据备份和恢复的意义。

（2）理解数据导入和导出的作用。

（3）学会在 SQL Server 2005 中分离和附加数据库。

（4）学会数据库的备份与还原操作。

（5）学会将数据导入 SQL Server 2005 数据库，以及从 SQL Server 2005 数据库中导出数据。

11.5.2 实训要求

（1）分离学生选课数据库 XK，再将其附加到 SQL Server 2005 服务器。

（2）正确备份并还原学生选课数据库 XK。

（3）将学生选课数据库 XK 数据导入到 Access 数据库中。

（4）将 Excel 表格导入学生选课数据库 XK 中。

11.5.3 实训内容与步骤

（1）分别使用对象资源管理器和查询分析器为学生选课数据库 XK 进行一次完全数据库备份。

（2）为学生选课数据库 XK 进行完全备份后，在数据库 XK 中建立两个新表（new1 和 new2），然后利用对象资源管理器先后进行差异备份，接着向两个表（new1 和 new2）中输入数据，再利用对象资源管理器先后进行两次日志备份。

（3）删除 XK 数据库，利用步骤（2）建立的数据库备份恢复 XK 数据库。

（4）分离 XK 数据库，再将其附加到服务器上。

（5）再次删除 XK 数据库，把步骤（2）的数据库备份附加到服务器上。

（6）使用导入和导出向导，将 XK 数据库中的 Student 表导出为 Access 数据库文件（说明：应该先建立一个名为 Student 的 Access 类型的文件）。

（7）建立一个 Excel 文件，内容是某几门课程的信息，然后将这些数据导入数据库 XK 中。

小结

数据库的管理和维护涉及多方面的内容，备份和恢复是维护数据库安全性和完整性的主要操作，导入/导出是实现不同数据源间数据转换的重要方法。本项目从数据库的备份与还原、数据库的分离与附加、数据导入与导出几个方面介绍了数据库的管理与维护，以及数据的转换知识，学习了各种备份的方法。

项目12

C#应用开发实例

【教学目标】

本项目通过 2 个开发实例“商品信息浏览”和“商品信息查询”，介绍后台数据库 SQL Server 2005 的应用，以及使用前台开发工具 Visual Studio 2005 进行 C/S 模式数据库系统开发的技能。

【能力目标】

（1）掌握 Visual Studio 2005 中数据库设计与实现的技能。

（2）掌握 Visual Studio 2005 中 SQL Server 数据库的连接和访问机制。

（3）掌握 Visual Studio 2005 应用程序编程技巧。

【学习导航】

本项目通过实际案例，着重讲解在 Visual Studio 2005 中创建 SQL Server 2005 数据库和连接数据库的方法，介绍了以 C#为设计前台，SQL Server 2005 为后台基础的 Windows 应用程序开发的一般过程。在图 12-1 中，可以看到本项目在公司管理数据库系统开发中的环节及位置。

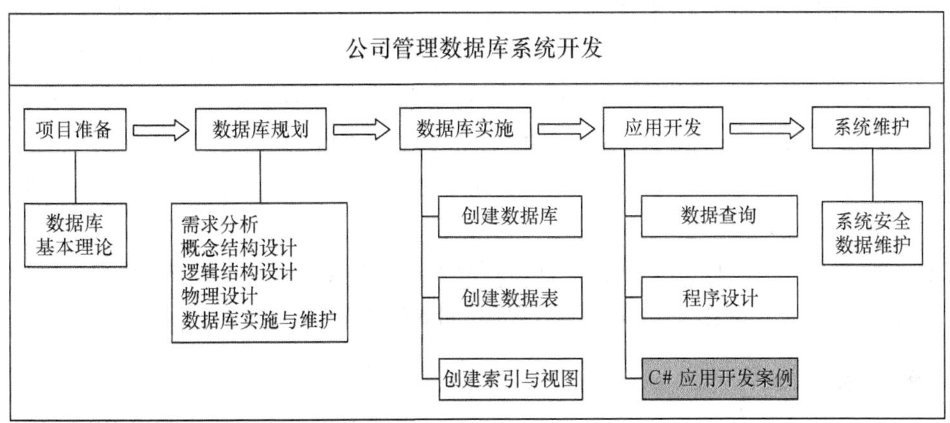

图 12-1　本项目在公司管理数据库系统开发中的环节及位置

【工作任务】

通过上机模拟"商品信息浏览"和"商品信息查询"案例，实现通过前台 C#应用程序对后台 SQL Server 2005 数据库数据的浏览和查询功能，掌握 Visual Studio 2005 中数据库应用开发的基本技能。

12.1 理论知识准备

安装 Visual Studio 2005 时，如果选择了完全安装，就会安装附带的 SQL Server 数据库，这时安装的 SQL Server 数据库是 Microsoft SQL Server 2005 Express Edition。这是 Express 简化版，没有安装 SQL Server 数据库管理核心的可视化管理工具 SQL Server Management Studio，而只是配置工具，不能方便地对数据库进行管理、维护。不过，对于学习 C#数据库应用开发的初学者而言，已经够用了。

如果需要使用 SQL Server Management，有两种方法：一种方法是卸载已安装的 Microsoft SQL Server 2005 Express Edition，重新安装一个企业版或开发版的 SQL Server 2005；另一种方法是到 Microsoft 的官方网站下载 SQL Server Management Studio Express 来安装，下载地址是：http://www.microsoft.com/downloads/details.aspx?displaylang=zh-cn&FamilyID=c243a5ae-4bd1-4e3d-94b8-5a0f62bf7796，安装完后即可运行 SQL Server Management Studio。

12.1.1 在 Visual Studio 2005 中创建数据库

下面将学习如何在 Visual Studio 2005 集成开发环境中创建数据库。

1. 创建数据库

在计算机中安装好 SQL Server 数据库后，就可以在 Visual Studio 2005 集成开发环境中进行数据库的创建了，Visual Studio 2005 中的服务器资源管理器对此提供了良好的支持。

数据库是独立于程序的，因此，在 Visual Studio 2005 中创建数据库时并不需要创建项目。启动 Visual Studio 2005 集成开发环境，单击"视图"→"服务器资源管理器"命令，打开服务器资源管理器，如图 12-2 所示。

在服务器资源管理器中的"数据连接"选项上单击鼠标右键，在弹出的快捷菜单中选择"创建新 SQL Server 数据库"命令，如图 12-3 所示，打开"创建新的 SQL Server 数据库"对话框。

在"创建新的 SQL Server 数据库"对话框的"服务器名"下拉列表框中选择安装有 SQL Server 数据库的计算机名称（本书中是 LENOVO-F6F538D9\SQLEXPRESS），选中"使用 Windows 身份验证"单选按钮，再在下面的"新数据库名称"文本框中输入新建的数据库名称，如图 12-4 所示。

单击"确定"按钮即可创建数据库。此时在服务器资源管理器中，展开"数据连接"项，下面就会出现名为 lenovo-f6f538d9\sqlexpress.CSharp.dbo 的数据连接。

2. 创建表

在数据连接 lenovo-f6f538d9\sqlexpress.CSharp.dbo 下的"表"项上单击鼠标右键，在弹出的

快捷菜单中选择“添加新表”命令，如图 12-5 所示，打开创建新表的表设计器，如图 12-6 所示。

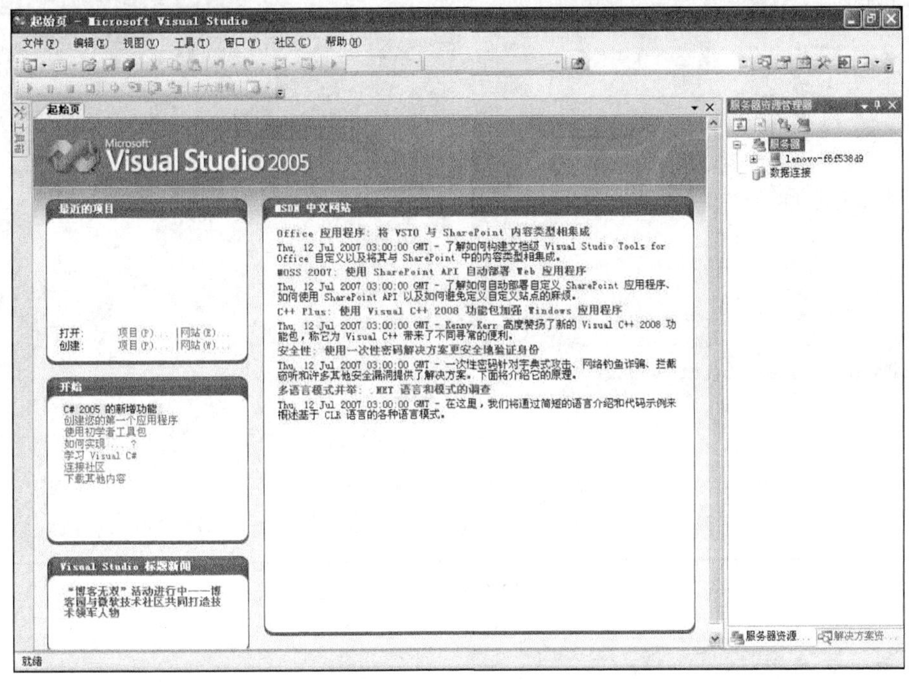

图 12-2　服务器资源管理器

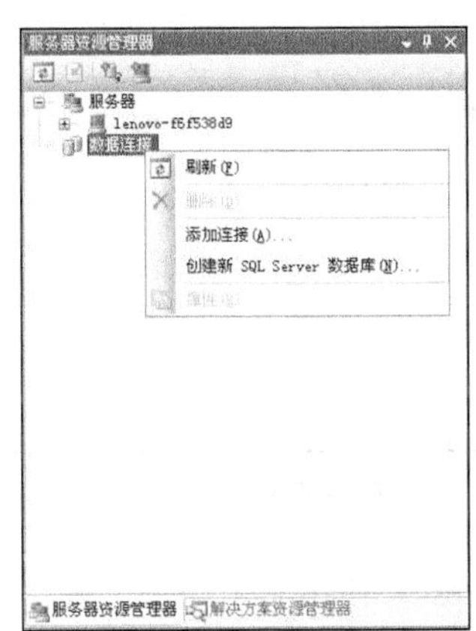

图 12-3　创建 SQL Server 数据库 1

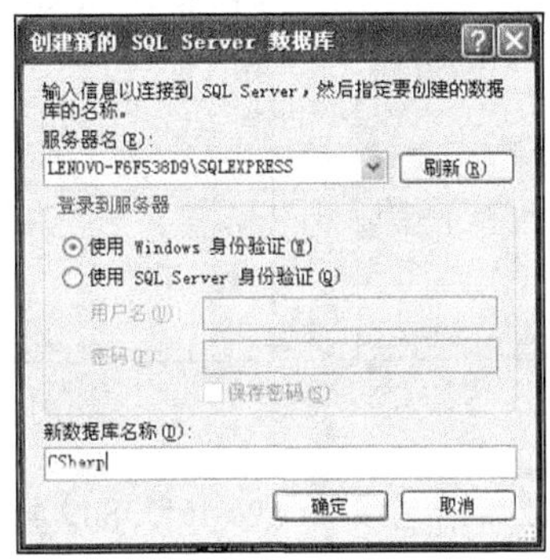

图 12-4　创建 SQL Server 数据库 2

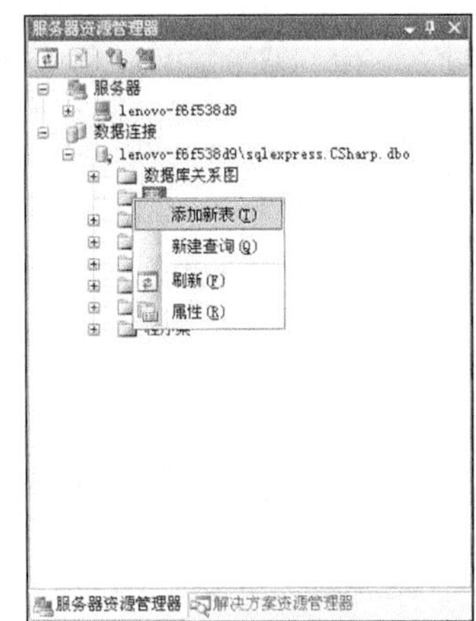

图 12-5　添加新表

在表设计器中，“列名”是指表的字段名称，“数据类型”是指该字段的数据类型（如 int、float、char 等），“允许空”表示是否允许该字段为空值。在下面的“列属性”选项卡中可查看数据类型的完整集合，根据所选数据类型的不同而改变，可以在“列属性”选项卡中设计该字段的各种特征，如数值的小数位、默认值等，如图 12-7 所示。

按图 12-8 所示，对表进行设计。

表设计完成后，单击工具栏中的“保存”按钮，打开“选择名称”对话框，在该对话框中输入表的名称 Products，如图 12-9 所示。单击“确定”按钮，对表进行保存。保存完成后，单击表设计器右上角的“关闭”按钮，关闭表设计器。

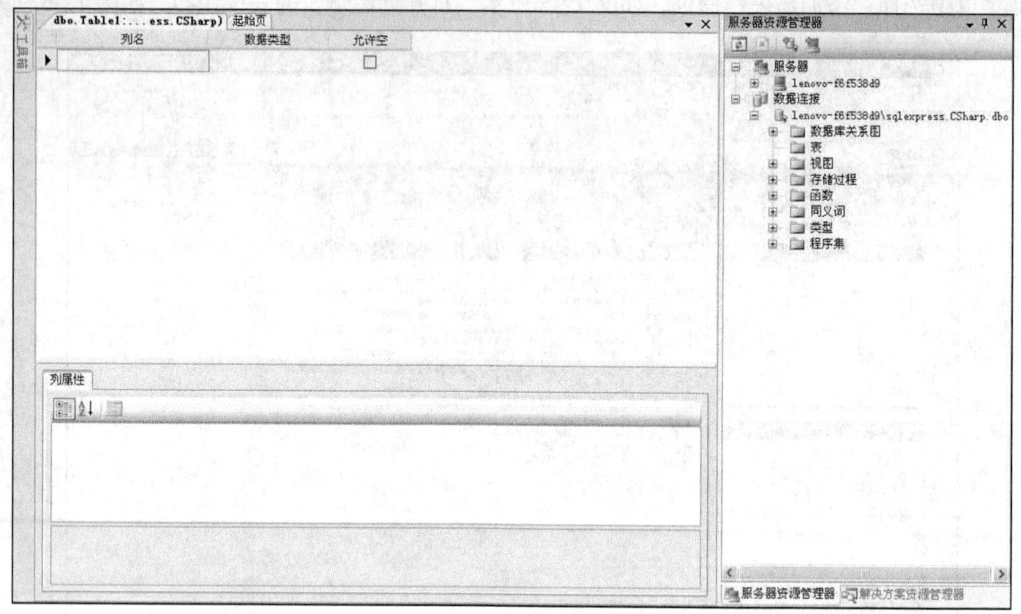

图 12-6　表设计器

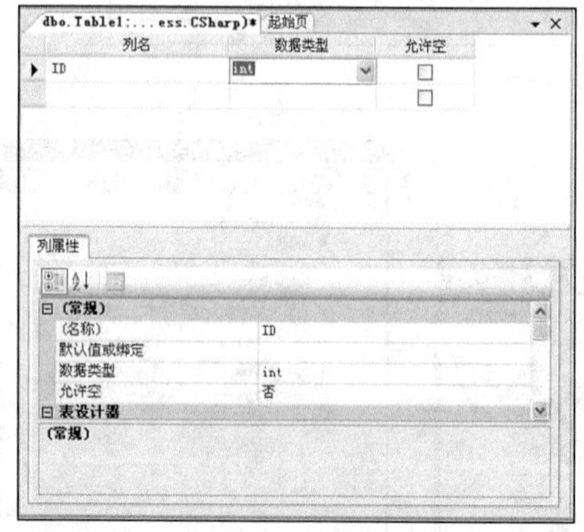

图 12-7　设置列属性

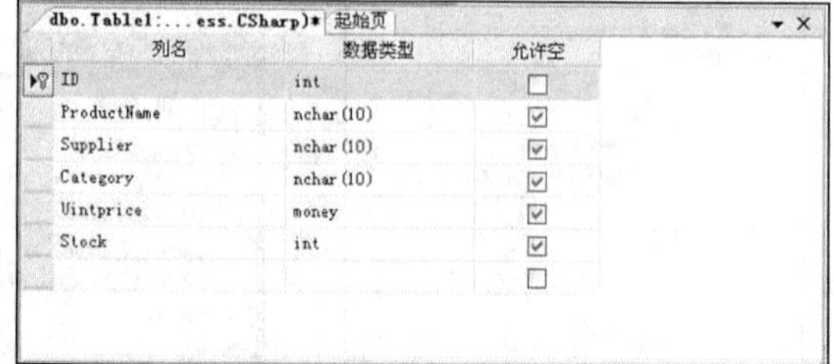

图 12-8　设计新表的表结构

在服务器资源管理器中，展开数据连接 lenovo-f6f538d9\sqlexpress.CSharp.dbo 下的“表”项，可以看到刚才设计的 Products 项，即为刚才设计的表 Products，展开该项，可以看到表的字段等内容，如图 12-10 所示。

3. 输入数据

接下来，为表 Products 添加数据。在服务器资源管理器中，在表 Products 上单击鼠标右键，在弹出的快捷菜单中选择“显示表数据”命令，如图 12-11 所示，打开一个表。此时表中没有数据，内容是空白的（所有字段均显示为空）。

按图 12-12 所示，在表中输入数据。

输入完成后，关闭窗口。至此完成数据库和数据表的创建。在下面的案例程序中将调用该数据库。

图 12-9　输入表名称

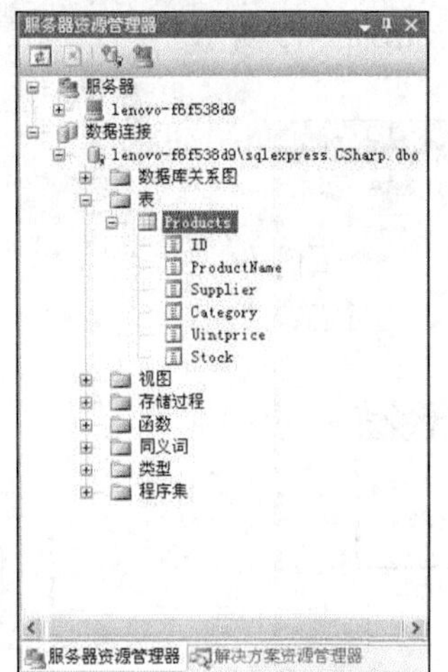

图 12-10　新建表的内容

图 12-11　显示表数据

ID	ProductName	Supplier	Category	Uintprice	Stock
1	果汁	佳乐	饮料	24.0000	50
2	牛奶	佳乐	饮料	32.0000	48
3	沙茶	明云	饮料	22.0000	[illegible]
4	饼干	明云	点心	8.4000	50
5	牛肉干	天华	点心	18.0000	50
6	啤酒	天华	饮料	24.0000	80
7	巧克力	天华	点心	35.0000	83
8	蜜桃汁	天华	饮料	21.0000	80
NULL	NULL	NULL	NULL	NULL	NULL

图 12-12　在表中输入数据

12.1.2　在 Visual Studio 2005 中创建数据连接

数据库创建完成后，就可以在 Visual Studio 2005 中创建数据连接来访问数据库了。

如果是在 Visual Studio 2005 中直接创建的数据库，在创建数据库完成后就同时创建了访问数据库的连接。而对于不是在 Visual Studio 2005 中创建的数据库，就需要创建数据连接。

在服务器资源管理器中的“数据连接”项上单击鼠标右键，在弹出的快捷菜单中单击“添加连接”命令，打开“添加连接”对话框，如图 12-13 所示。

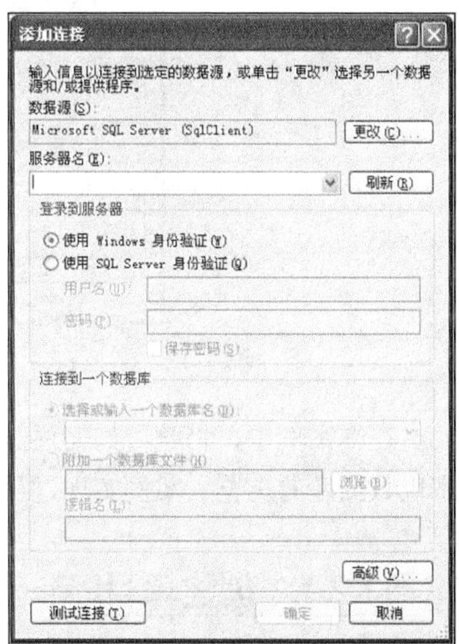

图 12-13　“添加连接”对话框

在“添加连接”对话框中，默认连接的是 SQL Server 数据库。在“服务器名”下拉列表框中选择要连接的 SQL Server 数据库所在的计算机名（即 SQL Server 数据库服务器），再在“选择或输入一个数据库名”下拉列表框中选择要连接的数据库，这里使用的是 CSharp。设置完成后，单击“测试连接”按钮进行测试，如果连接测试成功，会弹出如图 12-14 所示的对话框。

测试连接完成后，单击“确定”按钮，退出“添加连接”对话框，返回 Visual Studio 2005 集成开发环境，在服务器资

源管理器中可以看到新建的连接，如图 12-15 所示。

图 12-14　测试连接成功

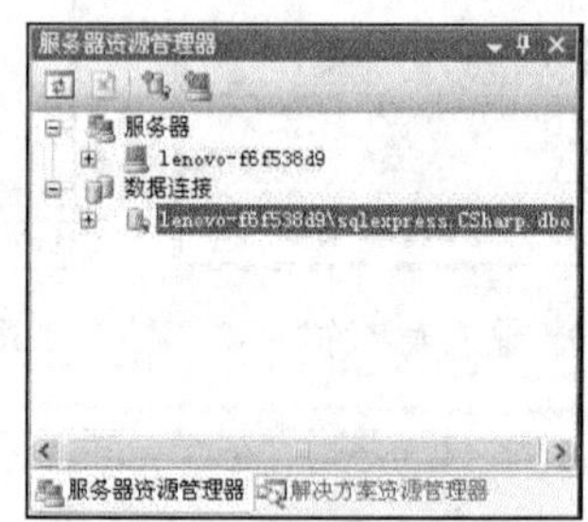

图 12-15　添加完成的连接

12.2 商品信息浏览

本例将通过数据绑定来快速地创建一个可以浏览商品数据信息的程序，效果如图 12-16 所示。

Form1

商品信息浏览

ID	ProductName	Supplier	Category	Uintprice
1	果汁	佳乐	饮料	24.0000
2	牛奶	佳乐	饮料	32.0000
3	沙茶	明芸	饮料	22.0000
4	饼干	明芸	点心	8.4000
5	牛肉干	天华	点心	18.0000
6	啤酒	天华	饮料	24.0000
7	巧克力	天华	点心	35.0000
8	蜜桃汁	天华	饮料	21.0000

图 12-16　商品信息浏览

在本案例中，将学习如何通过 BindingSource 组件和 DataGridView 进行数据绑定，以方便地实现数据库的浏览。案例实现过程如下。

11.2.1　创建项目

在 Visual Studio 2005 中创建一个 Windows 应用程序项目，项目名称为 BrownProducts。

11.2.2　界面设计

打开 Visual Studlio 2005 的窗体设计器，为窗体添加 1 个标签控件。按表 12-1 所示，为各个控件设置相关属性。

表 12-1　　设置窗体和控件属性

对　象	属　性	属 性 值	对　象	属　性	属 性 值
窗体	Name	frmMain	标签	Name	label 1
	Text	商品信息浏览		Text	商品信息浏览

按图 12-16 所示设置控件的大小和位置。

12.2.3　BindingSource 组件设置

对数据库的访问是通过 BindingSource 组件来实现的。为窗体添加 1 个 BindingSource 组件（BindingSource 组件位于工具箱的“数据”组中）。BindingSource 组件是不可见组件，添加后位于窗体设计器下方的组件栏内，并自动命名为 bindingSource1。

选中组件栏内的 bindingSource1 组件，在“属性”窗口中，单击 DataSource 属性右边的 按钮，弹出关联的数据源窗口，如图 12-17 所示。

此时还没有可用的数据源。在该窗口中单击链接文字“添加项目数据源”，打开数据源配置向导。

数据源配置向导由一系列对话框组成，第 1 步是选择数据源类型，这里选择“数据库”，如图 12-18 所示。单击“下一步”按钮，进入第 2 步设置。

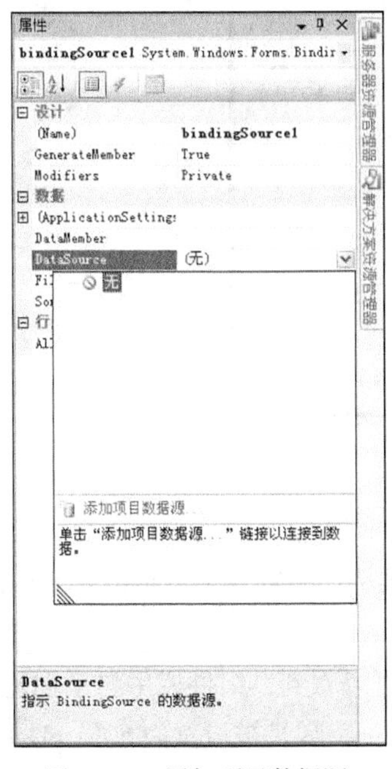

图 12-17　添加项目数据源

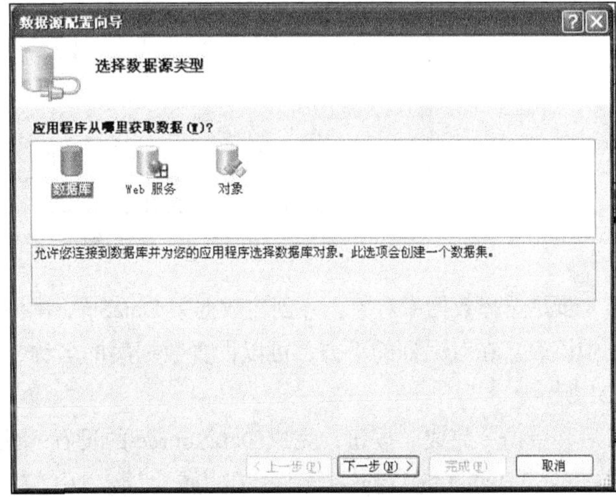

图 12-18　选择数据源类型

第 2 步是选择数据连接。如果已经创建了数据连接，可以在这里直接选择。如果没有创建数据连接，可以单击“新建连接”按钮进行创建。这里使用 12.1.2 中创建的数据连接 lenovo-f6f538d9\sqlexpress.CSharp.dbo，如图 12-19 所示。单击“下一步”按钮，进入第 3 步设置。

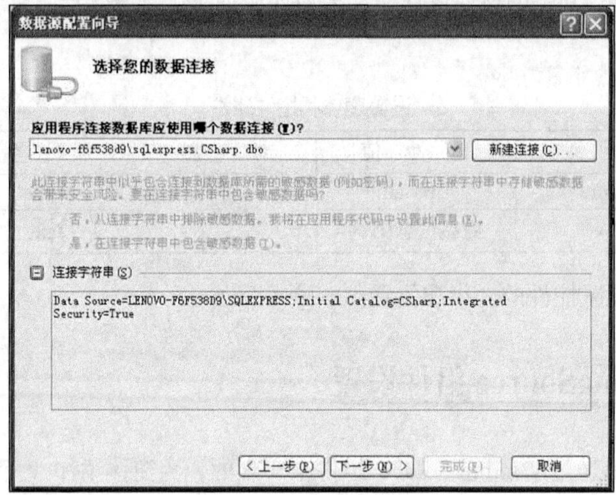

图 12-19　选择数据连接

第 3 步是将连接字符串保存到应用程序配置文件，以方便将来使用。这里，可以设置连接字符串的名称，本案例中使用默认名称，如图 12-20 所示。单击“下一步”按钮，进入第 4 步设置。

图 12-20　保存连接字符串

第 4 步是选择数据库对象，并创建数据集 DataSet。本案例中的数据库中只有一个表 Products，这里选中该表。在对话框的下方，可以设置数据集的名称，本案例使用默认名 CsharpDataSet，如图 12-21 所示。

最后，单击“完成”按钮，完成 DataSource 的设置。此时可以看到，组件栏中自动创建了一个名为 cSharpDataSet 的 DataSet 组件，在“属性”窗口中，DataSource 属性被设置为 cSharpDataSet，即表示 bindingSource1 组件将通过 cSharpDataSet 数据集对数据库进行访问。

在“属性”窗口中，设置 bindingSource1 组件的 DataMember 属性为 Products，表示 bindingSource1 组件与数据库中的表 Products 绑定，而不是与整个数据库绑定，如图 12-22 所示。

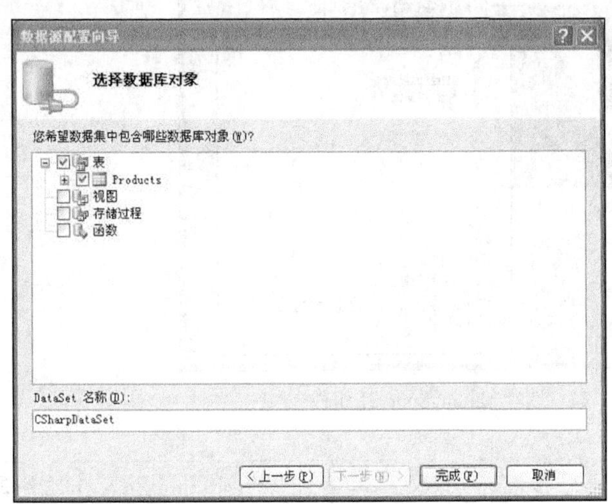

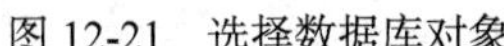
图 12-21　选择数据库对象

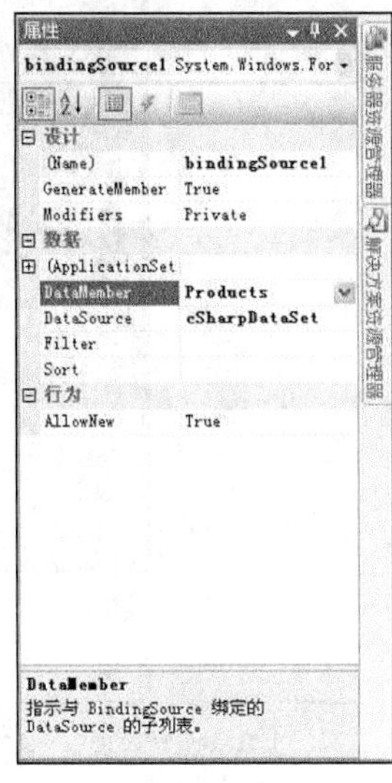

图 12-22　设置 DataMember

12.2.4　DataGridView 控件设置

本案例使用 DataGridView 控件来显示数据。在窗体中添加 1 个 DataGridView 控件，如图 12-23 所示。可以看出，在添加 DataGridView 控件时会出现关联的“DataGridView 任务”框；如果没有出现该框，可以选中控件，单击控件右上角的黑三角按钮，即可打开。

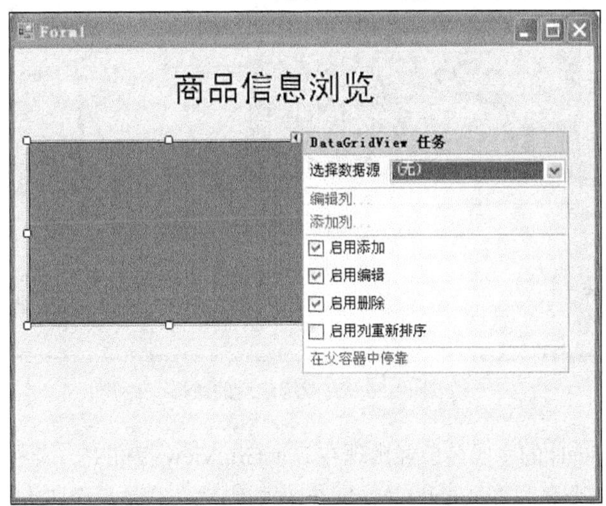

图 12-23　“DataGridView 任务”框

在“DataGridView 任务”框中，单击“选择数据源”下拉列表框，选择 bindingSource1 组件，将 DataGridView 控件与 bindingSource1 组件绑定，如图 12-24 所示。

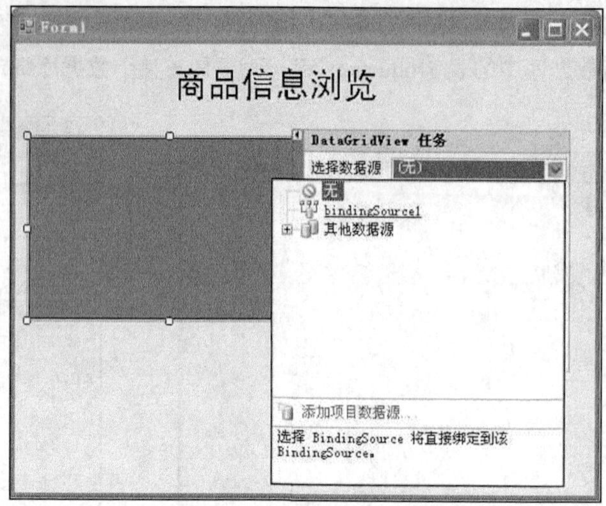

图 12-24　选择 bindingSource1 组件

DataGridView 控件只能与一张表进行绑定，本案例中的 bindingSource1 组件是与数据库中的表 Products 进行绑定，因此，可以直接选择。如果没有将 bindingSource1 组件的 DataMember 属性设置为 Products，则其绑定的内容是数据库，可以包括一张表，也可能有多张表，因此，还需要在这里选择 DataGridView 控件所绑定的表。

完成上面的设置后，窗体中的 DataGridView 控件如图 12-25 所示。

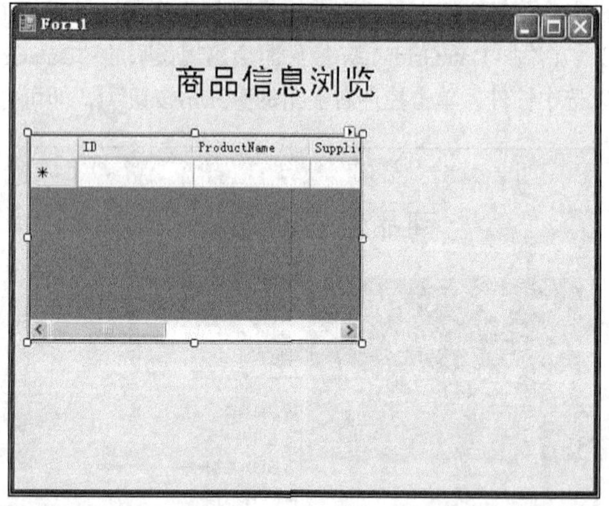

图 12-25　完成绑定后的效果

可以看到，表 Products 的字段名已经出现在 DataGridView 控件中，表示两者已经绑定。同时，在组件栏中自动出现一个名为 productsTableAdapter 的组件，这是一个 TableAdapter 组件。

TableAdapter 组件的功能是连接到数据库，执行查询或存储过程，并返回用返回数据填充的新数据表或是用返回数据填充的现有数据表 DataTable。

至此，DataGridView 控件的绑定设置完成。参考图 12-16，适当设置 DataGridView 控件的位置和大小。设置完成后，保存项目并运行，效果如图 12-16 所示。

12.3 商品信息查询

在 12.2 的案例中通过 DataGridView 控件很容易地实现了信息浏览，但是，在数据库应用开发中，大多数情况下并不是使用 DataGridView 控件来显示数据，因为 DataGridView 控件在显示记录内容较多的表时会显示不全，且看上去显得繁杂，不宜用于在大量信息中显示用户需要的信息。本案例将实现另一种形式的商品信息浏览来解决这一问题。并且，在程序中还可以通过选择下拉组合框中的选项来选择要显示的商品信息，程序效果如图 12-26 所示。

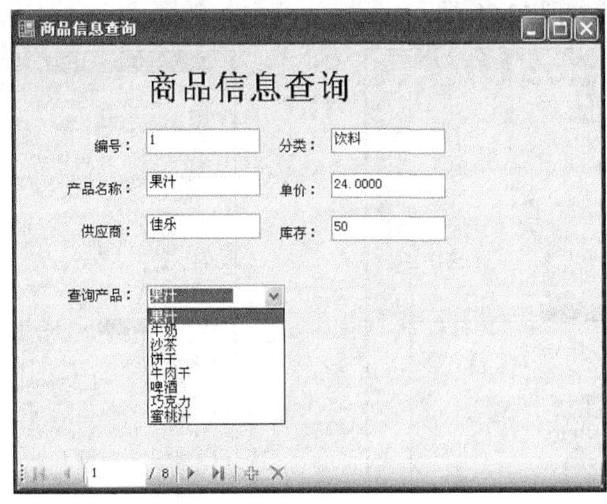

图 12-26　商品信息查询

在本案例中，将学习简单绑定控件和 BindingNavigator 控件的应用。案例实现过程如下。

12.3.1　创建项目

在 Visual Studio 2005 中创建一个 Windows 应用程序项目，项目名称为 QueryProducts 。

12.3.2　界面设计

打开 Visual Studio 2005 的窗体设计器，为窗口添加 1 个标签控件。按表 12-2 所示，为控件设置相关属性。

表 12-2　设置窗体和控件属性

对　象	属　性	属 性 值	对　象	属　性	属 性 值
窗体	Name	frmMain	标签	Name	label 1
	Text	商品信息浏览		Text	商品信息浏览

按图 12-26 所示设置控件的大小和位置。

12.3.3　BindingSource 组件设置

按 12.2 案例中设置 BindingSource 组件的方法，对 BindingSource 组件进行设置。

12.3.4　数据绑定组件设置

在窗体中添加 1 个文本框（TextBox）控件，在“属性”窗口设置 TextBox 控件的名称（Name）为 txtID。展开“（DataBindings）”属性，在其下的 Text 属性右侧单击 按钮，在弹出的下拉列表框中选择 bindingSource1 下的 ID 字段，如图 12-27 所示。

设置完成后的效果如图 12-28 所示。

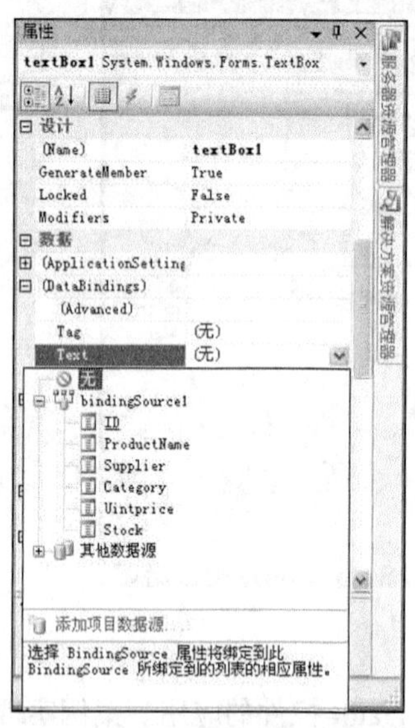

图 12-27　设置数据绑定

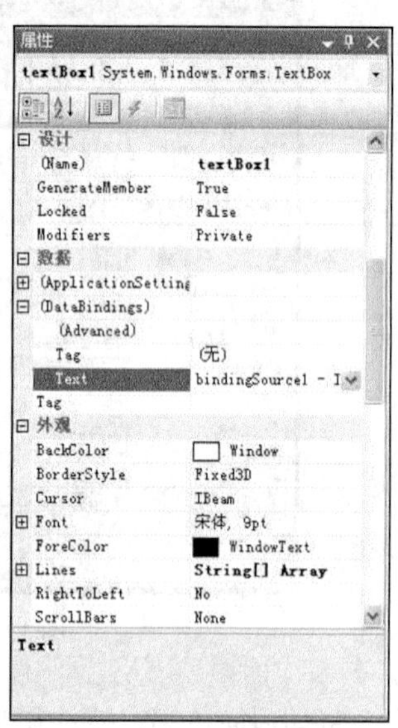

图 12-28　设置完成的效果

此时，TextBox 控件的 Text 属性即与 bindingSource1 组件所绑定的表 Products 中的 ID 字段绑定。

在窗体中添加 1 个标签（Label）控件，放置在文本框 txtID 的左边，将其 Text 属性设置为“编号:”，作为文本框内容的说明，效果如图 12-29 所示。

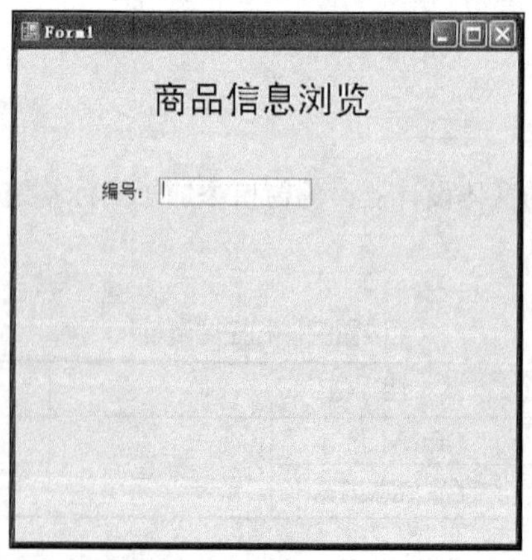

图 12-29　文本框绑定 ID 编号

按同样的方法，再添加 5 个 TextBox 控件、1 个 ComboBox 控件和 6 个标签控件，这些控件的属性设置如表 12-3 所示。

表 12-3　　设置控件属性

对象	属性	属　性　值	对象	属性	属性值
文本框 1	Name	txtID	标签 2	Name	label 2
	Text	bindingSource1 – ID		Text	编号：
文本框 2	Name	txtProduct	标签 3	Name	label 3
	Text	bindingSource1– ProductName		Text	产品名称：
文本框 3	Name	txtSupplier	标签 4	Name	label 4
	Text	bindingSource1 – Supplier		Text	供应商：
文本框 4	Name	txtCate	标签 5	Name	label 5
	Text	bindingSource1 – Category		Text	分类：
文本框 5	Name	txtPrice	标签 6	Name	label 6
	Text	bindingSource1 – Uintprice		Text	单价：
文本框 6	Name	txtStock	标签 7	Name	label 7
	Text	bindingSource1 – Stock		Text	库存：
组合框	Name	cboProductName	标签 8	Name	label 8
	DataSource	bindingSource1		Text	查询产品：
	DisplayMember	ProductName			
	Text	bindingSource1 – ProductName			

注意　表中文本框和组合框的 Text 均为“(DataBindings)”属性下的 Text。

最后，还需要在窗体中添加 1 个可以滚动浏览记录的组件 BindingNavigator。在“属性”窗口中，设置其 Dock 属性为 Bottom，BindingSource 属性为 bindingSource1。至此，全部设置完成。

保存项目并运行，效果如图 12-30 所示。

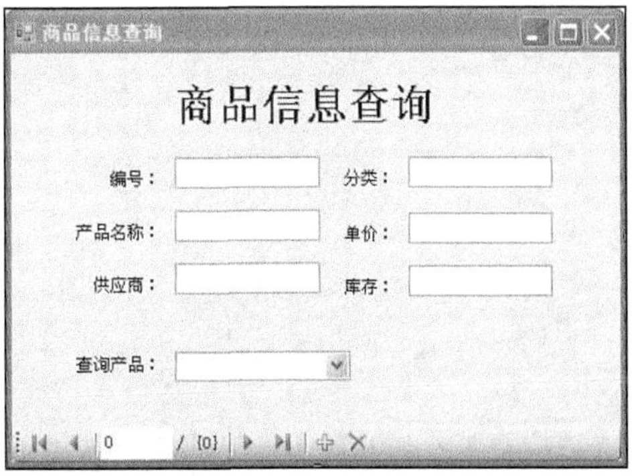

图 12-30　各控件绑定设置完成后的效果

小结

通过本项目的学习，能够根据需要在 Visual Studio 2005 中创建 SQL Server 2005 数据库，学会使用 Visual Studio 2005 访问 SQL Server 2005 数据库的基本知识，学会 Visual Studio 2005 编程的基本技能。